アパレル産業の
マーケティング史

木下明浩
Kinoshita Akihiro

小売機能の包摂
ブランド構築と

同文舘出版

はしがき

　本書は，アパレル産業におけるマーケティングの歴史研究である。ブランドは歴史的で動態的な概念であり，とりわけ製品としてのブランドが小売機能を包摂するに至ったことを本書は明らかにしている。

　成立期マーケティング以来，ブランドはマーケティングの中核概念であった。ブランドは，他社の商品を自社のものと識別するための名前であり，顧客の愛顧を得るためのマーケティング手段であった。製造業者は，最終顧客に向けて自社の製品ブランドを販売しようとする。製品ブランドは，流通業者に対して自社ブランドの取扱いを求める販売活動や，最終顧客に向けての広告を含んでいる。とはいえ，製品ブランドは必ずしも小売の具体的プロセスを含んではいない。製造業者と商業者との社会的分業の中で，製造業者の有する製品ブランドと小売事業者による小売ブランドとの間には補完関係が働いている。

　アパレル産業のブランド発展史から明らかになったのは，製造業者が製品ブランドとして販売活動に取り組む過程を通じて，小売空間設計，商品の品揃え，小売価格設定，商品管理，接客サービスなどの小売機能を取り込んでいったことである。その結果，ブランドは製品から小売過程を包含した製品・小売ブランドに発展する。

　製品・小売ブランドの成立は，1970年代有力アパレルメーカー5社の事例研究により明らかにされている。これは特殊なアパレルメーカーの事例ではなく，日本のアパレル産業に見られるブランド発展の特性を示したものである。アパレルメーカーがブランドによる差別化を求めるとき，製品レベルだけではなく小売レベルの差別化を取り込もうとした。

　従来のブランド論およびブランド管理論では，製造業者ブランド対小売業

者ブランドという補完関係および対抗関係として，製造業者と流通業者との関係をとらえていた。すなわちナショナル・ブランド対プライベート・ブランドという製造業者と小売業者との対抗関係であり，製造業者の製品ブランドと小売業者の小売事業ブランドとの協働ないしは補完関係である。製造業者と流通業者との伝統的な社会的分業関係を前提にして，ブランドの形態およびブランド管理が了解されていた。

　ブランド管理が製品から小売に至るプロセスにまでおよび，ブランドが製品レベルから小売レベルまでの要素を統合するようになるのは，1970年代アパレルメーカーの，小売機能を包摂したブランド構築が先駆的な実践例ではないかというのが本書の着眼点である。本書執筆時点では，製品から小売に至る一貫したブランド開発は，アパレル分野にとどまらず，化粧品，身の回り品，住生活関連商品，食品，高級乗用車，パソコンなどの分野に広がっている。製品・小売ブランドの先駆的な事例がアパレル産業において見られ，このブランド概念の発展史が本書で明らかにされている。

　ブランドの出発点が最終顧客に向けての積極的な販売にあることは，本書の事例において確認できた。アパレルのブランドにおいても，全国主要都市における大量販売，すなわちマス・マーケットの創造を実現し，消費者のブランド認知を形成していった。製品ブランドは，多様な製品を包含する多製品ブランドに発展し，多製品ブランドは単品を組み合わせるコーディネイト・ブランドという形態をとった。製品ブランドは，自らの販売を貫徹しようとして小売機能を包摂していった。アパレルメーカーは当初は1つのブランドから始めたが，1970年代には企業ブランドと製品ブランドが分離し，多数の個別の製品ブランドが生み出されていく。すなわちブランド体系の形成・発展が，1980年頃までの複数のアパレルメーカーの歴史において見られるようになった。そして1980年代には，顧客ターゲットと商品コンセプトを明確化したブランド開発が行われるようになる。それは1970年代のブランド展開が市場環境への対応の中で事実上形成されていったこととは異なる戦略的な展開を示していた。多製品ブランドの小売機能包摂，すなわちシ

ョップ・ブランドは，重装備の商品企画，生産管理体制と資本力を必要不可欠とするので，一部のアパレルメーカーが採用することができただけであった。以上が本書の結論である。

　1990年前後からブランド論およびブランド管理論の理論的な発展が顕著となるが，1980年代までのアパレル産業の実践は，その後の理論発展に先んじていた面がある。その意味で認識は実践に遅れてやってくる。同時に1980年代までのアパレル産業のブランド発展の歴史的意義は，それ以後のブランドの理論的発展をふまえることでよりよく理解しうる。

　このように本書ができあがったのも，多くの方々の励まし，ご支援があったからである。法学部の学生であったにもかかわらず，経済学部の演習への聴講を快く許していただき，以後大学院に至るまで指導教員として研究を導いていただいた尾崎芳治先生（京都大学名誉教授）には，経済学，経済史，そして何よりも研究に対する姿勢を教えていただいた。また尾崎先生の主宰する京都大学経済史研究会では，諸先輩をはじめとする研究者の皆様にも，著者の大学院生時代を中心として厳しくも温かいご指導と激励をいただいたことに深く感謝している。

　京都大学大学院に入り，近藤文男先生（京都大学名誉教授）からは指導教員としてマーケティング，商業論を教えていただいた。近藤先生は，院生に対して自らの研究実践を直接に見せることで，教育を実践された。折にふれて著者の研究に対して助言をいただいてきたが，今回の原稿についても丁寧にお読みいただき，具体的な改善点を多数ご指摘いただいた。合わせて，近藤先生の主宰する大学院生ゼミおよび京都大学マーケティング研究会に集う研究者から多くのご指導を受けてきた。

　京都大学大学院経済学研究科教授の若林靖永先生には，折にふれて研究上の助言をいただいてきたが，本書の原稿にも注意深くお読みいただき，本書の序章および結章についてはとりわけ多くの示唆をいただいた。大内秀二郎・近畿大学経営学部准教授には，マーケティング史分野の研究者として文字通り懇切丁寧に読んでいただき，細かな改善点も含めて論理的な一貫性を

高める上で極めて多くの助言をいただいた。崔容熏・同志社大学商学部准教授には，ブランドとチャネルとの関係性において根幹に関わる論点を提示いただいた。岡本哲弥・京都橘大学現代ビジネス学部准教授には，商業論研究会での研究発表の草稿に丁寧に目を通していただき，論文の改善に貢献いただいた。指摘していただいた論点に対して，著者が本書で展開できなかった点があるが，それは今後の研究に生かしていきたい。

陶山計介・関西大学商学部教授からは，学会，研究会，出版プロジェクトなどでご指導をいただいてきた。日本商業学会，日本流通学会，マーケティング史研究会，商業論研究会では，研究交流を通じて，マーケティングおよび流通の課題と対象，研究方法について多くのことを学ばせていただくと同時に，本書にかかわる研究発表の機会と貴重な助言をいただいた。さらに，多くの先生方との出版プロジェクトにかかわる研究交流からも多くのことを学ばせていただいた。お名前を差し控えさえていただくが，心より感謝したい。

私は1992年以来立命館大学経営学部にて研究・教育活動に務めさせていただいているが，とりわけ先輩である三浦一郎教授および齊藤雅通教授には，研究会や学会，そして個別に私の研究発表に関してコメントを頂戴し，私を励ましていただいた。経営学部の先輩，同僚の先生方には，立命館大学での研究会などを通じて絶えず知的刺激をいただいている。また大学院の授業を通じても，本研究にかかわる論点を深めることができた。立命館大学からは2009年度後期に研究期間をいただき，そのおかげで本書をまとめることができた。

本書の調査にあたり多くの方々のご協力をいただいた。本書で取り上げた日本のアパレルメーカー5社，㈱オンワードホールディングス（取材当初は樫山㈱，その後に㈱オンワード樫山に改称する），㈱レナウン（取材当時は㈱レナウンと㈱ダーバン），㈱三陽商会，イトキン㈱，㈱ワールドには取材で何度もご協力いただき，懇切丁寧に繊維・アパレル分野の初学者である私に教えていただいた。直接本書で取り扱われてはいない場合もあるが，繊維・アパ

レル関連業界の企業，業界団体，業界新聞の関係者には大変お世話になった。

　このように本書は多くの方々の助言と励ましによりできあがったものである。しかし，著者が本書で十分に応えられていない点がある。読者の忌憚ないご指摘を受けたい。

　なお，本書の研究過程において，日本学術振興会科学研究費補助金，基盤研究（C）「1950-1980年代日本における衣料品のブランド発展に関する歴史研究」（課題番号17530275，2005-2007年度）の助成を受けた。また本書刊行にあたり，立命館大学学位取得支援制度の出版助成を受けた。学術出版を取りまく環境の厳しい折，円滑に出版できるのも本制度のおかげである。深く感謝申し上げる。

　同文舘出版株式会社の中島治久代表取締役，市川良之取締役編集局長には，快く出版をお引き受けいただいた。市川氏には，文章の校正や写真掲載の手続きなど骨の折れる編集作業を懇切丁寧にしていただいた。厚くお礼申し上げる。

　最後に，私事ながら私の研究を陰ながら支えてくれた妻祐子に感謝したい。

2011年1月10日

　　　　　　　　　　　　　　　　　　　　　　　　　　　木下　明浩

初出一覧

本書の各章は，以下の既発表論文を基礎にしている。

序章　本書の課題と対象（書き下ろし）

第1章　日本におけるアパレル産業の成立―マーケティング史の視点から―
「日本におけるアパレル産業の成立―マーケティング史の視点から―」（立命館大学経営学会『立命館経営学』第48巻第4号，2009年11月，191-215頁）を一部加筆，修正。

第2章　1950-70年代における樫山のブランド構築と小売機能の包摂―委託取引の戦略的活用―
「樫山のブランド構築とチャネル管理の発展」（近藤文男・中野安編著『日米の流通イノベーション』中央経済社，1997年9月，115-135頁）を全面的に書き直した。「オンワードのマーケティング―ブランド構築と小売機能の包摂―」（マーケティング史研究会『日本企業のマーケティング』同文舘出版，2010年6月，113-135頁）は本章を一部圧縮したものである。

第3章　1950-70年代におけるレナウンのブランド構築と小売機能の包摂―マス・コミュニケーションの戦略的活用―
「衣服製造卸売業の日本的展開とマーケティング」（マーケティング史研究会編『日本流通産業史―日本的マーケティングの展開』同文舘出版，2001年3月，187-217頁）の一部を利用し，加筆，修正。「製品ブランドから製品・小売ブランドへの発展―1960―70年代レナウン・グループの事例―」（立命館大学経営学会『立命館経営学』第43巻第6号，2005年3月，35-58頁）を一部加筆，修正。

第4章　1950-70年代における三陽商会のブランド構築と小売機能の包摂―海外提携ブランドの戦略的活用―
「衣服製造卸売業の日本的展開とマーケティング」（マーケティング史研究会編

『日本流通産業史―日本的マーケティングの展開』同文舘出版，2001年3月，187-217頁）の一部を利用し，加筆，修正。「三陽商会におけるブランドの発展」（立命館大学経営学会『立命館経営学』第44巻第5号，2006年1月，93-119頁）を一部加筆，修正。

第5章　1950-70年代におけるイトキンのブランド構築と小売機能の包摂―マルチ・ブランド戦略の徹底活用―
「高度成長期における衣服製造卸売業者のブランド形成―イトキンとワールドの事例」（京都大学マーケティング研究会編『マス・マーケティングの発展・革新』同文舘出版，2001年7月，30-46頁）の一部を利用し，加筆，修正。「ブランド概念の拡張―1970年代イトキンの事例―」（京都大学経済学会『経済論叢』第171巻第3号，2003年3月，1-20頁）を一部加筆，修正。

第6章　1960-70年代におけるワールドのブランド構築と小売機能の包摂―コーディネイト・ブランドの専門店展開―
「高度成長期における衣服製造卸売業者のブランド形成―イトキンとワールドの事例」（京都大学マーケティング研究会編『マス・マーケティングの発展・革新』同文舘出版，2001年7月，30-46頁）の一部を利用し，加筆，修正。「製品ブランドから製品・小売ブランドへの転換―1970年代ワールドの事例」（立命館大学経営学会『立命館経営学』第43巻第2号，2004年7月，113-137頁）を一部加筆，修正。

第7章　1980年代大手アパレルメーカーのブランド開発と商品企画―基本システムの確立―
「1980年代日本におけるアパレル産業のマーケティング（1）（2）―『ブランド開発』の分析―」（京都大学経済学会『経済論叢』第146巻第2号，第5・6号，1990年8月，11・12月，67-85頁，37-54頁）の一部を利用し，加筆，修正。「1980年代日本におけるアパレル産業の商品企画と経営管理―㈱三陽商会における商品企画プロセスの事例を中心として―」（京都大学経済学研究科『京都大学経済論集』第3号，1991年8月，43-56頁）の一部を利用し，加筆，修正。

結章　ブランド構築と小売機能の包摂（書き下ろし）

目　次

はしがき────────────────────────────(1)

序章　本書の課題と対象──────────────── 3

第 1 節　アパレル産業のマーケティング史を研究する意義……………3
第 2 節　ブランド構築の歴史研究を行なう意義………………………10
第 3 節　ブランド構築の分析枠組み……………………………………14
第 4 節　本書の構成………………………………………………………23

第 1 章　日本におけるアパレル産業の成立──────── 25
　　　　　──マーケティング史の視点から──

第 1 節　はじめに…………………………………………………………25
第 2 節　アパレル産業成立の概要：アパレルメーカーの形成と
　　　　既製服化……………………………………………………………29
第 3 節　アパレルメーカーの成長を促した環境要因…………………35
　　1. JIS 規格の制定（1952-80 年）　35
　　2. 素材・紡績メーカーのマーケティング（1950-60 年代）　39
　　3. アパレル市場創造における百貨店の役割（1950-70 年代前半）　41
第 4 節　アパレルメーカー成長の内的要因……………………………46
　　1. 商品企画力（デザイン，パターン）の蓄積と海外技術提携（1950-
　　　70 年代前半）　46
　　2. 生産体制の構築（1950-70 年代前半）　49
　　3. マス・マーケットの形成：全国的な販売網の構築（1950-70 年代）　55
　　4. ブランドの形成（1960-70 年代前半）　58

第5節 販路別アパレルメーカーの類型とブランド構築への関与
　　　　1960-70年代……………………………………………………60
第6節 むすびに……………………………………………………………62

第2章 1950-70年代における樫山の
　　　　ブランド構築と小売機能の包摂————————65
　　　　　　—委託取引の戦略的活用—

第1節 はじめに……………………………………………………………65
第2節 「オンワード」ブランドの形成期（1950年代）………………68
　　1. 商業資本としての利益蓄積活動　69
　　2. ブランドに対する樫山の基本理念とブランド構築活動　71
　　3. 樫山にとっての委託取引の戦略的意義とその帰結　72
第3節 「オンワード」ブランドの確立とマルチ・ブランド化への
　　　　展開期（1960年代）……………………………………………78
　　1. 取扱い商品の総合化　78
　　2. 海外メーカーとの技術提携と海外ブランド導入　80
　　3. 個別ブランドの形成と「オンワード」ブランドの企業ブランド化　81
第4節 マルチ・ブランド政策による市場細分化の促進期（1970年代）··85
　　1. 取扱い商品の拡大，多製品ブランド，コーディネイト・ブランドの
　　　成立　87
　　2. 製品カテゴリー・年齢・価格帯別ブランドから「クラスターとマイン
　　　ド」によるブランドへの転換　91
　　3. 製品・小売ブランドの創造　95
第5節 むすびに：メーカーによる小売機能の包摂…………………97

第3章 1950-70年代におけるレナウンの ブランド構築と小売機能の包摂──── 101
　　　　　―マス・コミュニケーションの戦略的活用―

第1節　はじめに……………………………………………………101

第2節　1960年代までの「レナウン」ブランドと製品ブランドの形成・
　　　　発展…………………………………………………………103

　　1．レナウンの沿革と取扱い商品の推移　103
　　2．販路開拓　109
　　3．マス・コミュニケーション　112
　　4．「レナウン」：製品ブランドから企業ブランドへの展開　115
　　5．個別ブランドの展開　118

第3節　1970年代における製品・小売ブランドの形成……………119

　　1．「ダーバン」ブランドにみる製品・小売ブランドの形成　121
　　2．1970年代レナウンのブランド展開　126
　　3．売場確保を起点とした商品企画　131

第4節　1970年代レナウン・グループにおける製品・小売ブランドの
　　　　意義と限界………………………………………………………134

第4章 1950-70年代における 三陽商会のブランド構築と小売機能の包摂──── 137
　　　　　―海外提携ブランドの戦略的活用―

第1節　はじめに……………………………………………………137

第2節　単品ブランドの形成期：「サンヨーコート」の成立（1960年代
　　　　後半まで）……………………………………………………140

　　1．終戦直後の三陽商会　140
　　2．「サンヨー」ブランドの形成　141
　　3．三陽商会の販路開拓　145
　　4．1960年代後半までの「サンヨー」ブランドの特質　146

第3節　多製品ブランドの形成期：ミッシー・カジュアル・ブランドの成立（1970年代前半）……………………………………147
 1．コート専業メーカーから総合アパレルメーカーへ　147
 2．コートからドレス，婦人カジュアル衣料への製品多角化とマルチ・ブランド化の進展　150
 3．「バーバリー」に代表される海外提携ブランドの導入　156
 4．単品ブランドから多製品ブランドへの進展　158

第4節　製品・小売ブランドの形成期：ショップの成立（1970年代後半）……………………………………………………159
 1．総合アパレルメーカーへの脱皮と基幹ブランドの形成　159
 2．単品ブランドの育成　162
 3．製品・小売ブランドの形成　164

第5節　1970年代三陽商会におけるブランドの発展とその特質………172

第5章　1950-70年代におけるイトキンのブランド構築と小売機能の包摂　175
―マルチ・ブランド戦略の徹底活用―

第1節　はじめに……………………………………………………175

第2節　「イトキンブラウス」の確立（1950-1962年）……………179
 1．メリヤス・トリコットの卸・小売からブラウスの企画へ（1950-1955年）　180
 2．前売りからルートセールスへ（1956-62年）　182

第3節　マルチ・ブランドの婦人カジュアルウエア・メーカーへの発展（1963-69年）……………………………………184

第4節　コーディネイト・ブランドの揺籃期（1970-1975年）………188

第5節　コーディネイト・ブランドの確立期（1976-1982年）………195

第6節　ブランド概念の拡張……………………………………206

第6章　1960-70年代における
　　　　ワールドのブランド構築と小売機能の包摂——— 213
　　　　　—コーディネイト・ブランドの専門店展開—

　第1節　はじめに……………………………………………………213
　第2節　婦人ニットメーカーとしての基盤形成期（1959-66年）………219
　第3節　コーディネイト・ブランド，マルチ・ブランド化の
　　　　　形成期（1967-74年）……………………………………222
　　　1.　コーディネイト・ブランドの開発・普及　223
　　　2.　マルチ・ブランド化の推進　225
　第4節　コーディネイト・ブランド，マルチ・ブランド化の
　　　　　確立期（1975-84年）……………………………………227
　　　1.　総合アパレルメーカーへの成長　228
　　　2.　コーディネイト・ブランドの確立　231
　　　3.　企業ブランドと個別ブランドの分離　234
　　　4.　個別ブランド間での役割分担の形成　236
　第5節　製品・小売ブランドの形成期（1975-84年）……………238
　　　1.　製品・小売ブランドにおける商品企画　238
　　　2.　製品・小売ブランドにおける対小売店営業　239
　　　3.　小売店に対する販売支援　244
　　　4.　㈱リザにおける直営小売店の展開　246
　　　5.　単品ブランド，多製品ブランド，製品・小売ブランド　247
　　　6.　ワールドの小売店取引に見る製品・小売ブランドの特質　251
　第6節　むすびに：1970年代における製品・小売ブランドの
　　　　　意義と限界………………………………………………254

第7章　1980年代大手アパレルメーカーの
　　　　ブランド開発と商品企画——————————— 257
　　　　　—基本システムの確立—

　第1節　はじめに……………………………………………………257

第2節　1980年代アパレルメーカーのブランド開発と商品企画‥‥‥‥261
　　　1. ブランド体系の発展　261
　　　2. 製品ブランドの小売機能包摂　264
　　　3. ブランド別商品企画体制の確立　267

　第3節　ブランド開発の事例分析‥‥‥‥‥‥‥‥‥‥‥‥‥‥‥‥268
　　　1. 樫山の「スウィヴィー」ブランド開発　269
　　　2. ダーバンの「イクシーズ」ブランド開発　277

　第4節　三陽商会のブランド別商品企画‥‥‥‥‥‥‥‥‥‥‥‥‥282
　　　1. 1980年代末三陽商会の組織と企画・製造・販売　283
　　　2. 三陽商会のブランド別商品企画　288

　第5節　むすびに‥‥‥‥‥‥‥‥‥‥‥‥‥‥‥‥‥‥‥‥‥‥‥293

結章　ブランド構築と小売機能の包摂 ── 297

　第1節　アパレルメーカー5社に見るブランド構築の論理‥‥‥‥‥297
　第2節　アパレルメーカー5社の個別性‥‥‥‥‥‥‥‥‥‥‥‥‥305
　第3節　アパレルメーカー5社に見るブランド構築の現代的意義‥‥308
　第4節　本書から導かれる歴史的な帰結‥‥‥‥‥‥‥‥‥‥‥‥‥315

参考文献一覧 ── 319
索　　引 ── 329

アパレル産業のマーケティング史
――ブランド構築と小売機能の包摂――

序章

本書の課題と対象

第1節　アパレル産業のマーケティング史を研究する意義

　本書の研究テーマは，日本のアパレル産業におけるブランド構築の歴史研究[1]である。アパレルメーカーのブランド構築の歴史を取り上げるなかで，メ

1　産業組織論の古典的なテキストである Bain［1968］（宮澤監訳［1970］）によれば，産業とは，密接な代替関係にある生産物を供給する売手グループである（p.6, 邦訳7頁）。この産業の定義からすると，アパレル産業は製品範囲が広すぎる。しかし，ある企業による多様な服種や身の回り品を品揃えした小売販売方法や，ある企業が紳士・婦人・子供服を総合的に品揃えしたショップが1990年代までに広がる中で，本書の課題設定の関係上，紳士・婦人・子供という顧客別，服種別に細かく分類した製造視点からの産業分類を用いず，製造・卸・小売を包括した視点から「アパレル産業」という用語を用いた。
　2007年11月に改訂された総務省統計局・政策統括官（統計基準担当）・統計研修所「日本標準産業分類平成19年11月改訂」（http://www.stat.go.jp/index/seido/sangyo/19-5.htm, 2010年9月22日閲覧）によれば，製造からアパレル関連の産業を捉えると，アパレルに関連する製造業は，「11繊維工業」の中に，小分類「116外衣・シャツ製造業（和式を除く）」「117下着類製造業」「118和装製品・その他の衣服・繊維製身の回り品製造業」がある。

ーカーの製品ブランドが小売機能を包摂していくことを明らかにするものである。アパレル産業という名称が一般化したのは，1972年頃からで，基本的に衣服産業と同じ意味である。[2]

　日本のアパレル産業は1970年代までに成立した。第二次世界大戦まで衣服生産は主として家事労働に担われていたが，戦後の衣服既製化のなかで家庭内での裁縫・編物労働が解体され，家庭は生産の機能をほぼ喪失する。1970年代には，衣服はおおよそ既製化され，ブランドとして販売されるようになった。[3]

　通常，ある産業の歴史を取り上げる際，ある産業が経済社会の基軸産業であること，大量生産体制を牽引する産業であることが重視される。たとえば

2　中込［1977］179-181頁参照。なお通商産業省生活産業局編［1974］は，アパレル産業（53頁）という言葉を用いて，繊維産業内部の一部門としてアパレル部門を位置づけた。アパレル部門の育成は，繊維産業が「消費者の需要に適応した商品を開発，生産し，それを適正な価格で消費者に供給しうる体制を整え」，「付加価値生産性の高い産業へと脱皮する」上で鍵を握るものとの認識があったからである（通商産業省生活産業局編［1974］Ⅱ頁）。

　　さらに通商産業省生活産業局編［1977］は，アパレルを「日本標準産業分類でいう『衣服』（apparel）を指すもの」とし，「アパレル産業という概念については，アパレル（すなわち衣服）の製造及び流通に関する社会的仕組みの総体を指すものと定義し」ている（11-12頁）。すなわち，アパレル産業は，アパレル製造業，アパレル卸売業，アパレル小売業を含む概念であるとしている（12頁）。この点は，鍛島［2006］11-12頁にも記載されている。

　　中込［1977］181頁においても，アパレル産業を，アパレルの生産，流通すべてを包括した新しい産業と捉えている。以上の点をふまえ，本書でもアパレル産業をアパレル製造・卸・小売業として理解する。

3　資本主義的生産様式が，地域社会，農村，家族といった共同体的諸関係および共同体の持っていた諸関係を解体して全面的に商品関係に包摂していく事態，別の角度からみれば，労働が全面的に労働力商品として資本のもとに包摂されていく事態を，ブレイヴァマンは「普遍的市場」と名づけた。Braverman［1974］pp.271-283，富沢訳［1978］296-308ページ。ブレイヴァマンの指摘によれば，家族は社会生活，生産，消費の中枢組織の役目を果たしてきたが，資本主義の発展はただ消費の機能を家族に残すだけであり，しかもその消費さえ個人単位に分解する傾向を持っている。衣服既製化を前提してのアパレル産業のマーケティングも，資本主義的生産様式があらゆる消費生活手段を商品化していく歴史的傾向の視点からとらえることができる。

自動車産業は，組み立て産業におけるフォードシステムの先駆的事例であるし，鉄鋼産業は装置産業としての技術革新の先進的な事例であり，また産業革命において重要な役割を果たす。その意味で，アパレル産業の川上に位置する繊維産業において重要な位置を占める綿紡績業は機械の自動進行性に合わせて労働力が配置され，産業革命を主導した業界として研究がなされてきた。アパレル産業は，装置産業でもなければ先進的な組み立て産業でもない，大量生産体制として先進的な技術水準を要請されるものではなく，したがってその点から研究対象とはなってこなかった。

また，マーケティングの歴史研究は，大規模工場への投資に伴う大量生産に対応した大量販売を実現するためにどのように最終消費者にまで商品を届け購入してもらうかを課題としていた。ミシンやラジオ，乗用車といった新製品が登場する際，卸売業者や小売業者の組織化が重要な課題であり，食品のような伝統的な商品を包装商品としてブランドをつけて販売する場合には，既存の販売ルートにおいて優先的に取り扱ってもらい，消費者に購入してもらうことが問われた。いずれにせよ，大量生産に対応した大量販売の課題をマーケティングが引き受けることになった。

日本のアパレル産業は，工場への大規模な投資を出発点として大量販売を余儀なくされる形で成立したわけではなかった。アパレル産業の中核を担ったのは，アパレルメーカーであるが，もともとは衣服製造卸とよばれていた。製造機能と卸機能を併せもつ存在で，縫製などは下請業者に委ねていた。製造卸は，商品企画機能と卸機能を中核にしており，出自は商業資本としての性格が強い[4]。その意味では，大量生産体制を確立していく中でメーカーが流通組織化に乗り出すものとして，衣服製造卸を捉えることができない面がある。

衣服製造卸は，百貨店との取引関係において劣位にありながら，そして厳

---

[4] 衣服製造卸の沿革や製品，企業形態などについては，中込［1975］160-250頁が詳しい。

しい取引条件の中で販売リスクを抱えながら，小売機能を取り込んで自社のブランドを確立していった。その際一定面積の売場を1つのブランドで押さえることとなった。専門店との取引においても自社のブランドを確立しようとした。その際，一部の製造卸は，単品としてのブランドを販売するのではなく，一定面積の売場ないしは1つの店舗を品揃えできるだけの多様な商品を1つのブランドとして販売することに取り組んだ。衣服製造卸に代わって，「アパレル」という用語が普及する1970年代半ばにアパレルメーカーという用語が使われ始める。[5]

　衣服産業に関連する有力な歴史研究がいくつかある。中込［1975］は，「従来の繊維産業からは，最下位にあるとみられている衣服製造業から出発し，衣服製造の観点から繊維産業を分析し」ようとしたものである。中込［1975］は，「衣服製造業を従来の衣服製造卸，下請などのせまい範囲にかぎるべきではなく，衣服製造を兼業するかぎり，その範囲を拡張して，すべてをふくめることとし，集散地問屋，地方卸，現金問屋，または，百貨店，量販店，専門店などの小売分野」，そして合繊メーカー，紡績，総合商社などもふくめている（ⅱ－ⅲ頁）。日本の衣服産業について，製造，卸，小売，そして既製服化について取り上げている。中込［1977］は，従来の繊維産業とは目的の点で質的に異なったアパレル産業が創出された歴史的必然性とその性格を明らかにしている。中込省三氏の2冊の著書は，1970年代という時代的制約のためか，アパレル産業の成立とともに消費者に提案され受け入れられてきたブランドについてほとんど紙幅が割かれていない。繊維産業とアパレル産業の連関やアパレル産業の内部構成に力点が置かれており，ブランドによる顧客との関係性構築という視点が弱いといえよう。1880年代アメリカで大量生産と大量流通の結合が進み始めて以後，ブランドは消費財の

5　「日経テレコン21」は1975年1月から検索できるが，「アパレルメーカー」を検索すると，その初出は『日経産業新聞』1975年7月31日7面にある。

マーケティング実践にとって不可欠な要素となっており，それはアパレル産業においても例外ではない。

鍛島［2006］は，1970年代初頭までの日本アパレル産業成立について，既製服需要，製造卸の成長，縫製業者や小売業者の成長，ブランドの展開，製造イノベーション，アパレルメーカーの販売戦略などを総合的に分析している。ただしブランドの展開については，ブランド体系の形成，ブランド構築を支える具体的なマーケティング活動の発展など，アパレルにおけるブランドの役割の変化，およびブランド管理を分析する点は必ずしも十分になされているとはいえない。

橘川・髙岡［1997］は，「生活様式の変化に注目することによって，戦後日本の流通システムのダイナミズムを説き明かすことができる」という視点にたって，「『衣』と『食』に関わる戦後日本の生活様式の変化とそれに連動した製造業者・流通業者のビヘイビアを検討」（112-113頁）している。「衣」に関わる戦後復興期まで（1950年代）の生活様式の変化として，和服から洋服への転換と既製服化の事実とその要因を明らかにしている。洋服への転換は，活動的な洋服を求めるなど当時の社会状況，百貨店や洋裁学校が行なった流行創造により進み，既製服化は，「身分制度の崩壊」「衣服の洋装化」という社会的・経済的要因，既製服の全国標準サイズの採用や既製服の催し物といった既製服製造卸業者や百貨店の需要創造活動に関する要因により進んだ。「衣」の洋風化は，百貨店と有力納入業者の戦略的対応を呼び，委託取引と派遣販売員制度により，有力納入業者は業容の拡大とリスクの管理をはかり，百貨店はリスク分担を進めた。

このように，橘川・髙岡［1997］は，生活様式の変化とそれに連動した流通業者・製造業者の行動を検討しているが，「衣」に関する限り，その因果関係は必ずしも鮮明ではない。生産や流通の変化が生活様式の変化を促していく点も含めた総合的な分析が求められるが，「消費と流通と生産とを関連づけて分析する」という視点は共有すべきである。

石井［2004a］は，1950年代に既製服化が遅れ衣服製造卸が十分成長しな

かった最大の理由として，素材の原反入手が容易ではなくかつ価格変動が大きかった点を示している。原綿，糸，織物など繊維品の市況変動のゆえに，衣服製造卸は生地を安く買いそれをつぶして現金化することに重きを置くこととなり，生産改善に力点を置くことにはならなかったとする。また，中小衣服製造卸は生地を入手するにも困難な状況であり，一部の有力製造卸に有利な状況であったことが論じられている。この点は，本書第2章において，1950年代樫山が生地の裁ち売りをして巨利を得るという商業資本的性格にかかわる。本書で取り上げる製造卸各社も，基本的には商品企画機能と卸売機能から出発していることに示されるように，1950年代における衣服生産体制は脆弱なものであった。

さらに石井［2004a］は，アパレル産業について，生産改善による生産価値追及よりも，消費者嗜好の多様化・流動化・曖昧化に対応する消費価値追及を進める典型的な業界であり，消費価値追求という点で，百貨店販路と有力アパレルメーカーに加えて，百貨店販路に対抗する専門店販路と専門店向けアパレルメーカーが1960-70年代に急成長した点を明らかにしている。

石井［2004b］は，1970年代以降の消費者嗜好が多様化するという市場変化に対応するため，1970-80年代におけるアパレルメーカーの小売機能包摂が進んだこと，そして百貨店と有力メーカー，専門店と新興アパレルメーカー（ワールドの事例とDCブランド・メーカーの事例）というチャネル類型，メーカーと小売業者間の機能の分担関係とその変化，そしてチャネル間競争をふまえて小売機能包摂が進んだことを示している。

アパレルメーカーと専門店の分業関係について，メーカーが製品企画と小売価格設定を担い，専門店が品揃え，売場商品管理，売れ残り処理を担う一般的な分業関係を採用したアパレルメーカーよりも，専門店の売場を重視して小売機能を包摂したアパレルメーカーの方が大きく成長したとする。百貨店販路を主力とする有力アパレルメーカーが，新興メーカーとの競争関係の中で，百貨店市場における小売機能包摂を進めた点も明らかにしている。以上の点をふまえると，専門店販路か百貨店販路かというチャネル間競争がア

第1節　アパレル産業のマーケティング史を研究する意義　9

パレルメーカーの製品企画から小売展開に至る事業システムを規定したのではなく，百貨店販路であろうと専門店販路であろうと，ブランド軸により製品企画から小売価格，品揃え，売場商品管理，接客販売，売れ残り処理までを含めた全体プロセスを管理するしくみを利益が上がるように組み立てられたかが，アパレルメーカーの成長性を規定したのである。百貨店のプライベート・ブランドへの製品供給を主とする衣服製造卸が大きく成長しなかった点も，ブランドを梃子にして商品企画から小売機能に至るプロセスを管理する能力を身につける指向をもたなかったことに原因があるといえよう。

康［1998a］は，アパレル産業について，「工場と企業レベルだけではなく，商品の市場条件や事業レベルをも含めてその産業を捉えるべきで」（91頁）あるとし，寝具，足袋，タオルなど多様な製品構成を含み，素材メーカー，商社，小売業のアパレル事業部門もアパレル産業に含めて分析し，「アパレル産業は衣服類などの企画，製造，販売を包括する産業である」（92頁）としている。アパレル産業を構成する最も重要な要素，製品構成と企業形態を明らかにすることによって，その産業概念に迫るものとなっている。

以上，アパレルの産業史，社会経済史，経営史のいくつかの研究を概観した[6]。石井晋氏の業績は，消費の多様化・流動化・曖昧化に対応してのアパレルメーカーの製品企画から小売機能包摂の論理を，百貨店販路と専門店販路の対抗関係を交えながら明らかにしている点にある。そのなかで，多ブランド化による消費の多様化・流動化・曖昧化への対応，ブランドによる消費価値追及は示唆されているものの，ブランドの歴史的生成については正面から議論されてはいない。本書ではこの点を中心課題に据える。アパレル産業

6　なお，アパレル産業の流通にかかわる研究については，QR（Quick Response）システム，サプライ・チェーン・マネジメント，独立した主体間における製販統合，SPA（Specialty Store Retailer of Private Label Apparel，アパレル製造小売業者）などの分野で多くの研究蓄積がある。加藤［1998］，加藤［2003］，加藤［2006］，崔［1999］，崔［2001］，崔・松尾［2002］，崔［2006a］，崔［2006b］，遠藤［2001］，南［2003］，南［2009］，森島［1987］，李［2009］，西村［2009］，木下［2009a］などを参照のこと。

は，アパレル製造，卸，小売，繊維事業その他どのような機能から出発しようと，製品要素と小売要素を包摂するブランドの形態が歴史的に生成している。

第2節　ブランド構築の歴史研究を行なう意義

　ブランドおよびブランド管理に関する先行研究は，製品ブランドの小売機能包摂について必ずしも焦点を当ててこなかった。先行研究は，製造業者の製品ブランドと小売事業ブランド，ナショナル・ブランドとプライベート・ブランドの対抗・競争と補完関係に研究の焦点を当てていた[7]。製造業者による卸売・小売の系列化とブランドの全国販売に関するマーケティング史研究は多いが[8]，その場合小売過程はナショナル・ブランドの外部に存在することになる。

　田村［2001］は，資料序-1に見るとおり，生産者と流通企業のマーケティングによる取引特性を比較している。マーケティングの主体が生産者か流通企業かで，取引相手，取引対象，取引様式における取引特性が異なる点と共通の特徴を捉えている。しかしながら，生産者のブランドが小売レベルにまで浸透する場合や，流通企業の事業ブランドが製品レベルにまで浸透する場合は，ブランドが製品レベル，小売事業レベルの両方を含むようになる。マーケティングの主体が生産者か流通企業かの弁別だけでは，現代のブランド構築の進展を理解することはできない。アパレル産業のブランドの歴史的形成過程は，製品ブランドの小売機能包摂の過程を明らかにしてくれる。

　7　一例として，根本［1995］がある。
　8　たとえば，Tedlow［1990］，小原［1987］，近藤［1988］，小原［1994］を参照のこと。

資料序-1 マーケティング・モードによる取引特性

	生産者	流通企業	共通の特徴
取引相手	最終顧客	原始供給者	ミクロ流通フロー全体による整序
取引対象	ブランド商品	事業ブランド	ブランドによる個別市場形成
取引様式	販売経路の組織化	調達経路の組織化	専用経路での関係型取引

(出所) 田村［2001］272頁。

ところでブランドは，マーケティング研究の中核概念として成立期マーケティングの時代から研究対象となってきた。近藤［1988］は，アメリカの成立期マーケティングについて，バトラー（Butler, R.S.），ショー（Shaw, A. W.），コープランド（Copeland, M.T.），クラーク（Clark, F.E.）のマーケティング論，P&G社とGM社のマーケティング実践を検討している。その中でブランドは，製品差別化の基礎，顧客の愛顧を獲得するための手段，需要創造のための手段，非価格競争の手段として，マーケティング論の中核概念として位置づけられている。すなわち，成立期マーケティングの理論的・実証的検討から，ブランドがマーケティングの中核概念となっていたのである。

Tedlow［1990］（近藤監訳［1993］）は，アメリカのマス・マーケティング史の研究において，「現代の巨大な消費財企業は，例外なくブランド確立が成功要因の1つとなっている」（p.15, 邦訳15頁）と述べている。差別化されていない商品であるコモディティからブランドへの転換が，マス・マーケティングの段階に進んだ。テドロー（Tedlow, Richard S.）は，マーケティングの発展段階を市場分断—市場統一—市場細分化ととらえ，大量生産に対応した大量販売，すなわちマス・マーケティングは市場統一の段階において現れたとしている（Tedlow［1990］pp.3-21, 近藤監訳［1993］1-22頁）。ブランドが本格的に消費者に提案されるのは，マス・マーケティングが実践されるようになった市場統一の段階以後のことである。

ここで言うマス・マーケティングとは，単一製品をあらゆる顧客に無差別にマーケティングを行なうことという一般的に用いられる意味ではなく，「マス・マーケットの創造にかかわるマーケティング」（若林［2003］33頁）

の意味である。若林［2003］は，「ブランドをめぐる普及である点がマス・マーケティングの特色である」(33頁）と規定している。ブランドは，マス・マーケティングの実践と緊密に結びついている。市場分断から市場統一への移行は，アメリカの先駆的な業界において1880年代から進むが[10]，マス・マーケティングの成立期から商品のブランド化が課題となっていた。ただし，その際，主要には製造業者の提供する商品のブランド化がまずは中心となっていた。

1990年代以降ブランド・マネジメントの体系的な研究が進む。Aaker［1996］（陶山・小林・梅本・石垣訳［1997］）は，強いブランド構築のための指針を提示するにあたり，①ブランド・アイデンティティのための概念の開発，②ブランド・アイデンティティの実行システム，③ブランド体系の管理，④ブランド・エクイティの測定問題，⑤ブランドを育成する組織形態を検討している。また，Keller［1998］（恩蔵・亀井訳［2000］）は，ブランド・エクイティの構築，測定，管理にかかわるマーケティング・プログラムやマーケティング活動のデザインと実行について体系的に記述している。このように，1990年代には，戦略的なブランド構築の体系的な概念，ツールが提案され，実務においても活用されるようになった。

初期のマーケティング研究においても，ブランドは中心的なテーマとなってきた。成立期マーケティングにかかわる研究においては，製品差別化，ブランド・ロイヤルティ，需要創造，非価格競争の点から論じられた。対して，1990年代以後のブランド研究は，戦略的なブランド構築の計画と実行，そのための概念と測定の開発に注力することとなった。

本書の論点の1つにかかわって，Keller［1998］は，ブランド化されるも

---

[9] Kotler and Keller［2009］は，マス・マーケティングを，「販売者は単一製品をすべての買い手に対して，大量生産，大量流通，大量プロモーションを行う」(p.208) ものとしている。

[10] Tedlow［1990］p.8, 近藤監訳［1993］6頁。

のとして，有形財，サービス，小売業者・卸売業者，人および組織，スポーツ・芸術・エンターテインメント，場所を列挙している（pp.10-21，邦訳46-57頁）。またKeller［1998］は，通説の立場から，小売業者や他の流通業者によって販売される製品であるプライベート・ブランド（Private Brands，以後PBと略記する）と全国的な製造業者の提供する製品であるナショナル・ブランド（National Brands，以後NBと略記する）とを所有主体の点から識別している。

　この点に異論があるわけではないが，NBが小売機能を取り込み，ショップ・ブランド化する事態がアパレルのブランド発展において明らかになる。ショップ・ブランドとは，1つの売場であるショップが排他的に1つのブランドの商品で編集され販売されているブランドのことをここでは意味しており，「ルイ・ヴィトン」や「バーバリー」などがその典型例である。言わばある所有主体の下での製造小売ブランドが形成されてきた。豆腐の製造小売や紳士服の製造小売など伝統的な製造小売業は，小規模零細事業者が担っていたが，本書で捉える製造小売事業のブランドは，NBないしはグローバル・ブランドである。

　NB，PB，製造小売事業ブランドは，製造業者と流通業者という垂直的関係にかかわるブランド形態の議論である。製品の技術および使用機能とブランドとの関係性と発展について石井［1999］は興味深い指摘をしている。石井［1999］は，製品とブランドとの発展の関係を，技術の軸と使用機能の軸で捉えた。技術従属的と技術横断的の軸，使用機能従属的と使用機能横断的の軸によって4つのブランドのタイプに分類し，製品指示型ブランド，使用機能ネクサス型，技術ネクサス型，ブランドネクサス型ブランドと名づけ，技術にも使用機能にも横断的であるブランドをブランドネクサス型ブランドと呼んでいる。製品技術の軸と使用機能の軸に拘束されるのではなく，そこから相対的に自由にブランドが展開される点に，ブランドの発展性を見出している。

　アパレルのブランドは，繊維素材としての合繊，綿や毛などの天然繊維，

織物の縫製とニット製品という衣服製造上の技術の違い，下着，上着，アクセサリーという使用機能の違いを含んだ多様な製品群により成り立っている。このようなアパレルを中心とするブランドネクサス型ブランドは，日本ではおおよそ1970年代に生まれ1980年代前半には確立した。

とはいえ，石井［1999］は，製品とブランドとの関係を問題にしており，ブランドをめぐる製品と小売との関係については言及していない。本書では，製品ブランドの小売機能包摂を問題にしている。

第3節　ブランド構築の分析枠組み

本書の研究対象は，1950-80年代日本の有力アパレルメーカー5社のブランド構築の歴史である。そのブランド構築の分析枠組みは，以下の諸点に要約できる。

第1に，ブランド構築は，大量販売を基礎にしている。本書は，マス・マーケティングを通じてブランドが生成・発展したことを明らかにする。チャンドラー（Chandler, Alfred D.）は，近代企業が大量生産と大量流通を統合することにより市場メカニズムに代わり生産・流通に関する調整機能を手中に収めたことを論証している。[11] マーケティングの歴史研究においても，大量生産・大量販売体制がマーケティング成立の基軸概念として位置づけられている。近藤［1988］は，自動車業界のGM社，石鹸業界のプロクター＆ギャンブル社を取り上げている。

本書で取り上げる日本のアパレル業界においても，全国ブランドの形成による大量販売は大量生産の支えなしには実現できない。1企業による大規模な工場への投資が大量販売を要求したという生産と販売の関係は，必ずしも

---

[11] Chandler［1977］, 鳥羽・小林訳［1979］参照。

アパレル産業には成立しなかった。しかし，有力アパレルメーカーは多数の下請工場を活用することで，大量生産体制を整備した。本書でこの点は，第1章Ⅳの2で部分的に樫山と三陽商会の事例が取り上げられているにとどまる。

テドロー（Richard S. Tedlow）は，「大量販売による利益獲得戦略──高マージンで少量を売るのとは反対に低マージンで大量に売ること──は歴史的に見てアメリカ・マーケティングのきわだった特徴であった」（Tedlow［1990］p.344, 近藤監訳［1993］412頁）と述べ，マス・マーケティングを「大量販売による利益獲得」として捉えている。アパレル市場は，顧客や用途，デザイン傾向において小規模のブランドが多く，市場細分化が進んでおり，一見マス・マーケティングとは異なるセグメント・マーケティングではないかと理解される。しかし，若林［2003］が述べているように，市場細分化もマス・マーケティングの基盤の上で展開されており，その発展形態である（33-34頁）ことを理解しなければならない。

消費財関連分野のマス・マーケティングは，歴史的にブランドを活用した。全国広告によりブランドを形成することで全国市場が成立した。アパレルにおいても，全国的な市場を開拓するために先駆的な企業はブランドをつけて訴求した。各章で述べることになるが，まず佐々木八十八営業部（後のレナウン）が，国産メリヤス製品につけるブランドとして「レナウン」を1923年に商標登録した。樫山株式会社は1951年に「オンワード」ブランドを商標登録して紳士服を売り出した。㈱三陽商会は，1951年に「サンヨーレインコート」を商標登録している。糸金商事㈱は，1955年にブラウスにつけるブランドとして「イトキン」を商標登録している。1959年創業の㈱ワールドは，「ワールド」を製品ブランドとして用いている。ブランドによる製品差別化と大量販売への指向は，アパレル分野でも1950年代に胚胎していた。

第2に，ブランドと製品との関係の発展を見ると，製品ブランドが特定の服種のみを指示する単品ブランドから多様な服種や鞄などの身の回り品を含

んだ多製品ブランドへと1960年代後半から1970年代にかけて変化してきた。技術の軸と使用機能の軸を用いた製品とブランドとの関係を示した石井[1999]の表現を用いれば，技術においても使用機能においても従属的な製品指示型ブランドから，技術と使用機能において横断的なブランドネクサス型ブランドへと変化した。[12]第4章において見るように，イギリス発祥の「バーバリー」ブランドは，日本に提携ブランドとして導入されたとき，当初「バーバリーコート」として，コートという特定の製品カテゴリーと結びついた単品ブランドであったが，1980年頃には紳士，婦人とも多様な製品カテゴリーを含んだ多製品ブランドへと発展した。

さらに，アパレルのブランドにおける固有の特徴として，単品を組み合わせて着こなす「コーディネイト・ブランド」が多製品ブランドの独自な形態として普及した。コーディネイト・ブランドとは，同一ブランド内に多様な製品を含み，それぞれの製品の組合せを消費者に提案することで，単独の製品では表現し得ない便益を提供するしくみである。通常コーディネイト提案をしようとすれば，同じ売場内に1つのブランドの多様な製品をまとめて，マネキン人形などに上下，重ね着などを表現するのが通常である。コーディネイト・ブランドはショップ・ブランド化を伴う。

第3に，製品ブランドの小売機能包摂が1970年代以後進む。製造業者ブランドと小売業者ブランドという所有主体による区別や，ナショナル・ブランド対プライベート・ブランドという製造と小売の競争関係といったものでは捉えられない現実が1970年代以降に登場してきた。

マーケティングが，「単なる販売と区別される，販売前活動，販売後活動を含む一連の統合的にマネジメントされた市場への働きかけ」[13]であるとするなら，ブランドは統合的に管理された販売活動を概念的に含んでいる。しかし，製造業者のブランドが小売機能をも含んでいるとは必ずしも言えない。

---

12 石井［1999］38-66頁。
13 若林［2003］25-26頁。

製造業者はあくまでも自社の全国ブランドを多様な商業者に取り扱ってもらうことが眼目なのであり、商業者が多様な製造業者のブランドを品揃えして小売販売を行なう。商業者は小売機能の遂行を通じて小売にかかわるブランド提案を行なう。たとえばグリコの「ポッキー」が、セブン-イレブンのある店で小売販売されている場合、「ポッキー」というブランドが小売機能の重要な要素を包含しているとはいえない。小売店頭で消費者の注目を受けるパッケージデザイン、小売店頭で取り扱いやすいサイズ、ポッキー独自の店頭POP広告などの小売要素はありうるが、基本的に小売の立地、店舗施設、陳列などの小売要素は小売業者が担う。

　しかし、アパレルメーカーが、委託取引のもとで、百貨店内にブランド別売場、すなわちコーナー売場ないしはショップ売場を確保し、売場内の品揃えと価格設定の主導権を握り、派遣販売員を通じて接客サービスと店頭商品管理を実質的に行なうような事態が進行した。その結果、メーカーによる小売機能包摂が進み、ブランドが製品と小売の両方の要素を含むようになる。それが製品・小売ブランドである。

　アパレルの場合、ブランドはたんに多様な製品カテゴリーを含んでいるだけではなく、ある売場の中で統一感をもった品揃えと陳列がなされ、企業は、統一的なショップによる小売販売を提案する。これをショップ・ブランドとよぼう。

　ショップ・ブランドは、小売業者のプライベート・ブランドが牛乳、チョコレート、肌着など多様な製品カテゴリーにつけられて、それぞれの製品カテゴリー別売場で単品として販売される事例と異なる。

　ショップ・ブランドによる品揃え提案は、顧客がアイテムを組み合わせて購買・消費する習慣を提案することとなる。消費者の購買行動は、ショップ・ブランドが一般化するに伴い変化する。百貨店のアパレル売場を例に取ろう。従来は、セーター売場、スカート売場、コート売場と服種別に売場が区分されており、自分の購入する服種を決めて、服種別売場に行き、そこで自分にふさわしい商品とブランドを選択していた。百貨店の売場がショッ

プ・ブランドにより構成されるようになると，消費者はまずいくつかのブランドを考慮集合に入れ，次にそのブランドの中から，気に入った服種および単品を選び購入することになる。

　前者の場合，服種の選択→特定ブランド・特定アイテムの選択という順序であるが，後者の場合，ブランドの選択→服種およびアイテムの選択となり，消費者の購買行動が変化する。消費者はアパレルおよび雑貨の選択において，自分の考慮するブランドの代替案が最初にあり，次に考慮したブランドの中から，特定の製品カテゴリーおよびアイテムを選ぶことになる。ショップ・ブランドは，技術にも使用機能にも従属しない多様な製品を貫くブランドのアイデンティティが社会的に形成されていることを示している。

　アパレルメーカーの提案するブランドは，製品レベル，品揃えレベル，小売空間としてのショップレベルという重層構造をもつようになった。このようなブランド構築は，アパレル産業において典型的である。製品レベルから小売レベルまでを包摂するブランド構築は，西友のプライベート・ブランドから出発した「無印良品」，小売事業ブランドから出発した「ユニクロ」，小売サービスレベルにまで踏み込んでブランドに組み込んだ「レクサス」などに広がっている。このようなブランド構築は，歴史的にはアパレル産業において育まれたと言ってよいであろう。製品レベル，品揃えレベル，ショップレベルという重層的なブランド構築がアパレル産業においてどのように形成されたのか，そしてそのようなブランドがなぜ形成されたのかを明らかにすることは，ブランドの理解を深める上で重要な鍵を提供してくれる。

　この製品レベルから小売レベルまでの垂直的なブランドを，本書では「製品・小売ブランド」と概念化している。これはアパレル産業のマーケティングの歴史研究から得られた知見であり，先行研究では必ずしも明らかにされてこなかった。アパレルメーカーのブランドの歴史は，製品ブランドから製品・小売ブランドへのブランド概念の拡張を示している。[14]その意味ではブランドは極めて歴史的な概念である。

　第4に，ブランド体系の形成である。品揃えの総合化，紳士，婦人，子供

服へのフルライン化,顧客ターゲットの細分化の下で,個別(製品)ブランドの多ブランド化が進み,企業ブランドと個別ブランドの分化がはっきりしてくる。

　おおよそ1960年代後半から1980年代にかけてブランド体系の管理が進む。1960年代前半までは,製品につけられる1つのブランドがあるだけであり,企業名と製品ブランドの区別と意識的な使い分けも弱かった。1960年代後半から複数の個別製品ブランドが登場し,1970年代に企業ブランドと個別ブランドの識別,複数の個別ブランドの使い分けが進む。1980年代に個別ブランドのスクラップ・アンド・ビルド,ブランド・ポートフォリオの管理が実践される。また個別ブランドの育成にかかわり,ブランド内の製品カテゴリーを拡げるブランド拡張が行なわれるようになるが,それはおおよそ1970年代後半以後である。1970年代までは,ブランド体系が結果的にできていくのに対し,1980年代以後はブランド体系の管理への戦略的な関与が進む。

　Kapferer [1992] は,ブランド拡張,ブランド—製品の関係性,ブランド・ポートフォリオとマルチ・ブランド戦略について明らかにしている。Kapferer [2008] は,ブランド拡張,マルチ・ブランド・ポートフォリオに加え,ブランド・アーキテクチュアとして製品ブランド戦略,アンブレラ・ブランド戦略,マスター・ブランド戦略,メーカーのマーク戦略,保証ブランド戦略,ソース・ブランド戦略の定式化,ブランド名の変更と,製品変更などを伴うブランド変更を示している。また Aaker [1991] は,ブランド拡張とブランドの再活性化を論じ,Aaker [1996] は,ブランドの長期

---

14 製品・小売ブランドの典型例として,ルイ・ヴィトンを挙げることができる。秦 [2003] は,ルイ・ヴィトンの基本的な考え方,日本での事業展開を,日本法人の経営者の視点から描いている。1978年,ルイ・ヴィトン5店舗が日本の百貨店内に開店し,1981年には直営店(路面店)が開店している。「ルイ・ヴィトン」というブランドが製品と小売サービスの両方を提案し,顧客も,製品および小売サービスとして「ルイ・ヴィトン」を認知する。

戦略，ブランド体系の管理，ブランドのレバレッジ効果を論じている。このように，1990年代以後，ブランドの長期的な戦略と管理，ある時点において企業が多様なブランドを管理することにかかわるブランド体系の管理の議論が深められてきた。このような理論に先立って，アパレルメーカーのブランド体系管理が実践されていた。具体的には企業ブランドと個別商品ブランドの分離，マルチ・ブランド戦略の実施，ブランド拡張などである。

　第5に，戦略的なブランド開発の追求である。ブランドのターゲット，顧客との関係で捉えられたブランドのコンセプト，競争業者との関係で捉えられたブランドのポジショニングを計画し，それを具体化する戦略的なブランド開発が，少なくとも1980年代には一般化する。商品企画，小売政策，コミュニケーション政策は，ブランドのターゲット，コンセプト，ポジショニングをふまえて具体化するものとなる。

　またブランドの管理体制も，ブランド別商品企画が一般化する。ブラウスやスカートなど特定の服種が基本となって商品企画と営業がなされる場合，ブランドは特定の服種と結びついたものにならざるを得ない。ブランドがショップとそこに陳列されている多様な服種を提案するとき，服種間のバランスやディスプレイを含めたトータルな売場提案を可能にするブランド軸の商品企画体制が必要不可欠となる。

　1980年代に明確に追求された戦略的なブランド開発は，ブランド構築におけるマーケターの「実践」と「認識」という問題を歴史的に理解する素材を提供してくれる。マーケターは，外部環境，とりわけ顧客と競争相手に対して創造的適応を行なうなかで，意図的ではなく，結果的にブランド構築を行なってきた。たとえば，片平［1999］は，メルセデス社の代表取締役兼販売部門統括（当時）のディーター・ツェッチェ氏のインタビューの中で，「ブランドの構築という点では，これまではどちらかというと無意識のうちにやってきた」と述べている。この場合，ブランド構築の実践は行なっているが，ブランド構築のための組織づくりと戦略策定を行なっているわけではない。ターゲットと商品コンセプト，商品戦略，チャネル計画，コミュニケ

ーション計画をブランド構築に照準を合わせて実行するようになるのは，ブランド構築の無意識的な実践を一定期間経て後のことになる。

　日本のアパレル・ブランドの構築に即して言えば，おおよそ 1970 年代頃までは「実践」としてのブランド構築が先に行なわれていて，ブランド構築の「認識」，すなわち戦略的なブランド構築は 1980 年代以降に本格化する。1980 年代になると，7 章で取り扱う樫山の「スウィヴィー」に典型的に見られるように，生活者分析，小売動向，競争相手や商品の分析をふまえブラン

---

15 小林［1999］は，「ブランドの構築・維持を第 1 の目標とするマーケティング」を「ブランド・ベース・マーケティング」と定義している（114 頁）。「従来のマーケティング」では，ブランドと製品の関係について，「ブランドは製品を構成する属性の一つに過ぎず，製品成果を高めるための手段として位置づけられる」（127 頁）と指摘している。対して「ブランド・ベース・マーケティング」では，「複数の製品を括るブランドが戦略単位にな」り，「カテゴリーとしてのブランドは単に空間的だけではなく時間的にも複数の製品を括るものであり戦略策定期間は必然的に長期にわた」る，製品政策よりもコミュニケーション政策の方が「ブランドという先行知識の形成に大きな影響を及ぼす」（以上 127 頁）とし，製品政策はブランドによる意味確認過程を補強するものであり，コミュニケーション政策に従属するものと捉えている。
　しかし「ブランドという先行知識の形成に大きな影響を及ぼす」のは，マーケティング・ミックスのすべての要素であり，そこには優劣の差はない。顧客は具体的に製品を五感でとらえるがゆえに，製品は「ブランドという先行知識の形成に大きな影響を及ぼす」。また価格は，顧客にブランドに対する手がかりを与える。どのようなチャネル，とりわけ店舗で販売されるかは，顧客のブランド知識に大きな影響を及ぼす。ブランドを吟味し，購買し，消費してブランドの知識が形成され，そして変化していくプロセスを考えると，「ブランドによる意味確認過程」は，製品，価格，チャネル，コミュニケーションそれぞれが，ないしはその複合体がブランド知識を形成していく。
　言い換えれば，ブランドは，マーケティング・ミックスの各要素を総動員して，「ブランドという先行知識の形成」を促すと同時に，事後的に購買し消費する現実過程でブランド知識を形成していく。したがって，製品は，消費者が直接消費することで，ブランドに関する知識を消費者に与えるものであり，コミュニケーション政策とは独立した側面をももっている。
　ブランド構築における製品とコミュニケーションの相互関係を考えると，製品の客観的属性はコミュニケーションに素材を提供すると同時にその自由度を制約する。また，コミュニケーションは製品の意味を創造する。ブランド構築に向けて動員される製品政策とコミュニケーション政策は，一方が他方に従属するものではなく，互いに促進し，かつ制約する関係にある。

ドのコンセプト開発を行ない，製品，小売価格，売場計画，販売促進といったマーケティング・ミックス要素に結びつけていくことが意識され，そのようなブランド開発を支援するスタッフ部門であるマーケティング部が形成されていた[16]。本書は，1980年代の戦略的かつ意識的なブランド構築の実践という意味で，第7章を位置づけている。

日本のアパレルメーカーのブランド構築の歴史研究は，以上の5点を明らかにする上で格好の素材を提供してくれる。本書は，1970年代後半の有力アパレルメーカー（外衣）の中で，重衣料から中軽衣料までフルラインで取り扱い，ブランドのショップ展開をしている5社，レナウン・グループ（グループ企業としてダーバンを含める），樫山，ワールド，イトキン，三陽商会を取り扱う。この事例の選択基準は，①1970年代アパレル外衣分野の売上規模，②取扱い商品の総合性とブランドのショップ展開にある[17]。

多様な服種のトータル展開によるコーナー売場，ショップ売場の運営・管理が，アパレルのブランド構築の主流をなす。このような手法を取り入れたメーカーは，1970年代後半から80年代前半にかけてのDCブランド（デザイナーやブランドの個性を前面に表現したブランド）のブームの波に乗れたが，ブラウスなどの専業メーカーはその波に乗れなかった。百貨店などのコーナー売場では，ジャケット，ニット，スカートなどすべての服種を揃えた方がそれだけ売上を取れる[18]。ブランドのアイデンティティも提案しやすい。

本書の研究課題は，製品ブランドの小売機能包摂を捉えることである。アパレル産業は，製品ブランドの小売機能包摂において先駆的な業界であった。この点を捉える方法論として第1に，時間軸の長い歴史研究を採用し

---

16 樫山㈱マーケティング部部長・古田三郎氏，課長・松村亨氏へのインタビュー，1988年7月13日および，㈱樫山社内資料。

17 ブラウスなど特定の製品カテゴリーのみを扱うメーカーや，量販店販路に商品を卸売りする事業者，自社のブランドを用いないで小売業者のブランド名で商品を卸す事業者（OEM供給）も存在するが，本書の目的にしたがって，本書の検討対象から除外した。

18 ㈱ジャヴァ経営統括部課長・宮田辰夫氏へのインタビュー，1994年6月22日。

た。おおよそ1950年代から1980年代のアパレルメーカー5社のブランド生成・発展が研究対象となる。単品ブランドから多製品ブランドへの発展，製品ブランドの小売機能包摂，ブランド体系の生成，戦略的なブランド開発と商品企画のシステム化が明らかになる。第2に，複数メーカーの事例研究により，その共通性と個別性を捉える。大きく言えば，各社の共通したブランド生成とブランド構築を捉えることになるが，各社の個性も同時に明らかにする。

第4節　本書の構成

　以上より本書は以下の構成をとる。第1章では，日本におけるアパレル産業の成立をマーケティング史の視点から整理している。アパレル産業の担い手であるアパレルメーカーの成長，マス・マーケットの成立を示す既製服化の概要を示す。次に，アパレルメーカーの成長を促した環境要因として，衣服関連JIS規格の制定，素材・紡績メーカーの衣服市場開拓，アパレル市場創造において百貨店の果たした役割を捉える。アパレルメーカー成長の内実を示す要素として，商品企画力の蓄積，生産体制の構築，全国的な販売網の構築，ブランドの形成の指標を取り上げる。主に樫山と三陽商会の事例を中心として論じる。そして1970年代のアパレルメーカーが百貨店・専門店を主販路とするものと，量販店を主販路とするものとに分けられ，その中で百貨店・専門店に取り組むメーカーがブランド構築を進めたことを見る。

　続く第2章から第6章までは，樫山，レナウン，三陽商会，イトキン，ワールドの1970年代までのブランド構築と小売機能の包摂を検討する。全国的な販売網の形成，製品ブランドの小売機能包摂，ブランド体系の形成について，それぞれの共通性と個性を意識しながら分析する。

　第7章は，1980年代の戦略的なブランド開発として樫山の「スゥイヴィー」，ダーバンの「イクシーズ」を取り上げ，ターゲット，コンセプトの視

点からブランド開発の構造を明らかにする。そして，三陽商会におけるブランド別商品企画のオペレーションがマーチャンダイザーを軸にして組み立てられていることを明らかにしている。

　結章では，第7章までをふまえ，アパレルメーカー5社の共通点と特徴，ブランドの歴史研究における現代的意義，本書から導かれる歴史的な帰結について述べる。

第1章

日本におけるアパレル産業の成立
―マーケティング史の視点から―

第1節　はじめに

　アパレル産業という言葉が使用され始めたのは，1972年頃からであり，それまでは繊維産業内部でもあまりよく知られていなかったと言われる[1]。日本のアパレル産業は，1960年代に産業としての基盤を形成し，1970年代前半期までに確立した。この時期にアパレルの大量生産・大量販売体制が確立し，全国市場が成立し，消費者側から見た衣服既製化ができあがった。資本主義的生産様式がある産業分野をとらえるには，大量生産・大量販売体制が確立しなければならない。

　アパレルにおける大量生産・大量販売体制の鍵を握ったのが，アパレルメーカーであった[2]。アパレルメーカーは，アパレルの企画・設計と生産管理を

　1　中込［1977］179頁。
　2　中込［1977］は，1976年1月における東京繊維協会小林理事長の念頭の辞を引用し（『繊維月評』1976年1月号）ている。その引用には，1974-75年の石油ショックと繊維不況により，「③生産から末端流通に至るまでの全プロセスにおいて，大手アパレルメ

含めた生産体制構築，百貨店をはじめとする小売業者への全国的な販売体制，ブランド構築において主導的な役割を果たし，アパレルの生産・流通のかなめの位置にすわるようになった。

　アパレルにおけるブランド構築の主要な担い手であるアパレルメーカーは，1970年代前半頃まで衣服製造卸とよばれていた。製造卸は，製造機能と卸機能を有する卸売業者の一形態である。製造卸は，1960年代から70年代前半にかけて商品企画，設計，製造技術，生産管理機能を高め，百貨店，量販店，専門店への卸売機能を充実させることで，製造卸のブランドを消費者に認知させていった。アパレルのブランド構築において，製造卸は主導的な役割を果たし，1970年代半ばに製造卸はアパレルメーカーとよばれるようになった。

　しかし，アパレルに関わる卸は，製造卸，すなわちアパレルメーカーだけではない。アパレルを取り扱っている卸の形態として，他には①総合商社，②繊維専門商社，③集散地問屋，④地方卸，⑤現金問屋を挙げることができる。その中で，商品企画機能，小売への卸売機能を有しながらブランド構築を実践している代表的な卸形態は，製造卸である。製造卸は当初卸機能が主体で，商品企画，製造技術，生産管理機能は脆弱であったが，1960年代後半から70年代前半にかけて急速に体制を整え，アパレルメーカーとしての実質を備えるようになった。以上の点から本書では，卸形態の多様性を捨象して，商品企画，小売業者への卸売，自社のブランド構築を行なっているアパレルメーカーを主要な研究対象としている。

　本書は，アパレル産業の成立を歴史的に取り扱うことにより，アパレル産

　　ーカー（製造卸）の主導権が確立された」とある（中込［1977］169頁）。大手アパレルメーカーによる主導権の内実は，本章で示されている。
　　　中込［1975］160-205頁は，衣服製造卸について，その概念，沿革，出自，製品専業と製品の総合化，問屋街，流通経路，製造卸形態の矛盾，自家工場と縫製団地など多面的に分析している

業の形成がマーケティングを必然的に伴うことを論じることになる。アパレルメーカーの果たすマーケティング機能，すなわち商品企画機能，全国的な販売機能，消費者へのブランド構築が，アパレル産業成立の不可欠な構成要素となっている。

Tedlowは，マーケティングの発展を3段階，すなわち市場分断―市場統一―市場細分化に分けて整理した[3]。すなわち，交通・通信が未整備であるがゆえ市場が全国的に統一化されていない段階の分断市場，全国的に大量生産・大量販売が形成される市場統一，顧客の多様化を促し，また顧客に対応する市場細分化というマーケティングの発展段階区分を提示した。Tedlowの市場段階区分に従えば，アパレル産業の成立は，市場統一，すなわち全国市場の形成を1つの基準とすることになるが，それはおおよそ1970年代前半である。しかも，Tedlowの主張する市場統一と市場細分化の段階を，日本のアパレル産業に当てはめると，1970年代前半に市場統一と市場細分化の段階がそれほど時間を置かずに到来している。

1970年代前半におけるアパレル産業成立のメルクマールは，以下の点にある。①紳士背広や婦人スーツなど既製服化のすすみ具合の遅かった衣服が1970年代に急速に既製服化されたこと（資料1-2），②売上高の指標から見た日本の代表的なアパレルメーカーが1970年代までに株式上場したこと（資料1-4），③当時の有力アパレルメーカーの売上が1960年代後半から70年代にかけて急成長したこと（資料1-5），④アパレルメーカーにおける商品企画力の蓄積と海外技術提携（第4節1.），⑤アパレルメーカーによる生産体制の構築（第4節2.），⑥アパレルメーカーの全国的な営業網の整備（第4節3.），⑦全国ブランドの形成（第4節4.）の諸点である。

アパレル産業の成立を捉えるには，アパレルメーカーの成長を促した環境要因を合わせて考察する必要がある。したがって，本章の構成は，まず第2

---

[3] Tedlow, [1990] pp.4-12, 近藤監訳［1993］2-11頁。

節では，アパレルの製造，卸，小売販売額の推移，既製服化率の推移，有力アパレルメーカーの証券取引所上場や売上高の推移により，アパレル産業成立の概観を示す。次に第3節では，アパレルメーカーの成長を促した環境要因として，1. JIS規格の制定（1952-80年），2. アパレルメーカーの川上に位置する素材・紡績メーカーのマーケティング（1950-60年代），3. アパレルメーカーの川下に位置する百貨店の役割（1950-60年代）を明らかにする。

そして第4節では，アパレルメーカー成長の内的要因として，アパレルメーカーが以下の機能を遂行したことを示す。1. 商品企画力の向上：設計・製造技術の確立と海外技術提携（1960-70年代前半），2. 生産体制の構築（1960-70年代前半），3. マス・マーケットの形成：全国的な販売網の構築（1950-70年代），4. ブランドの形成（1960-70年代前半）である。アパレルメーカーが最終的に消費者に自社のブランドで大量販売する体制を築くためには，商品企画，生産体制整備，全国的な卸売体制構築，ブランド構築が必要不可欠であった。このような能力を蓄積したアパレルメーカーの形成をもって，本章ではアパレル産業の成立とした。

1960年代後半から70年代前半に至るアパレル産業の形成期は，上記の4点においてアパレルメーカーが主導的な役割を果たした[4]。本章では，樫山株式会社（以後，樫山と記載する）と㈱三陽商会（以後，三陽商会と記載する）を事例としてこの点を論じることにする[5]。樫山は，第二次大戦後，日本を代表する紳士服メーカーに成長し，1960年の東京証券取引所二部上場，「オンワード」ブランドの構築，百貨店との委託取引制度の導入など先駆的な試みを行なった企業であり，1970年代に，売上高やブランド知名度で日本を代表

---

[4] アパレルのブランド構築にかかわって，繊維商社，小売業者など他の事業者も一定の役割を果たしたが，本章では触れない。アパレル専門店チェーンが，SPA（Specialty Store Retailer of Private Label Apparel）という製造小売形態を進め，自社のブランド構築を実現していったのは，おおよそ1990年代以降のことである。

[5] 樫山のブランド構築および百貨店との関係に関しては，本書第2章，三陽商会のマーケティング史に関しては，本書第4章を参照のこと。

するアパレルメーカーに成長した。三陽商会は，婦人のコートメーカーとして出発し，その後1970年代に総合アパレルメーカーへと成長した企業であり，「サンヨー」ブランド，「バーバリー」のライセンス生産・販売で有名となった。樫山，三陽商会とも，1970年代前半までにはコートやスーツといった重衣料を中心としながら総合的な品揃えをしていった。

第5節では，アパレルメーカーが主要小売販路別に類型化されることを概観する。百貨店販路および専門店販路を主体とする有力アパレルメーカーは，小売過程に関与することでブランド構築を進めていく。他方，量販店販路を主体とするアパレルメーカーは，量販品を卸売販売する事業モデルであり，ブランド構築が弱かった。その意味において，アパレルメーカーのブランド形成を明らかにする上で，次章以下で百貨店および専門店販路を重視する有力アパレルメーカーを分析することとする。

最後に第6節では，アパレル産業の成立はマス・マーケティングの成立を必然的に伴っていること，アパレル産業ではマス・マーケットの創造と市場細分化の進展が時期を置かずに1970年代前半に到来した点を指摘して，本章の結びとしたい。

第2節　アパレル産業成立の概要：アパレルメーカーの形成と既製服化

まずアパレル産業形成の概要をつかむため，1950年代半ば以降から1990年頃に至る衣服の製造出荷額，卸売販売額，小売販売額の推移，既製服の仕立形態別割合の推移を確認する。

日本の衣服・その他繊維製造業出荷額は，1955年の約850億円，全製造業出荷額に占める割合1.3％から，1975年の約2兆1,800億円，全製造業出荷額に占める割合1.7％へと，全製造業出荷額の成長と軌を一にして伸びてきた[6]。

日本衣服卸売業の年間販売額推移は，1958年の約2,940億円，全卸売業年

間販売額に占める割合 2.1％から，1976 年の約 5 兆 5,480 億円，全卸売業年間販売額に占める割合 2.5％へと，全卸売業販売額の伸びと軌を一にして増えている。[7]

そして資料 1-1 は，百貨店における紳士服，婦人・子供服，その他衣料品の合計販売額（『商業統計・品目編』）と，紳士服小売業，婦人・子供服小売業販売額（『商業統計・産業編』），全小売業販売額についての時系列変化である。1964 年と 1976 年の比較から，衣料品売上高は全小売売上高の推移と同

資料 1-1　男子洋服小売業，婦人・子供服小売業の年間販売額推移

(単位：10 億円)

年度	百貨店内の衣料品(A)	男子洋服小売業(B)	婦人・子供服小売業(C)	(B)＋(C)	(A)＋(B)＋(C)	全小売業(D)	{(B)+(C)}/(D)	{(A)+(B)+(C)}/(D)
1958	−	103	36	139	−	3,548	3.9%	
1964	410	262	187	449	859	8,350	5.4%	10.3%
1970	891	439	614	1,053	1,944	21,773	4.8%	8.9%
1976	2,835	1,022	2,193	3,215	6,050	56,029	5.7%	10.8%
1982	4,357	1,354	3,870	5,224	9,581	93,971	5.6%	10.2%
1988	5,506	1,702	5,203	6,905	12,411	114,840	6.0%	10.8%
1991	6,776	2,227	6,546	8,773	15,549	140,638	6.2%	11.1%
1994	6,646	2,223	6,343	8,566	15,212	144,392	5.9%	10.5%
1997	6,616	2,058	5,924	7,982	14,598	148,665	5.4%	9.8%
2002	5,167	1,485	4,960	6,445	11,612	135,109	4.8%	8.6%
2007	4,145	1,548	5,488	7,036	11,181	134,705	5.2%	8.3%

注）1．百貨店の商品別分類を示す「うち衣料品」については，『商業統計表（品目編）』より得た。
　2．百貨店販売のうち衣料品とは，男子洋服，婦人・子供服・洋品，その他の衣料品のことである。
　3．1958 年の百貨店販売のうち衣料品のデータは不明である。
（出所）　通商産業省（2002 年以降については経済産業省）『商業統計表（産業編）』および『商業統計表（品目編）』。

---

[6] 通商産業省『工業統計表（産業編）』（全事業所）。
[7] 通商産業省『商業統計表（産業編）』。衣服卸売業は，紳士服，婦人・子供服，下着類の各卸売業の和である。

第2節　アパレル産業成立の概要：アパレルメーカーの形成と既製服化

じく成長してきたと言える。このように衣料品の製造出荷額，卸売および小売販売額は，1970年代半ばにかけて日本経済の発展と歩調を合わせて成長を遂げた。

消費者が既製服を購入するようになった事態を示すものとして，資料1-2の仕立形態別割合の推移が参考になる。資料1-2は，注文仕立てが既製服に取って代わられる様子を示している。紳士服背広類は，1958年時点で既製＋イージーオーダーの比率が38.7％，注文仕立てが61.3％と，注文の割合が6割を越えていた。婦人スーツの1964年調査では，既製の比率は26.2％に過ぎなかった。紳士服背広類や婦人スーツは，1960年代後半から70年代半

資料1-2　紳士服背広類，紳士ズボン，婦人服スーツ類，スカートの仕立形態別割合推移

(単位：％)

		1958以前	1961	1964	1967	1970	1973	1976	1979	1982
背広類	既　製	33.3	36.4	33.5	33.6	46.3	51.5	64.5	70.6	78.1
	イージー	5.4	7.8	11.9	14.0	12.3	16.5	15.8	15.1	14.4
	注　文	61.3	55.5	53.2	49.0	40.5	31.9	19.3	13.7	7.5
	自家製	-	-	-	-	0.9	0.1	0.4	0.6	-
ズボン	既　製	72.4	77.8	77.7	80.7	89.7	96.2	97.3	97.8	98.7
	イージー	4.1	7.0	10.0	7.0	4.1	1.9	1.5	1.2	1.0
	注　文	22.5	14.1	11.0	8.7	5.8	1.8	1.1	0.9	0.3
	自家製	-	-	-	-	0.4	0.1	0.1	0.2	0.0
婦人スーツ	既　製	-	-	26.2	34.4	43.2	67.4	80.8	87.8	93.7
	イージー	-	-	11.1	11.9	8.4	4.3	3.5	1.6	1.4
	注　文	-	-	40.7	29.6	33.7	20.7	8.4	6.2	2.6
	自家製	-	-	17.8	21.6	14.7	7.6	7.3	4.4	2.2
				1965	1966	1970	1973	1976	1979	1982
スカート	既　製	-	-	33.6	38.0	69.3	82.7	92.3	96.4	97.3
	イージー	-	-	1.7	2.5	2.0	0.7	0.6	0.6	0.6
	注　文	-	-	18.9	17.1	8.5	5.2	1.3	0.7	0.8
	自家製	-	-	43.2	38.1	20.2	11.4	5.8	2.3	1.3

(出所)　1958年以前に購入したものは，日本羊毛振興会［1961］『市場調査報告No.9　1961年第1回消費者実態調査－紳士服類の所有・購入・購入意向について－』，1961年から67年までは，日本羊毛紡績会［1970］『羊毛工業統計資料集－1970年版－』。なお100％に満たない部分は不明分である。1970-82年は，国際羊毛事務局調査。

ばにかけて既製服化が進み，1982年には，紳士服背広類では既製＋イージーの割合が9割を越え，婦人スーツの場合には既製服の割合が97.3％にもなっている。これを供給業者の側から見れば，紳士背広や婦人スーツのような既製服化が遅れた衣料品でも，1970年代半ばにかけて，紳士・婦人スーツの製造卸売業者が台頭したことを意味する。またズボンやスカートなど身体のフィット性の点で製造の容易な製品の場合，紳士ズボンでは1950年代後半には既製服化が進んだ。婦人物の場合，戦後の洋裁ブームから家庭内仕立てが重要な役割を演じていたが，スカートでも1960年代にかけて急速に既製服化が進んだ。衣服既製化が全面的に支配するようになったのは，1970年代半ばまで待たなければならないが，製造の容易な製品では1950年代後半には既製服化が進んでいた[9]。

資料1-3は，1970年代前半における衣料品の流通経路を示したものであ

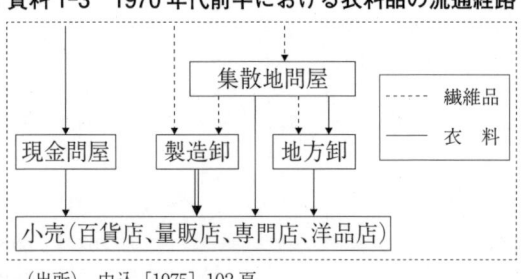

資料1-3　1970年代前半における衣料品の流通経路

```
                    ┌─────────┐
                    │ 集散地問屋 │          ┄┄┄┄ 繊維品
                    └─────────┘          ──── 衣　料
          ┌───────┐ ┌───────┐ ┌───────┐
          │ 現金問屋 │ │ 製造卸 │ │ 地方卸 │
          └───────┘ └───────┘ └───────┘
                    ┌──────────────────────┐
                    │ 小売(百貨店、量販店、専門店、洋品店) │
                    └──────────────────────┘
```

(出所)　中込［1975］102頁。

8　久門他［1958］「生活研究会のページ　婦人既製服の再検討」348-349頁では，女子大学生，洋裁学校学生，職業婦人，主婦それぞれ70名前後を対象にして，既製服に関するアンケートを行なっている。既製服の利用率を見ると，すべてのグループは，セーターや下着類ではおおよそ70％程度以上，既製衣類を利用しているが，ワンピース，ツーピース，スーツ，スカートではおおよそ10％程度以下にとどまっていた。

9　橘川・髙岡［1997］は，日本綿業振興会「1956年度第1回繊維製品消費者調査」と日本羊毛振興会［1961］を検討し，「『背広上下服』については進展がやや遅れたものの，洋服の既製服化は，戦後復興期の後半から本格的に始まったと結論づけて」いる（120-121頁）。

第2節 アパレル産業成立の概要：アパレルメーカーの形成と既製服化

る。資料1-3に示される「製造卸」が1970年代半ば以降，アパレルメーカーと日本で呼ばれるようになる。1970年代の有力アパレルメーカーは，商品企画機能を有し，小売への直接販売を行ない，自身のブランドを消費者に訴える形態をとるようになった。

資料1-4は，有力アパレルメーカーの中で1970年代までに株式上場した企業の例示である。東京に本社を置く有力アパレルメーカーが1960年代から70年代にかけて東京証券取引所に上場している。また資料1-5は，1970年代における売上上位の有力アパレルメーカーの売上推移を示している。1960年代後半から70年代にかけて，有力アパレルメーカーが急速に成長しており，株式上場と売上の急成長は，アパレル産業成立の外形的な指標となる。

アパレル産業の形成を画する基準は，基本的にはあらゆる産業に共通する大量生産・大量販売の体制，地方市場を越えた全国的な販売体制の構築にある。大規模工場の建設，有力アパレルメーカーによる全国的な販売網の形成時期を見ればよい。

さらに，アパレル産業については，商品企画機能とブランド構築が競争力

資料1-4　1970年代有力アパレルメーカーの株式上場

樫山株式会社	1960年　東京・大阪・名古屋各証券取引所第二部に上場。 1964年　東京・大阪・名古屋各証券取引所第一部に上場。
（株）レナウン	1963年　「レナウン商事株式会社」「レナウン工業株式会社」ともに資本金5億円となり，東京・大阪各証券取引所第二部に上場。 1968年　両社合併し，株式会社レナウンに一本化する。 1969年　東京・大阪各証券取引所第一部に上場。
（株）ワコール	1964年　東京・大阪各証券取引所第二部，京都証券取引所に上場。 1971年　東京・大阪各証券取引所第一部に上場。
（株）三陽商会	1971年　東京証券取引所第二部に上場。 1977年　東京証券取引所第一部に上場。
（株）東京スタイル	1975年　東京証券取引所第二部に上場。 1977年　東京証券取引所第一部に上場。

（出所）　各社『有価証券報告書』より。

のかなめをなす。アパレルは，デザイン，カラー，素材などの流行の要素が大きく，差別化を実現するため商品企画機能およびブランドの果たす役割が大きい。

　アパレルメーカーがアパレル産業の中核に位置するのは，アパレルにおける最も高いレベルの商品企画機能を有するのが，アパレルメーカーであるからであり，また，ブランドの所有および管理を担っている主要なプレイヤーはアパレルメーカーであるからである。有力アパレルメーカーは，1970年代に，①商品企画機能，②生産体制，③小売への全国的な販売網，④ブランドという要素を組織していた。この点はⅣで明らかにすることとし，Ⅲではアパレルメーカーの成長を促した環境要因を明らかにする。

資料 1-5　1970 年代有力アパレルメーカーの売上推移

(単位：億円)

	1965 年	1970 年	1975 年	1980 年	1985 年
㈱レナウン	162	361	1,282	2,058	2,202
樫山株式会社	85	278	818	1,504	1,760
㈱三陽商会	39	121	280	581	892
イトキン株式会社	43	120	416	626	1,031
㈱ワールド	6	35	275	780	1,359
㈱東京スタイル	24	73	314	528	591

（出所）　㈱レナウン：1966 年 1 月期決算は，レナウン商事株式会社，1970 年 12 月期より 1985 年 12 月期までは㈱レナウンの決算，社内資料より。樫山株式会社（1966 年 2 月期より 1986 年 2 月期決算）：社内資料。㈱三陽商会：1966 年 3 月期決算は『繊研新聞』1969 年 2 月 3 日，1970 年 12 月期より 1985 年 12 月期までは『有価証券報告書』より。イトキン株式会社：1966 年 1 月期は，繊研新聞社編集部［1970b］262 頁，1971 年 1 月期は，（株）イトキン広報室にて確認，76 年 1 月期から 86 年 1 月期までは，日本経済新聞社『会社総鑑・未上場会社版』より。㈱ワールド：7 月期決算，社内資料より。㈱東京スタイル：1965 年 9 月期，1971 年 2 月期より 1986 年 2 月期まで，東京スタイル［2000］より。

第3節 アパレルメーカーの成長を促した環境要因

1. JIS 規格の制定（1952-80 年）

一般に衣服は，体型によって寸法が異なる。セーターなどのニット製品では，身体にルーズフィットすればよいので，サイズ展開が少なくてよいが，スーツやスラックス，カッターシャツなどでは，身体へのフィットの精度が求められるので，サイズ展開が多くなる。

既製服の大量生産が成立し，消費者がサイズを認知するためには，社会的に通用する全国的なサイズ統一が形成されなければならない。1958 年頃の女性の既製服のサイズに対する意見は，「『各種のサイズが欲しい』という声が圧倒的で」あった。資料 1-6 は既製服における JIS 規格の推移を示しているが，婦人服については，1961 年ブラウスの JIS 規格公示，1963 年婦人服 JIS 規格制定と，紳士服に比べて数年遅れている。とはいえ，既製服における JIS 規格が主要には 1957 年から 70 年代前半に整備されて，アパレル産業発展の基盤を形作った。

資料 1-6 既製服における JIS 規格の推移

1952 年 1 月　日本既製服中央委員会は，紳士既製服の標準寸法 36 サイズを制定する（日本繊維協議会編［1958］931-933 頁）。
1952 年 3 月　日本既製服中央委員会は，婦人子供服の標準寸法表を制定する（日本繊維協議会編［1958］931-933 頁）。
1956 年 12 月　綿既製エリ付きワイシャツならびに綿既製開キンシャツの規格制

---

10 久門他［1958］348 頁。
11 鍛島は，1960 年代前半におけるアパレル製品の規格化と生産体制の強化，1960 年代後半における量産体制の確立に際して，JIS 規格がどのように関わったのかを説明している。鍛島［2006］72-75, 85-86, 89 頁。

定(『昭和36年版繊維年鑑』[1960] 194頁)。
1957年3月　1952年制定の紳士既製服36サイズがそのままJIS寸法に採用される。繊維製品のJIS寸法の第一号である(『昭和37年版繊維年鑑』[1961] 193頁)。
1957年5月　子供服のJIS寸法が制定される(『昭和39年版繊維年鑑』[1963] 215頁)。
1960年3月　衛生白衣のJIS規格制定(『昭和41年版繊維年鑑』[1965]186頁)。
1960年7月　ワイシャツならびに白衣のJIS表示許可工場申請の受付が各通産局において行われる(『昭和37年版繊維年鑑』[1961] 188-189頁)。
1961年4月　ワイシャツJIS表示許可工場15社が,適格工場として決定される(『昭和38年版繊維年鑑』[1962] 206頁)。
1961年5月　背広服のサイズの呼び方と出来上がりサイズ表(58サイズ)を新たに作成し,背広服JIS寸法を改訂する(『昭和37年版繊維年鑑』[1961] 192-193頁,『繊研新聞』1961年6月9日)。
1961年11月　ブラウスのJIS規格公示(『昭和39年版繊維年鑑』[1963] 205頁)。
1963年2月　婦人服について,普通サイズ14種類,特殊サイズ5種類,ジュニアサイズ3種類のJIS規格を制定する(『昭和39年版繊維年鑑』[1963] 207,214-215頁,『繊研新聞』1964年5月25日)。
1963年2月　子供服JIS寸法を改訂する(『昭和39年版繊維年鑑』[1963] 215頁)。
1963年3月　背広服の材質,縫製の内容などについて,新たにJIS規格が制定される(『昭和39年版繊維年鑑』[1963] 207,214頁)。
1963年3月　パジャマの規格制定(『昭和40年版繊維年鑑』[1964] 195頁)。
1964年から,ブラウス,パジャマのJIS表示許可工場の申請を受け付ける(『昭和41年版繊維年鑑』[1965] 186頁)。
1966年4月　スポーツシャツのJIS規格が公示される(『昭和42年版繊維年鑑』[1966] 177頁)。
1970年4月　子供(3-12歳),ジュニア男子(3-17歳),ジュニア女子(3-17歳),成人男子(18-29歳),成人女子(18-29歳)の各グループに,「既製衣料呼びサイズ」(JIS)を制定する。身長,胸囲の2元表示とする。成人男子は36サイズとし,30歳以上についても,これまでの経験数値を勘案している(『昭和46年版繊維年鑑』[1970] 227-228頁)。
1970年11月　既製背広服のJIS規格が改定される。従来の58サイズから72サイズへと増える。身長,胸囲,胴囲の3元表示とする(『昭和46年版繊維年鑑』

[1970] 227-228 頁, 『昭和 47 年版繊維年鑑』[1971] 216 頁)。
1971-72 年度, 中年以上の肥満体の計数を見出すため, 25-65 歳の男女の体格調査を行う。これにより, 4 歳以上の男女の体格測定値が確定した (『昭和 48 年版繊維年鑑』[1972] 226 頁, 『昭和 49 年版繊維年鑑』[1973] 208 頁)。
1972 年 10 月　ブラウス, 衛生白衣の JIS が改正される (『昭和 49 年版繊維年鑑』[1973] 207-208 頁)。
1972 年 12 月　子供服ならびにジュニア, 婦人服の改訂新 JIS サイズを作成, 既製服サイズ展開の基準として実施される。基本サイズとの関係で 29 歳までの年齢対象である (『繊研新聞』1974 年 5 月 30 日)。
1974 年 5 月　婦人服の JIS サイズが, ジュニア, 29 歳までの成人女性に加えて, 30 歳以上の女性も含む形で設定される。第 1 に, 1972 年 12 月から実施している新 JIS サイズの手直しをおこない, 新 JIS サイズと新たなミセスサイズの身長, 胸囲のピッチ幅をそろえた統一した内容のものにした。また, 従来の 1 センチ幅であった身長のピッチを 5 センチ幅に切り替えた (『繊研新聞』1974 年 5 月 30 日)。
1980 年 3 月　衣料の種類を広げ, ワイシャツを除き, 身体寸法方式を用いて号数や体型の基準も統一した新しい JIS 衣料サイズが告示される (『繊研新聞』1980 年 3 月 20 日　『1981 年版繊維年鑑』[1981] 231-2 頁)。

　1970 年には「既製衣料呼びサイズ」が制定された。これは, 「衣料品の服種別のサイズを決める場合の基準となるもので」ある[12]。1960-70 年代の JIS 衣料サイズ展開は, 既製服の普及にとっての社会的インフラを提供した。

　さらに 1980 年 3 月 1 日, 新しい JIS 衣料サイズが告示された[13]。新 JIS 衣料サイズ制定の背景は, ①1979 年 12 月時点で約 20 の規格があったが, 使われていないものがある, ②対象となる衣料の種類が少ない, ③工業技術院で, 1966, 67 年度, 1971, 72 年度日本人の体格調査を行なったが, 近年の国民体格の変化を反映していない, ④出来上がり寸法がメーカーによって大

---

[12] 日本繊維協議会『昭和 46 年版繊維年鑑』[1970] 228 頁。
[13] JIS 衣料サイズ推進協議会会長・石川章一氏へのインタビュー, 「サイズシステムの確立」『繊研新聞』1980 年 3 月 20 日, 『1981 年版繊維年鑑』[1981] 231-232 頁参照。

差があるなどであった。[14]

1980年に新たに制定されたのは，①既製衣料品のサイズ及び表示に関する通則，②乳児用，少年用，少女用，成人男子用，成人女子用，ファンデーションガーメント・くつ下類のサイズであり，ワイシャツ（ドレス）類は改正された。身体上のサイズだけを規定し，寸法規格は廃止した。[15]

規格作成にあたっての考え方は以下の通りである。①サイズ規格とサイズ表示方法を統一的に決めている，②レインコートや背広類といった品目別の規格ではなく，着用者区分（乳幼児，少年，少女，成人男子，成人女子用）によるサイズ規格となっている，③フィット性を重視するものから汎用性を重視するものまで，3種のサイズ表を準備した，④出来上がり寸法としたワイシャツを除いて，身体寸法によるサイズ規格とした，⑤国民体格の変化を反映して，工業技術院は1978-81年にかけて，0-69歳の日本人男女約50,000人を対象に全国的規模（全国15地区）の身体計測を行ないサイズ規格に役立てた，⑥衣料品の種類ごとにその目的・用途などから，適当なサイズ数を定めた。[16]

1980年のJIS規格改正時に示される弱点があったにせよ，1960年代から1970年代前半にかけてJIS衣料サイズが整備されていったことで，既製服の大量生産・大量販売の基礎が整備されたと言えよう。

---

14 JIS衣料サイズ推進協議会監修・日本繊維新聞社編集［1980］13，15頁。
15 JIS衣料サイズ推進協議会監修・日本繊維新聞社編集［1980］13頁。
16 JIS衣料サイズ推進協議会監修・日本繊維新聞社編集［1980］14-15頁。③に言う「3種のサイズ表」とは，(1) フィット性を必要とするもので，胸囲，胴囲，身長など3元で表示するもの，(2) フィット性をそれほど考えなくてよく，胸囲，身長など2元（単数）で表示するもの，(3) フィット性をほとんど考えなくてよく，2元（範囲）で表示するものを意味する。JIS衣料サイズ推進協議会監修・日本繊維新聞社編集［1980］37頁。

2. 素材・紡績メーカーのマーケティング（1950-60年代）

　原糸・紡績製造業者は，ナイロンやポリエステルなどの合成繊維の用途開発をめざして加工流通経路を開拓すると同時に，最終消費者に対しても広告を行なうことで，衣服既製化を促した。合成繊維は，天然繊維および人絹とは異なる性質をもつ新しい繊維であり，織布，染色・加工工程において独自の困難性を有していた。また，ナイロン，ポリエステルの性質を生かして，長繊維（フィラメント），短繊維（スフ）を生産し，短繊維については，レーヨンや綿などとの混紡を行ない，その糸にふさわしい衣料その他の用途を開発して消費者に受け入れてもらう必要があった。

　合繊メーカーがその市場開発のために行なった施策は以下の通りである。まず，合成繊維の用途開発と紡績業者，織物・編物製造業者，染色・加工業者，商社との加工販売経路開拓である。ナイロンやポリエステルの用途開発を進めるために，東レや帝人など合繊メーカーは，紡績業者との混紡糸の開発，織物業者との織物の開発，合繊織物の染色加工，合繊織物を使った衣料縫製に関与し，新素材である合繊が最終用途にまで技術的に加工できるルートを整備した。たとえば，東レはナイロン素材の需要を開拓すべく，ウーリーナイロンによる肌着，セーター，水着の開発，トリコットによる婦人下着，婦人長靴下，フィラメント織物による婦人用シャツ，ブラウス，スカーフの開発，漁網および工業用途の展開に取り組んだ。しかし，ナイロンの市場開拓は当時の繊維業界を通じて未経験のものであったので，商品の開発から編織・染色加工，縫製の各工程にわたって多くの問題を解決する必要に迫られた。東レは，織布（長・短），紡績，染色，加工糸ニットなどの部門ごとにプロダクション・チームを編成し，その解決に当たった。[17]

---

　[17] この段落は，東レ [1977] 116-118, 368-374, 388-396 頁，東レ [1997] 287-291, 310-314, 321-323 頁，福島 [1975] 212-228 頁，福島 [1977] 175-185 頁を参照。

第2に，商社，衣服製造卸業者，縫製業者に対して働きかけて合繊を用いた最終製品に仕上げていくことである。ナイロンのもつ丈夫さ，ポリエステルの水に対する強さやしわになりにくいなどのイージー・ケア性を生かした最終製品を開発し，それが消費者に利用されて初めて合繊の販売は完了する。東レは，「二次製品メーカーを中心として，商社，卸売業者などからなる二次製品別――学生服，綿混ワイシャツ，麻混スポーツシャツ，トリコット肌着，紳士替ズボン――のチームづくり」を行ない，「1963年はじめには，商社約100社，生地問屋約800社，縫製業者約700社がこれに参加した」[18]。

　第3に，合繊を用いた最終製品を取り扱ってもらうために小売店に対するグループ化を実践した。東レにおける「販売面の組織化は，製品流通の末端に位置して消費者と直接接触している小売店にまで及び，1961年10月に関東地区の有力衣料小売店50社を結集して東レサークルを結成し，翌年4月には325社を会員とする全国規模の組織に発展させた」[19]。合成繊維を用いた衣料品が最終消費者に受け入れられるように，百貨店等の小売店が合繊素材のアパレルを取り扱うよう，東レは働きかけた[20]。

　第4に，合繊製品にかかわる消費者への働きかけである。合成繊維は1950年代後半から60年代前半においては新製品であったので，東レや帝人は合繊織物，縫製品の品質保証を行ない，消費者が安心して購入できるようにした。織布業者や商社，縫製業者の品質保証を示すブランドに加えて，原糸メーカーのブランドが品質保証のために活用された[21]。また，1960年代初めには，合繊メーカーは毎年テーマを変えたキャンペーンを行ない，消費者の側から合繊製品を購入するようなプル・マーケティングを行なった[22]。

---

18 東レ［1997］323頁。
19 東レ［1997］324頁。
20 この段落は，東レ［1977］371-374，390-394頁，日本化学繊維協会［1974］753-755頁を参照。
21 この段落は，東レ［1977］373-374頁，福島［1977］176-177頁，日本化学繊維協会［1974］741-746頁を参照。

このような合繊メーカーの技術開発や衣料品販路開発への取り組みは、アパレルメーカーによる縫製技術の蓄積や小売販路の開拓を促し、アパレルメーカーの成長および、衣服の製造・卸・小売の発展に寄与した[23]。

3. アパレル市場創造における百貨店の役割（1950-70年代前半）

第二次大戦後から1960年代半ばにかけて、百貨店は、①時代の求める売場の創造（イージーオーダー売場、海外提携ブランドの導入）、②既製服の研究（サイズと色、素材の追求と生地の開発、より身体にフィットする型紙やカッティング）、③既製服業界におけるサイズ統一の面で結果的に既製服製造卸売業者の発展を促した[24]。1960年代前半までは、一般に既製服製造卸売業者は、海外のファッション動向の取得や既製服研究の点で必ずしも知識の蓄積が進んでいたとはいえなかった[25]。

① 売場創造

第二次大戦後に洋装化が進み、海外ファッション動向が日本に入ってくる

---

[22] たとえば、東レでは、1959年スキー服キャンペーンとして「ザイラー・ブラック」を、61年夏には「セミ・スリーブ・シャツ」を、62年には「シャーベット・トーン」を、63年には「フルーツ・カラー」「バカンス・ルック」を展開した。帝人では、キャンペーンとして61年夏に「ホンコン・シャツ」を、63年には「フラワー・モード」「サンライト・ルック」を展開している。東レ［1977］393-394頁、日本化学繊維協会［1974］752-753頁を参照。

[23] 東レは、合繊を用いた衣服・下着・靴下などの販売のために、商社や衣服製造卸売業者と二次製品別のセールス・チームを組織したが、衣服製造卸売業者の中には、その後有力アパレルメーカーへと成長したレナウン工業株式会社、イトキンなどの名を見ることができる。東レ［1997］323-324頁参照。

[24] 伊勢丹［1990］175-179, 216-224, 294-297頁。

[25] 有力衣服製造卸売業者であるレナウン、樫山、三陽商会が海外企業と技術・生産提携を行うようになるのは、1964年頃である。レナウン［1983］20頁、『繊研新聞』1963年11月18日、64年5月8日付、65年10月7日付、68年2月21日付、㈱三陽商会社内資料を参照。

中で，百貨店は衣料品売場を時代に応じて変えていった。伊勢丹を例にとろう。1950年代前半は，紳士服，婦人服は和服同様注文仕立てが普通であった。伊勢丹では，1953年暮れから婦人服のイージーオーダーを展開し始め，1950年代後半には，イージーオーダーの全盛期を迎えた。また，紳士服は，1951年3月にイージーオーダーを始めて，以後急速にシェアを広げていった[26]。

百貨店は，海外の高級ブランドを導入し，日本の衣服業界および消費者に海外ファッションを知らしめるという点でも先導的な役割を果たした。その典型的な事例は，大丸が1953年10月，クリスチャン・ディオールと独占契約し，ショーを大阪，京都，神戸で開催したこと[27]であり，1959年に髙島屋がフランスのデザイナー，ピエール・カルダンと提携，カルダン・ジュネスを日本で製作し独占販売するというライセンス契約を結び，翌60年9月に大阪，東京，京都，横浜でカルダン・ジュネスコーナーを開設したことである[28]。総じて，百貨店は欧米における高級既製服化の流れを日本に紹介し，既製服の定着を供給側および需要側に醸成していく1つの役割を果たしたといえる。

② 既製服の研究

百貨店は，欧米のファッション動向から必ずや日本でも既製服主流の時代が来るということを見通しており，既製服化に向けて百貨店はサイズ，パターン，素材の研究を行なっていた。伊勢丹は，「オーダーのもつフィット性と，イージーオーダーで得られた簡易性を併せ持つ商品」としての「新しい既製服」に乗り出すために，1957年3月，商品部に服飾研究室を新設した。素材の追求と生地の開発，より身体にフィットする型紙やカッティング，サ

---

[26] 伊勢丹のイージーオーダー展開については，伊勢丹［1990］175-176頁を参照。
[27] 大丸［1967］513頁。
[28] 髙島屋［1982］246頁。

イズ等に関する研究開発に取り組んだ。「その最も早い取り組みとしては、子供、ベビーショップのために、レナウン社製ジャージを使った子供用ブレザーコートやベビーウエアの型見本制作、カジュアルショップ商品の開発等がある。開発した商品は、サンプルとともにパターンを縫製メーカーに示して製品化した。このころの開発商品はカジュアルショップの商品が中心で、レナウンモード、ローレン、吉田縫製等の工場で製作された」[29]。

　スーツのように、フィット性が重視される衣料品では、大多数の人々が満足できるサイズ体型を整備する必要があった。1950年代後半においては既存のSS、S、M、L、LLの5サイズが用いられていた。伊勢丹は、「日本人の体型に合った各種サイズの開発と豊富なサイズ体型の確立こそ、日本での新しい既製服の根幹となることを確信していた」。大量に販売していた採寸データに、外部のデータを加えて、「日本人女性の各平均サイズを割り出し、サイズごとの標準パターン化を推し進めていった」。1958年秋には、スーツにおけるオリジナル・サイズを完成した[30]。

③　**既製服業界におけるサイズ統一**

　1960年代初頭、サイズ規格が各社ごとにまちまちであるという問題が生じていた。伊勢丹、西武、髙島屋は、

写真1-1　伊勢丹、西武、髙島屋による婦人既製服サイズの広告

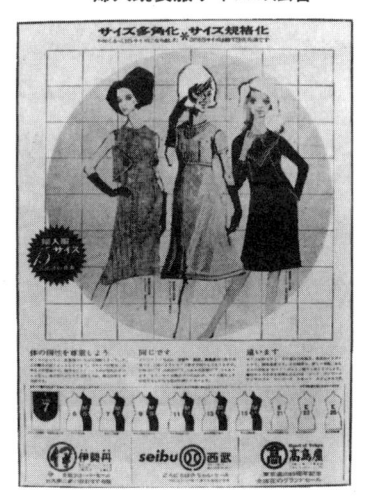

(出所)　『朝日新聞』1964年3月10日。資料は㈱三越伊勢丹ホールディングス提供。

---

[29] 本段落は、伊勢丹［1990］176-178頁を参照した。
[30] 本段落は、伊勢丹［1990］178頁を参照した。

1963年11月，婦人既製服の号数体系，サイズの統一に合意し，翌64年3月からそれを実施した。写真1-1は，伊勢丹，西武，髙島屋による婦人既製服サイズの広告である。このサイズ統一は「百貨店統一サイズ」になっていった。このように，百貨店は，既製服が広範に受け入れられる前提条件としてのサイズの統一化に積極的な役割を果たした[31]。

1970年代前半になると，アパレルメーカーが商品企画力をつけてきたことに対応して，百貨店は商品の組合せや売場展開に力点を置いて，アパレルメーカーに働きかけた。伊勢丹［1990］によれば，1970年代前半には，「メーカー・問屋の供給する商品で顧客のニーズに応えうる品揃えが可能になり，〝百貨店のモノづくりの時代〟から〝メーカー・問屋のモノづくりの時代〟への転換点となった」[32]。この記述から，1970年代初頭には製造卸売業者の商品開発力が高い水準に達していたことがわかる。たとえば，大手衣服製造卸売に成長した三陽商会は，1960年代前半には商品の質を高めるために商品研究室を設置し，商品開発体制を整備している[33]。

では，百貨店はどのような品揃えや売場展開をアパレルメーカーに働きかけ，アパレル産業の成長を促したのか。それはコーディネイト販売の導入である。コーディネイト販売とは，スーツやワンピースのような単品の販売ではなく，シャツやボトム，カーディガンなど単品を組み合わせて着こなしを提案する販売手法であり，複数の商品買い上げを意図するものである。

コーディネイト販売は，1つのアパレルメーカーに一定面積のコーナー売場を任せる方法を生み出すこととなった。百貨店でのコーディネイト売場を担当するアパレルメーカーは，たとえばブラウス単品の専業メーカーでは困難であり，複数の服種を企画して，一定面積の売場を埋めるだけのアイテムを提供できる陣容を備えている有力企業でなければならなかった。

---

[31] 本段落は，伊勢丹［1990］217-218頁を参照した。
[32] 伊勢丹［1990］295-296頁。
[33] 三陽商会［1988］11頁。

第3節　アパレルメーカーの成長を促した環境要因　**45**

　伊勢丹は，1971年，アメリカから「ミッシー・カジュアル」という言葉を取り入れて，シャツやボトム，カーディガンなど単品を組み合わせコーディネイトして着こなす売場を導入したが，その際，複数の有力アパレルメーカーにブランド別のコーディネイト売場を作らせた。[34]

　ミッシーとはミスのような若々しいミセスという意味であり，ミッシー・カジュアル売場を作り，カジュアル衣料のコーディネイト展開をブランドで束ねる手法を百貨店が取り入れたことにより，アパレルメーカーはコーディネイト展開のブランド開発を進めていくこととなった。

　コーディネイト売場は，ブランドと製品の関係を変えた。従来は，あるブランドが特定の製品カテゴリーを示していた。「サンヨー」と言えばコート，「オンワード」と言えばスーツというように，特定製品カテゴリーを指示する関係である。あるブランドが，百貨店内の一定面積の売場を占有し，シャツやボトム，カーディガンなど多様な製品カテゴリーを含むようになると，ブランドは他のブランドと識別された売場を意味し，同時に多様な服種によって示された「ブランド世界」を提案することになる。[35]

　さらに，ミッシー・カジュアルという言葉が示しているのは，1970年代

---

[34] 伊勢丹は，「ラ・ロンド」（南仏ニースにあるスポーツウエアメーカー，ティクティニア社との提携で，伊勢丹系列の共同仕入れ機構十一店会，三陽商会，三菱レイヨンが関与しての，プライベート・ブランド），「マイドル」（帝人と東京スタイルがアメリカの婦人服メーカー，レスリーフェイ社と技術提携したもの），「メルシェ」（レナウンが，フランスのニット企業であるメルシェ社とパターン提携したニット製品）などのブランドを，ミッシー・カジュアル売場に集めた。なお，百貨店におけるコーディネイト販売の導入および，伊勢丹での「ミッシー・カジュアル」売場の導入に関しては，㈱オンワード樫山・古田三郎マーケティング部部長（当時），㈱オンワードクリエイティブセンター・福岡真一営業推進室室長（当時）へのインタビュー（1996年6月12日），㈱三陽商会・市川正人婦人企画部次長（当時）へのインタビュー（2001年7月11日），㈱レナウン・豊田圭二元代表取締役社長へのインタビュー（2004年10月1日），『日本繊維新聞』1971年12月13，14，16日付，3面，伊勢丹［1990］294-302頁をふまえてまとめた。

[35] 石井［1999］38-76頁は，技術の軸と使用機能の軸により，ブランドを4つのタイプに分類し，特定の技術と使用機能に従属的なブランドを製品指示型ブランド，特定の技術

前半には市場細分化が進みつつあったことである。ミセス市場やヤング・レディス市場と識別された市場の形成である。後に見る資料1-8, 資料1-9に示されるように，1970年代には北海道から九州の主要都市に支店展開をする大手アパレルメーカーの成長により，全国的な市場統一が進むが，それとほぼ時期を同じくして市場細分化の現象が生じている。[36]

第4節　アパレルメーカー成長の内的要因

1. 商品企画力（デザイン，パターン）の蓄積と海外技術提携（1950-70年代前半）

　消費者が既製服に満足するようになるためには，設計・製造技術の確立を不可欠な条件とする。デザイン，パターン，グレーディング，縫製仕様，縫製技術の習得と大量生産体制の構築について，①商品企画力（デザイン，パターン）の蓄積，②海外からの設計・製造技術の学習に分けて，樫山と三陽商会を事例として取りあげる。

　既製服の生産工程は，①スケッチ・デザイン，②パターン・メイキング，

　　にも使用機能にもしばられないブランドをブランドネクサス型ブランドと定義した。その上で，ブランドネクサス型ブランドが,「もっとも純粋な形のブランド」(57頁)であると捉える。アパレルにおけるブランドが，1960年代後半から70年代前半にかけて，製品指示型ブランドからブランドネクサス型ブランドへと発展したと言うことができる。さらに言えば，製品要素に加えて小売要素が１つのブランドの中に包摂される事態が進行した点が重要である。

36 洋服が和服から洋服へほぼ全面的に切り替えられ，製造に手間のかかる紳士背広や婦人スーツが全面的に既製服化されたのが，資料1-2に見るように1970年代であり，既存消費財分野で産業化の遅れた領域が衣服分野であった。全国を市場とする大手アパレルメーカーの形成，すなわち市場統一と，市場統一を前提とした市場細分化がほぼ同じ時期に進行したのである。

③パターン・グレーディング,④マーキング(型入れ),⑤カッティング(裁断),⑥ソーイング(縫製),⑦フィニシング(仕上げ)に分けられる[37]。鍛島康子は,アパレル産業の成立を製造部面と流通部面の両方で捉えるという視点に立って,『繊研新聞』や中込省三の著作,その他資料をふまえ,1950-60年代の紳士服,婦人服,シャツ,コート,ニットにおける製造イノベーションを検討している[38]。たとえば,紳士服製造については,①1950年代後半のホフマンプレス機の導入,②1957年頃からのシンクロ・システム,③1964-5年頃からのバンドル・システム,④1960年代後半頃からの接着縫製,⑤ミシンや裁断機の発展を取りあげている[39]。とりわけ樫山の製造イノベーションについては,1955年以後,立体裁断によるパターン製作により着やすい紳士背広が追求されたことを指摘している[40]。

① 商品企画力(デザイン,パターン)の蓄積

樫山は,1960年代には,デザインとパターンを自前で行なっている[41]。また三陽商会は,1946年レインコートの企画・販売を開始して,1950年頃には,「全国のコートの産地や職人を訪ねて,取材と研究の日々」を始めた[42]。1953年には専属デザイナーに吉田千代乃を起用し,「地味で単調だったレインコートを,楽しいお洒落着へと変えていった」[43]。1960年代に入ると,三陽商会は,「紳士・婦人・子供の各部門に,外部から技術者をパタンナーとして招聘」した。「これまで工場に依頼していたパターンニングを内製化し

---

[37] 『繊研新聞』1971年3月22日参照。
[38] 鍛島[2006]132-154頁。
[39] 鍛島[2006]132-135頁。シンクロ・システムやバンドル・システムについては,中込[1975]83-90頁が詳しい。
[40] 鍛島[2006]136頁。
[41] 『繊研新聞』1969年8月7日。
[42] 三陽商会[2004]24頁。
[43] 三陽商会[2004]20,222頁。

て，品質の安定化を図った。技術者の陣容が整うと，製造部のもとに技術研究室を立ち上げる」。その後1971年，「技術研究室は技術部として独立」した[44]。

樫山，三陽商会の事例に見るように，有力アパレルメーカーは1960年代までに既製服を展開するためのデザインとパターンの技術を内部に蓄積していった。しかし，それは自前の技術蓄積だけに依拠するのではなく，積極的に海外の技術を導入した。

② 海外からの設計・製造技術の学習

アパレルメーカーは，海外メーカーとのブランド技術提携を通じて，設計・製造技術を学習していく。樫山は，1960年代に海外有力企業と設計・生産技術，デザインにおいて提携し，アパレルメーカーとしての基礎的力量を蓄えていく。樫山は，資料1-7のように，1960年代に海外提携を行なっている。

資料1-7　1960年代樫山の海外提携事例

1963年　東洋レーヨンがイヴ・サンローランとライセンス契約を結び，東レの素材を中心としての婦人服を展開するにあたって，樫山はサブ・ライセンシーとして婦人服の生産下請けに携わる（㈱オンワード樫山・古田三郎氏，㈱オンワードクリエイティブセンター・福岡真一氏へのインタビュー，1996年6月12日）。
1964年　アメリカのヤングランド社（子供服），カリフォルニアガール社（婦人服），ランプルール社（婦人服）と技術・販売提携する（『繊研新聞』1963年11月18日，1965年10月7日）。
1964年　ニューヨークの子供服メーカー，サム・ランドル社と技術提携，パターン現物，ボディを取り寄せ，樫山にて縫製し，主として大都市百貨店にて販売する（『繊研新聞』1964年5月8日）。

---

[44] この経緯は，三陽商会［2004］48頁を参照した。

> 1968年 樫山は，東レのサブ・ライセンシーを受け，アメリカのカタリナグループのアパレルインダストリーズ・オブ・カリフォルニア社と提携，同社の著名なブランド商品「カタリナ・マーチン」カジュアル・ウエア（紳士服）の製造販売に乗り出す。カタリナ・マーチン商品の特徴であるカラー・コーディネーション，商品のトータル化を学ぶ（『繊研新聞』1968年2月21日）。

三陽商会は，1958年には専任デザイナーを欧州および米国に派遣し，コートの研究に没頭させた。さらに1963年から3年間，パリにアトリエを開設して流行の本場のデザインを活用した。1964年には，フランスのCCC社と契約，コートの技術を吸収して商品を生産し，国内にて販売した[45]。

1969年9月，バーバリー社，三井物産，三陽商会による本格的な提携が行なわれた。主な内容は，10年間に及ぶ技術提携を含むもので，バーバリー社製品の日本国内での販売，三井物産と三陽商会の共同による日本国内でのバーバリー製品の製造・販売である。提携商品は，紳士コート，婦人コート，紳士スポーツコート，スラックス，婦人スカートなどバーバリー社の全商品である。この提携の焦点は，日本国内でバーバリー製品を製造・販売することにある[46]。この提携による日本でのバーバリー販売は，1970年4月に始まっている[47]。

2. 生産体制の構築（1950-70年代前半）

有力アパレルメーカーは，1950年代以後に商品企画力または設計技術を蓄積すると同時に，全国主要都市に販売できる大量生産体制ないしは生産管理体制を整備していく[48]。アパレルメーカーは，一般的に製造を下請に委ねる

---

[45] 三陽商会［1988］12頁，『繊研新聞』1969年2月3日7面。
[46] 『繊研新聞』1969年10月2日2面，1978年4月17日5面，『日本繊維新聞』1969年9月27日1面。
[47] 三陽商会［1988］5頁。

場合が一般的であるが，技術的に安定した高品質の商品を供給するためには，製造プロセスに関与する必要がある。有力アパレルメーカーは，何らかの形で製造に関与してきた。本章では，樫山と三陽商会を事例として，生産体制構築の一端をとらえる。

① 樫　　山

樫山の生産体制は，1950年の流れ作業方式の導入とホフマンプレスの導入，直営工場と下請工場との分業体制，1971年のグレーディング・マシーン導入により特徴づけられる。

写真 1-2　樫山の老松町工場に設置したホフマンプレスの一部（仕上げ機）

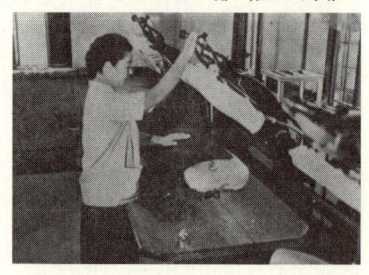

（出所）　樫山［1976］68頁。

第1の点である流れ作業方式の導入とホフマンプレスの導入について，終戦後の日本の既製服は，1人が全部手縫いで行なう方式であった。樫山は，背広を30工程に分解して流れ作業にした。さらに，ホフマンプレス機が，

---

48 石井［2004a］は，「1950年代のアパレル・メーカーが直面した最大の課題は，原反の入手であった」（30頁）とし，「1950年代後半まで，原反価格（毛・綿織物が主）が激しく変動したから，既製服業者の『つぶし屋』的性格は濃厚であった」（32頁）ことを分析している。

樫山［1976］71-75頁が示すところでは，樫山株式会社は，1951年のフラノ旋風（繊維市況の大暴落）時に，スラックスを安値で処分し，その資金で暴落したフラノ地などの生地を購入，全国の百貨店店頭で生地の裁ち売りをした。その結果，資本金をはるかに越える利益を出した。

また，樫山株式会社・角本章元取締役副社長の言（1996年6月10日，7月31日）によれば，1950年代後半には，樫山の利益の6割がイージーオーダーによるものである。1950年代の樫山は既製服の大量生産体制を基礎にしたメーカーとはなっておらず，多分に商業資本としての性格を強く持っていたと言えよう。

とはいえ，本文にみるように，樫山における流れ作業方式とホフマンプレスの導入（1950年），三陽商会における専属デザイナーの起用（1953年）など，商品企画，生産体制についての取り組みが先駆的に行われていることにも留意しなければならない。

背広を立体的にする上で不可欠であることを知り，1950年に，一式800万円のホフマンプレス機と特殊ミシン10台，合わせて1,000万円にて購入する。当時の資本金の2倍であった。写真1-2は，樫山の老松町工場に設置したホフマンプレスの一部（仕上げ機）を示すものである。流れ作業方式の導入とホフマンプレス機により，1人2日かかった背広1着の生産時間が7時間に短縮できた。しかも新しい生産方式では製品の質のバラツキが出ない[51]。こうして，樫山は既製服の企業化を進めた。

戦後背広など縫製の難しい洋服において，既製服が注文服に取って代わった第一の要因は，生産性，品質の均一性・安定性，立体的な形状として現れる品質の向上が誰の目にもわかるものとなったからである。

第2の点である直営工場と下請工場との分業体制については，樫山株式会社の創業者である樫山純三は，1953年頃に百貨店を中心にした販売戦略を固める一方，「『工員200人の老松町工場（大阪・北区）をこれ以上大きくすることはない。樫山は市場動向の掌握と商品企画に専念し，生産は協力工場に任せる体制を敷こう』と考えていた[52]。

その後，1965年2月期決算では，工業本部（都島工場）の従業員数383人，本縫ミシン機127台，特殊ミシン機151台，仕上機40台，裁断機25台，延反機2台を有する生産体制となる。製造（縫製加工）は自家工場で約20％，下請工場その他で約80％を生産している[53]。

1970年代半ばになると，樫山の専属工場は全国に約300社となる。「この中には，樫山が土地や建物を提供した『オンワード縫製』という名のつく会社が10社あるが，それ以外はすべて各地域の資本を活用した非直営工場で

---

49 樫山 [1976] 67 頁。
50 樫山 [1976] 67-68 頁。
51 樫山 [1976] 69 頁。
52 樫山 [1976] 80 頁。
53 本段落については，樫山株式会社『有価証券報告書総覧』1965年2月期，6-8頁参照。

ある」。さらに，この協力工場のうち，「最も大きな工場は300人ぐらいであるが，ほとんどが100人ぐらいまでの工場である⁵⁴」。

このように，樫山の生産体制は，製造技術の蓄積と，基礎となる製造能力を確保することに主眼が置かれており，過半の生産は外部の工場を活用する体制となっている。

生産体制の構築とともに重要な要素は，物流体制の整備である。樫山は，1963年9月，大阪にて都島オペレーションセンターを開設した。紳士服，婦人子供服，和装関係の質的向上のための研究，試作，在庫管理の徹底，配送のスピード化をはかるために建設した⁵⁵。都島オペレーションセンターは，「主に製品の検品，品質管理，商品在庫の調整を行なうセンターで，大阪支店を軸に，大阪，福岡，京都，名古屋各地区の販売店，西日本地区十七店の直営店への配送・管理センター的役割を果している⁵⁶」。

さらに，1969年5月，東京・芝浦ビルが完成し，「東西の製造企画，品質管理輸送機能を含む管理体制が大幅に拡大，システム化され」，「東京支店関係の全販売先への配送が次々行なわれる⁵⁷」。このように樫山の生産および物流体制が1970年頃までに整備された⁵⁸。

第3点であるグレーディング・マシーンとは，「コンピューターでオリジナルパターン（原型）を体型に合わせて自在に変型し，裁断する機械である⁵⁹」。1971年1月，樫山は独自の開発によるコンピュータ・グレーディング

---

54 本段落については，樫山［1976］82頁参照。
55 「繊研新聞」1963年9月30日。
56 繊研新聞社編［1970b］27-28頁。
57 繊研新聞社編［1970b］28頁。
58 樫山株式会社『1970年2月期有価証券報告書』8頁によれば，都島オペレーションセンターは，製品の検査，品質管理，商品在庫の調整を行い，大阪本店，福岡支店，京都出張所，名古屋出張所，西日本地区の直売店などに出荷をしている。東京芝浦ビルは，紳士服および婦人服に関する商品在庫の調整を行い，東京支店，札幌出張所に出荷している。
59 樫山［1976］69頁。

システムを導入した。1968年頃から研究を開始し，紳士服，婦人服，子供服，和装を含む全製品のグレーディング工程を取り扱っている。

「日本の既製服産業の近代化，合理化は……パターン・メイキングから本格化した。紳士服の場合は10年ほど前から，婦人服の場合は6年ほど前からになるが，従来の〝カン〟と熟練工にたよる型紙づくりの一大転換がおこなわれた」。立体的なパターンを制作することで「身体にフィットする」既製服ができる。グレーディング技術の前提には「全国統一サイズの確立と工業化されたパターン・メイキング・システム」がある。[60]

グレーディング・システムは，「『基本型紙の線をよみとり』『指定されたグレーディングをおこない』『厚紙または薄紙に所定の線を描き』『さらに必要な縫込み，合印をつけ』『型紙を切抜く』という一連の工程をたどる」。コンピューター・グレーディングを導入すると，「30日の仕事を3日でこなす」[61]。各種データが蓄積されることで，アパレルメーカーにとっての貴重な財産となっていく。

② 三陽商会

三陽商会の生産体制は，縫製技術の蓄積，縫製工場への関与，相模商品センターの建設により進んだ。

縫製技術の蓄積について，三陽商会は1967年10月，量産のための縫製加工を研究する部門を，スタッフ5人で発足させた。1968年3月には新入社員10人が加わり，技術研究室の一部門として体制を整えていった。1971年には，蒸気アイロンやバキューム式のアイロン台，仕上げに使うプレス機などを導入して設備機器を充実させた。縫製研究室はパターン部隊と連携を取りながら，サンプルを縫製し，生地とパターンが工場生産に適しているか，

---

[60] 本段落については，『繊研新聞』1971年3月22日参照。
[61] 本段落については，『繊研新聞』1971年3月22日参照。

裏地や芯地などの副資材は指定されたもので大丈夫か，糸や針はどれを使うかを検討していった[62]。

　縫製工場への関与については，1969年10月のバーバリー社・三井物産・三陽商会による本格的な提携が大きなきっかけとなった。「バーバリー」製品の日本国内での生産が決まり，その過程で製品の生産体制が整備されていく[63]。1969年12月，三井物産と提携して茨城県下に「サンヨーソーイング」（資本金3,000万円，従業員85人）を設立，三陽商会のコートを手がけてきた地元の縫製会社，太十縫製が40％，三陽商会と三井物産がそれぞれ30％の出資比率でスタートする[64]。1970年3月，三井物産と提携して「岩手サンヨーソーイング」（資本金2,000万円，従業員120人）を設立，1970年7月，三菱商事と提携し，「宮城サンヨーソーイング」（資本金2000万円，従業員100人）を設立している[65]。

　1971年7月1日の東証二部上場時には，上記3工場に加えて，大清縫工，新潟サンヨーソーイングが資本系列化に入っている。関係会社5社は，バーバリー製品（サンヨーソーイング），子供服（岩手サンヨーソーイング），婦人服（新潟，宮城サンヨーソーイング）など主としてレインコート以外のものを扱い，全体の10％程度を生産する[66]。デザイン，縫製技術を高めることで商品力を向上させること，イギリス高級既製服ブランドのバーバリーを日本でライセンス生産するにあたり十分な生産体制を整えることが背景にあった[67]。

　三陽商会は，1970年4月，相模商品センター（神奈川県）を完成させた。検品，プレス仕上げ，備蓄，配送の各業務を集中するセンターであり，これ

---

[62] この段落については，三陽商会［2004］100頁を参照。
[63] 三陽商会［2004］78頁。
[64] 三陽商会［2004］78頁，『繊研新聞』1970年7月15日。
[65] 『繊研新聞』1970年7月15日。
[66] 『繊研新聞』1971年7月1日。
[67] 三陽商会［2004］72, 78頁。

により備蓄，配送の体制作りを整えた。三陽商会の主要販売先となっている東京，名古屋，大阪などへの配送に好都合な立地となっており，主要都市を中心とする全国的な市場開拓ができる体制を作った。[68]

3. マス・マーケットの形成：全国的な販売網の構築（1950-70年代）

アパレル産業成立のプロセスにおいて，衣服製造卸が地方企業から全国企業へと成長を遂げる点が決定的に重要である。[69]全国市場を対象とする衣服製造卸は1960年代に成長を遂げる。アパレルメーカーは，東京ないしは大阪の一拠点から出発し，大阪ないしは東京に支店をかまえ，以後，札幌，名古屋，広島，福岡，仙台など地方の拠点都市に支店を設けていく。

資料1-8は，樫山株式会社の支店およびオペレーションセンターの展開を

資料1-8　樫山株式会社の支店およびオペレーションセンターの展開

1927年10月　樫山商店創業。
1947年9月　樫山商事株式会社を設立。
1948年1月　東京支店を開設。
1952年1月　大阪本社（現大阪支店）新築完成。
1956年7月　福岡支店開設。
1958年1月　東京支店（現東京本社）新築完成。
1960年11月　札幌支店開設。
1963年9月　都島オペレーションセンター新築完成。
1964年8月　芝浦第一ビル新築完成。
1966年9月　本社所在地を東京都中央区に移転。
1970年8月　福岡オペレーションセンター新築完成。

---

[68] 『繊研新聞』1970年4月10日，『日本繊維新聞』1970年4月11日。
[69] 河合［1982］82頁，本間［1982］111頁によると，1950年代半ばには，レナウンなど衣料品問屋も資金繰りに苦しく，百貨店からの前渡金により在庫資金融資を受けた。必ずしも順調に全国的な販売網が形成されたわけではなかった。

1972 年 3 月　芝浦第二ビル新築完成。
1973 年 11 月　仙台支店開設。
1974 年 9 月　名古屋支店開設。
1976 年 2 月　広島支店開設。
1979 年 8 月　芝浦第三ビル開設。

（出所）　樫山株式会社『1988 年 2 月期有価証券報告書総覧』1 頁。

示したものである。また資料 1-9 は，株式会社三陽商会の出張所・支店，商品センターの設置を示している。樫山，三陽商会は，1950 年代から 70 年代

資料 1-9　㈱三陽商会の出張所・支店，商品センターの展開

1942 年 12 月　東京板橋区に個人経営三陽商会を開業。
1952 年 7 月　神田旭町に本社を移転。
1952 年 8 月　大阪営業所を開設。
1961 年 1 月　名古屋出張所開設。
1962 年 2 月　札幌出張所開設。
1962 年 5 月　神田本社を鉄筋 5 階建てのビルとして新築。
1962 年 8 月　福岡出張所開設。
1963 年 11 月　大阪営業所社屋を増改築，大阪支店に改組。
1969 年 2 月　東京四谷本社落成。
1974 年 7 月　紳士服管理部門として，川口商品センターを開設する。
1974 年 7 月　名古屋出張所が名古屋支店に昇格する。
1977 年 5 月　仙台事務所を開設。
1977 年 11 月　札幌出張所が支店に昇格する。
1978 年 1 月　福岡出張所が支店に昇格し，新社屋が落成する。
1978 年 5 月　ニューヨークに駐在事務所を設置する。
1978 年 8 月　仙台事務所が仙台営業所に改称する。
1981 年 2 月　ニューヨークに現地法人サンヨー・ファッション・ハウス INC を設立する。
1981 年 6 月　潮見商品センターを開設する。

（出所）　株式会社三陽商会［1988］4-6 頁。

第4節　アパレルメーカー成長の内的要因　　**57**

にかけて，全国各地の主要都市に販売する体制をつくっていった。

　樫山，三陽商会による全国的な小売店販路開拓の状況については，部分的な数字しかない。1970年代樫山の婦人服主力ブランドであった「ジョンメーヤー」は1977年，全国98店舗の百貨店にて販売されている[70]。三陽商会は，時代は下るが，1987年頃の取引先婦人専門店の店舗数は，東京152店舗，九州134店舗，東京を除く関東117店舗，京阪神101店舗を中心に全国で900ほどあった[71]。以上の点から，樫山，三陽商会の取引先は，東京などの都心部を中心としてではあるが，全国的な小売店取引先を1970年代後半から80年代にかけて有していたと言える。

　全国的な販売体制と並んで重要な点は，有力アパレルメーカーが製造卸売として直接百貨店などの小売業者に販売し，さらに1970年代には，小売店頭の商品管理と販売管理を担う体制を築いていった点である[72]。樫山は，1950年代前半には，百貨店店頭の商品所有権を自社でもち，消費者への販売を待って商品所有権を樫山→百貨店→消費者へと移転する委託取引を部分的に取り入れていく[73]。委託取引は，小売店頭在庫の販売リスクをアパレルメーカー

---

[70] 『繊研新聞』1977年7月29日。

[71] ㈱三陽商会マーケティング部情報開発室長・長谷川功氏へのインタビュー，1988年7月14日，㈱三陽商会社内資料。

[72] この点は，第2章から第7章にかけて具体的に明らかにする。石井［2004b］は，1970-80年代におけるアパレルメーカーの小売機能包摂の進展について，百貨店と有力メーカー，専門店と新興アパレルメーカー（ワールドの事例とDCブランド・メーカーの事例）というチャネル類型，メーカーと小売業者間の機能の分担関係とその変化，そしてチャネル間競争の視点から分析している。

[73] 樫山株式会社・角本章元取締役副社長へのインタビュー（1996年6月10日，7月31日），「オンワード樫山　リスク管理四〇年の光と影」『激流』1996年7月号，42-47頁。
　アパレルメーカーがアパレル産業の中核的な位置を担う上で委託取引およびそれに伴う派遣販売員制度，厳格な在庫管理が重要な役割を果たしたことについては，木下［1997］118-121頁，木下［2004b］153-157頁を参照のこと。なお，髙岡［1997］は，第二次大戦後における洋服問屋と百貨店との委託取引の形成過程について，双方の戦略をふまえ，「垂直的企業間関係にもとづく資源補完メカニズム」の視点から明らかにしている。また本章では論点としていないが，髙岡［2000］は，アパレルメーカーの小売

が担うので，アパレルメーカーはそれだけ財務体質と商品管理の点ですぐれていなければならない。委託取引は，アパレルメーカーが必要な自社商品を店頭に切らすことなく投入して売場単位面積当たりの売上を増やし，百貨店売場をめぐるアパレルメーカー間の競争に打ち勝つための手段となる[74]。

4. ブランドの形成（1960-70年代前半）

アパレル産業は，アパレルにおけるブランドの形成とともに成立した[75]。たとえば，樫山は，1951年，「オンワード」の商標登録を行なっている[76]。その後，樫山は「オンワード」を紳士服分野における商品ブランドとして知らしめていくことになる。日本経済新聞社企画調査部[1973]『繊維二次製品銘柄調査』の1972年11-12月調査によれば，紳士服の「知名銘柄」1位は，「オンワード」92.2％，2位「ピエール・カルダン」77.0％，3位「VAN」71.4％，「所有銘柄」1位は，「オンワード」35.0％，2位「VAN」と「JUN」がそれぞれ18.4％であった。なお，調査対象者は，東京，大阪，名古屋証券取引所の上場会社に勤めている独身男性，女性，既婚男性およびその主婦である。1970年代初め都市部の上場会社勤務世帯では，アパレルのブランドが認知され所有されていたことがわかる。

1960年代には，樫山は，前出の資料1-7に見るように，海外ブランドと提携して商品企画を学ぶ。この段階で，樫山株式会社は海外提携ブランドにより多数のブランドを用意することになる。「オンワード」という1つのブ

　　店頭における商品の売れ残りリスク管理，そのリスク適応行動として，商品の店舗間移動と，1990年代以後のクイックレスポンス採用を示している。

[74] 樫山株式会社・角本章元取締役副社長へのインタビュー（1996年6月10日，7月31日）。

[75] アパレル産業のブランド開発に関する歴史分析については，木下[1990]を参照のこと。

[76] 樫山[1976] 70頁。

第4節　アパレルメーカー成長の内的要因　　59

ランド利用から，複数ブランドの活用へと変化した。

　1970年代に，樫山は，紳士のヤング層，アダルト層，シニア層，婦人のジュニア，ミス，ミセスといった年齢層，ライフスタイルと心理に基づく多数ブランドの展開をしていく[77]。

　三陽商会は，1951年に「サンヨーレインコート」の商標を登録している[78]。1967年，レインコート，ダスターコート以外に商品を広げていく。すなわち，①オーバーコート，②スカート，ブラウス，ワンピースなどの婦人カジュアル衣料への多角化を進めた[79]。このような製品多角化を背景にして，1968年秋，フランスの婦人向けカジュアル衣料「べ・ドゥ・べ」（休暇のための服の意味，コート，スカート，スラックス，シャツなど）を展開，1969年夏「セイグレース」（ドレスの特殊体サイズ）を各百貨店の売場にて販売する[80]。その後，1969年9月，バーバリー社と三井物産，三陽商会との提携，「バーバリー」製品の日本国内販売の合意，1971年秋，ミッシー・ミセスのカジュアル衣料「パルタン」の百貨店展開[82]，1975年春，ミッシー・カジュアルの新ブランド「バンベール」の発売（1971年秋発売の「パルタン」からの変更）[83]などにより，マルチ・ブランド化が1960年代後半から70年代前半にかけて急速に進む[84]。

　以上，有力アパレルメーカーである樫山と三陽商会のマルチ・ブランド展開は，1960年代後半から70年代前半にかけてのアパレル産業成立の1つの指標となる。

---

77 『繊研新聞』1971年6月30日，1975年1月29日，1977年6月11日。
78 三陽商会［2004］20頁，繊研新聞社［1970］242頁。
79 『繊研新聞』1969年2月3日。
80 『繊研新聞』1968年6月18日，繊研新聞社編集部［1970］245頁。
81 『繊研新聞』1969年3月31日，4月5日，8月28日。
82 『繊研新聞』1969年10月2日。
83 三陽商会『サンヨープロシュール Vol.18』1971年，20頁，『繊研新聞』1971年11月30日。
84 三陽商会社内資料，1975年2月号，6頁，『繊研新聞』1974年11月11日。

第5節　販路別アパレルメーカーの類型とブランド構築への関与（1960-70年代）

1970年代アパレルの小売販路は，大きく百貨店，専門店・一般小売店，量販店に分けることができる。それぞれの小売販路において，メーカーのブランド，小売店のブランドがどのように提案され，ブランド認知を得たのか。結論から言えば，メーカーのブランドが最終消費者の認知を得るような小売販路は，百貨店，専門店であった。

日本経済新聞社［1976］『繊維二次製品銘柄調査』は，あらかじめ各銘柄名を提示し，知っている銘柄を挙げてもらい，その割合を調査している。[85] 紳士服および婦人服のカテゴリーについて，知名度上位ブランドを列挙すると，資料1-10の通りである。この調査で列挙されている銘柄は，百貨店ないしは専門店で販売されるのが主である。「オンワード」「ダーバン」「東京スタイル」などアパレルメーカーのブランド，「ピエールカルダン」「バーバリー」「ジョンワイツ」などの海外ブランド，「三峰」「鈴屋」など専門店ブランド，百貨店のプライベート・ブランド（「トロージャン」）が混在している。この中でアパレルメーカーのナショナル・ブランドは，23銘柄のなかで14ある。

本書は，アパレルメーカーによるブランド構築と小売機能の包摂を分析対象としている。量販店販路を主体とするアパレルメーカーは，少なくとも1970年代半ばにおいては，消費者に対する自社のブランド提案を十分には行なっていない状況である。

また，1970年代後半，売上上位の有力アパレルメーカーの販路を調べると，百貨店，専門店・小売店販路が主体である。資料1-11は，1978年頃の

---

[85] サンプリングは，東京，大阪，名古屋証券取引所上場企業のうち，東京100社，大阪100社，名古屋25社をランダムに選び，その会社から，独身男性2人，独身女性2人，既婚男性およびその妻2人ずつ，計1社当たり8人を抽出している。

第5節 販路別アパレルメーカーの類型とブランド構築への関与（1960-70年代）

外衣有力メーカーにおける小売販路別構成比を示している。スーパーの売上構成比は，最も高い小杉産業でも33％にとどまっている。資料1-11の12社のなかで，百貨店販路を主体とするのは8社，専門店・一般小売店販路を主体とするのは3社，百貨店と専門店の売上比率が拮抗しているのはイトキン1社である。

資料1-10のナショナル・ブランドは，売上上位のアパレルメーカーが提供している。「オンワード」「マッケンジー」「ミスオンワード」は樫山，「ダーバン」はダーバン，「JUN」「ロペ」はジュン，「東京スタイル」は東京スタイル，「ミカレディ」はミカレディ，「フクスケ」は福助，「ナイガイ」は内外編物，「東京ブラウス」「イトキン」「レナウンルック」「馬里邑」はブランド名と会社名が同じである。上位アパレルメーカーは，1970年代に至るまでに小売店頭および広告媒体を用いたコミュニケーション活動を行ない，ブランドの認知を高めていったと考えることができる。

資料1-10 紳士服，婦人服ブランドの知名度（1976年）

紳士服	知名度（%）	婦人服	知名度（%）
オンワード（NB）	96.7	ピエールカルダン（海外）	94.3
ピエールカルダン（海外）	84.0	鈴屋（専門店）	89.9
ダーバン（NB）	83.3	東京スタイル（NB）	89.3
JUN（NB）	76.7	ミカレディ（NB）	85.5
バーバリースーツ（海外）	65.7	フクスケ（NB）	85.2
トロージャン（PB）	61.3	ナイガイ（NB）	84.2
三峰（専門店）	59.1	東京ブラウス（NB）	80.3
スリーエム（専門店）	59.1	イトキン（NB）	76.8
マッケンジー（NB）	55.5	レナウンルック（NB）	76.6
ジョン・ワイツ（海外）	54.6	馬里邑（NB）	75.7
		ミスオンワード（NB）	74.9
		マクレガー（海外）	73.9
		ロペ（NB）	71.6

（注）　NBは，ナショナル・ブランドの略，PBはプライベート・ブランドの略。
（出所）　日本経済新聞社企画調査部［1976］『繊維二次製品銘柄調査』。

本書は，アパレルメーカーのブランド構築と小売機能の包摂を歴史的に検証することが目的である。また資料収集の便宜性やインタビューもふまえて，百貨店販路および専門店販路を主体とする有力アパレルメーカー，オンワード樫山，レナウン，三陽商会，イトキン，ワールドを主な研究対象としている。

資料1-11　1970年代後半における有力アパレルメーカー（外衣）の販路別構成比

	売上高（億円）	百貨店（%）	専門店小売店（%）	スーパー（%）	問屋（%）	輸出（%）	その他（%）
レナウン（1978年12月）	1,633	56	26	18	-	-	-
樫山（1979年2月）	1,152	66	5	7	-	-	22
ワールド（1978年7月）	550	-	100	-	-	-	-
イトキン（1979年1月）	525	50	50	-	-	-	-
内外編物（1979年1月）	462	49	31	14	3	3	-
小杉産業（1979年1月）	432	58	9	33	-	-	-
三陽商会（1978年12月）	421	69	9	13	-	-	9
東京スタイル（1979年2月）	404	67	15	14	-	-	4
ジュン（1978年9月期）	376	15	73	12	-	-	-
ダーバン（1978年12月期）	317	62	33	-	-	-	5
大賀（1978年7月期）	286	70	18	10	-	-	-
ミカレディ（1978年7月期）	271	45	55	-	-	-	-

（注1）　樫山，イトキンの販路別売上構成比は，それぞれ1981年2月期，1980年1月期である。
（注2）　紳士・婦人外衣の売上割合が下着，和装，服地を上回っている企業を取り上げた。
（出所）　日本経済新聞社［1979］『流通会社年鑑―1980年版』，日本経済新聞社［1980］『同―1981年版』。

第6節　むすびに

　Tedlowは，アメリカにおけるソフトドリンク業界，乗用車業界，食料品小売チェーン業界，耐久消費財小売業界を取りあげて，業界が急成長する時，主導的な企業が大量販売による利益獲得戦略を例外なく追求していることを示した[86]。アパレル業界においても，第4節で見たように，商品企画・生

第6節 むすびに

産体制と全国的な販売網の構築によりマス・マーケットが生み出された。消費財分野であるアパレル産業の成立には，マス・マーケティングが必然的に伴っていた。

次に，第3節の3において，1970年代前半期百貨店におけるコーディネイト売場の成立，ミッシー・カジュアル売場の形成から，アパレル産業ではマス・マーケットの創造，すなわち全国市場の創造とほぼ同じ時期に，市場細分化が進んでいたことを示した。Tedlowがアメリカにおいて取りあげた事例では，市場統一は，交通・通信のインフラストラクチュアの整備されてきた1880年代に始まり，業界により1920年代から1960年代まで続いた。その後市場細分化の段階が訪れた。[87]

日本のアパレル産業成立は1960年代後半から70年代前半であり，第二次大戦後の消費財分野各産業の成立に比して遅れた。その結果，ほぼ同時期にマス・マーケットが形成され，市場細分化が進んだと言える。この点は，アパレル産業をマーケティングの歴史的段階区分とその発展から捉える際の特質であると言えよう。

---

[86] Tedlow [1990] pp.345-348,. 近藤監訳 [1993] 413-416頁。
[87] Tedlow [1990] pp.4-12,. 近藤監訳 [1993] 2-11頁。

第2章

1950-70年代における樫山の
ブランド構築と小売機能の包摂
―委託取引の戦略的活用―

第1節　はじめに

　日本のアパレル産業は，1970年代初頭に成立し，百貨店を主要な販売先とするアパレルメーカーがその主要な担い手となった。[1]その証左の1つは，アパレルメーカーが代表的なブランドをつくってきたことにある。樫山株式会社（1988年9月よりオンワード樫山株式会社，2007年9月より株式会社オンワードホールディングス，本章では樫山と記載する）は，企業規模のみならず，百貨店との委託取引をいち早く取り入れ，「オンワード」というブランドの知名度を高めてきた点で日本を代表するアパレルメーカーである。
　本章は，樫山を素材として，ブランドと委託取引との関連性，ブランドと製品との関連性，ブランドと小売機能との関連性の歴史的発展を明らかにする。結論を先取りして言えば，まず，第二次大戦後新興の紳士服納入業者と

---

[1] 日本のアパレル産業成立と構造分析については，本書第1章の他，中込 [1975]，中込 [1977]，康 [1998a]，鍛島 [2006] を参照。

して百貨店の販路を開拓しようとした樫山にとって，委託取引と，それを可能にする強固な財務体質を活用することで，「オンワード」ブランドを構築してきた点である。日本のアパレル産業の委託取引や消化取引，QR（Quick Response）にかかわる歴史研究および実証研究は数多いが，ブランド構築と取引様式との関係について必ずしも焦点が当てられてこなかった。樫山の成長の歴史は，委託取引がブランド構築の手段として機能したことを明らかにしてくれる。

　結論の第2点は，特定製品カテゴリーを指示するブランドから多様な製品カテゴリーを包摂するブランドへの発展をとらえることができる。そして第3の結論は，製品としてのブランドと小売としてのブランドを統合する製品・小売ブランドが歴史的に創出されることにある。企業のブランド戦略としても，消費者のブランド認識としても，ブランドは，製品と小売機能を包括的に示すような深さをもつようになった。

　樫山という個別事例を扱うことで，とりわけ以下の2点において意義ある分析ができる。第1に，樫山は，委託取引を戦略的に活用することで，日本を代表するアパレルメーカーへと成長したが，樫山のマーケティング史を取り扱うことで，委託取引がブランド構築を促す制度的イノベーションとして機能したことが浮かび上がってくる。

2　一例として，江尻［1979］，江尻［2003］，高岡［1997］，高岡［2000］，崔［1999］，石井［2004a］，石井［2004b］，鍛島［2006］がある。
3　本章で用いる製品カテゴリーとは，アパレルにおけるスーツ，コート，シャツ，スラックス，ニットなどの服種の違いを意味する。
4　陶山・梅本［2000］は，大手流通企業におけるプライベート・ブランドとの競争関係のなかで，メーカーが製品レベルに加えて流通レベルにおいてもアイデンティティを構築しつつある現実を示している（167-177頁）。
5　崔［1999］は，委託取引をメーカーの販売リスク負担という制約条件として捉え，追加生産システムという革新はその制約条件によって生み出されたことを主張している。委託取引の制度的受け入れをきっかけとして，「オンワード」ブランドの浸透が進み，限られた企業とはいえ収益性を高め同業者との競争において優位な地位を占めるとすれば，委託取引は取引様式におけるイノベーションとして捉えることができる。

第2に、樫山は、本章ではアパレルメーカーと規定しているが、とりわけ1950年代までは商業資本としての行動を伴いながら資本蓄積をしてきた点である。アパレルメーカーは1970年代に普及する用語であり、商品企画を含めたファッションに力点を置いた用語であるが、1960年代までは衣服製造卸が一般的な用語であった。製造卸は、製造機能と卸機能を有するが、製造機能と言っても商品企画が中心であり、製造そのものは下請に委ねる場合が多々あった。樫山は、商品企画・設計・生産管理・製造およびマーケティングという産業資本としての基本的機能を育てていくことになるが、樫山の成長プロセスの中には、商業資本としての行動を通じて資本蓄積をしていた面を捨象することはできない。

　本章の構成は以下の通りである。まず、第2節では、(1)商業資本としての利益蓄積活動、(2)ブランドに対する樫山の基本理念とブランド構築活動、(3)委託取引の戦略的意義とその帰結を明らかにする。樫山は、市況変動をうまくくぐり抜け、商品回転率を高めることのできるイージーオーダーを利用しながら成長した。また樫山は、委託取引を利用しながらブランド構築を促した。

　次に、第3節では、(1)紳士服から婦人服、子供服、和装へ、スーツやコートからカジュアル衣料へと取扱い商品の総合化を進めたこと、(2)海外メーカーとの技術提携を進め、設計・製造技術の導入と学習を進める一方、海外提携ブランドを積極的に導入したこと、(3)服種の総合的取扱いと海外メーカーとの提携、年齢別細分化を進めるなか、「オンワード」ブランドの下で個別商品ブランドが形成されていくこと、(4)アパレルの総合化の中、「オンワード」が商品ブランドから実質的に企業ブランドに変化したことが示される。

　そして、第4節では、(1)多様な服種を含むブランドが登場したこと、(2)個別ブランドの形態が年齢や製品カテゴリーによる切り口だけではなく、「クラスターとマインド」の切り口からマルチ・ブランド展開を行なうようになったこと、(3)製品ブランドから製品・小売ブランドへと、ブランド概念が小売機能を含むものに拡張したことを示す。

最後に，第5節では，アパレルメーカーによるブランド化の帰結が，製品レベルから小売レベルまでをアパレルメーカーが担うことであり，その端緒的な形態は，委託取引によるアパレルメーカーの小売管理にあることをまとめ，本章の結論とする。

本章の主な素材は，樫山関係者へのインタビュー，有価証券報告書などの公表資料，『繊研新聞』や『日本繊維新聞』などの業界新聞・雑誌，学術書・学術論文である。

第2節 「オンワード」ブランドの形成期（1950年代）

「日本もいまに米国のように既製服の時代が必ず来る」。樫山純三は，終戦後，米軍放出衣料を買ってはほどいたり，「メンズウエア」「ボーグ」などの洋雑誌や本を取り寄せて読んだりして紳士既製服の研究をするなかで確信した[6]。

樫山純三は，1947年3月戦時中の代行会社の全株を買収して樫山工業株式会社と改め，同年9月，樫山商事株式会社（資本金19万8千円）を設立，既製服卸販売業務を行なう。東京では，48年1月に日本橋に東京支店を再建，49年6月，樫山商事株式会社から社名変更した樫山株式会社（以後，樫山と記する）に，樫山工業株式会社を吸収合併，52年1月に大阪本社を新築完成させ，紳士既製服の製造卸売の準備を整えた[7]。

1950年頃，樫山はまず1人が全部手縫いで生産する従来の方式を改め，背広を30工程に分解して流れ作業生産を導入した。次に，立体感を出すために，1950年，立体成型をするうえで必要不可欠な「ホフマンプレス機」

---

[6] 樫山［1976］66-67頁。
[7] 樫山株式会社『1988年2月期有価証券報告書』1頁，樫山［1976］66頁。

第2節「オンワード」ブランドの形成期（1950年代）　**69**

の導入を日本で初めて行なった。特殊ミシンと合わせて1,000万円の設備投資であり，資本金の2倍もした。その結果，1人で2日かかった背広1着が7時間に短縮された。また，職人1人が縫う方式だと，職人により質のばらつきが出るが，流れ作業方式を採用することにより品質の安定性が飛躍的に高まった。1951年の衣料統制廃止前に，樫山は生産体制を整えた。[8]

1. 商業資本としての利益蓄積活動

　上記の記述を見れば，樫山は第二次大戦後，産業資本として成長を開始したように見えるが，1950～60年代は商業資本としての性格を強く帯びていた。その証拠は，第1に樫山が，1951年の「フラノ旋風」（繊維市況の大暴落）時にスラックスの在庫を安値で処分し，その資金で暴落したフラノ地などの生地を購入し，全国の百貨店店頭で生地の裁ち売りをしたことである。その結果，資本金をはるかに越える利益を出した。[9]繊維産業は，原綿の国際市況など相場に左右される産業であり，生地も市況に左右されるコモディティであった。市況への機敏な対処が，1950年代の衣料品製造卸には求められていた。[10]

　第2に，樫山は，1950年代，既製服のみを取り扱っていたわけではなく，イージーオーダー事業にも熱心に取り組んでいた。[11]イージーオーダーは，

---

　[8] 本段落については，樫山［1976］66-69頁参照。
　[9] 樫山［1976］71-75頁。
　[10] 石井［2004a］は，1950年代衣服製造卸は素材の原反入手が容易ではなく，かつ原反の価格変動が大きかった点を示している。原綿，糸，織物など繊維品の市況変動のゆえに，衣服製造卸は生地を安く買いそれをつぶして現金化することに重きを置くこととなり，品質改善と大量生産に力点を置くことにはならなかったとする。また，中小衣服製造卸は生地を入手するにも困難な状況であり，現金買いのできる一部有力製造卸に有利な状況であったことが論じられている（30-35頁）。東京都経済局［1957］152-155頁も合わせて参照のこと。樫山は，原反を現金で安く仕入れる商業者として機敏な行動をしたと言えよう。

1951年頃に始まり，1954年にかけて全百貨店に広まっていく。樫山も1951〜2年頃，紳士既製服用の生地を用いて，既製服用の縫製工場を使い，イージーオーダー事業に取り組んだ。1950年代後半には，樫山（紳士服）の利益の6割はイージーオーダーに依存する状態であった。また樫山は1960年代には，婦人服でも，何十体も並ぶマネキンのうち10〜15体ほど得てイージーオーダーを行なっていた。

　イージーオーダーの百貨店売場での展開は，百貨店にもメリットがあった。顧客はイージーを注文する際，内金を50％以上納めてくれる一方，製品在庫を持つ必要はなく，出来上がり品を顧客に納入する前から利益が得られた。樫山，花咲，昭和ドレス，東京スタイルなど婦人服を製造卸売りする業者は，既製服が定着する前の時代に，このイージーオーダーの取り扱いで利益を蓄積した。既製服の製造卸事業が全面的に進む前に，イージーオーダーは，樫山の利益蓄積を支えたのである。

---

11 樫山［1976］77-78頁。「イージーオーダーには大きなメリットがあった。生地だけ持っていればよく，工賃は後払い，資金の回転が早い」(78頁)との指摘がある。
12 伊勢丹［1990］175頁によると，伊勢丹は，婦人服イージーオーダーについて，1953年12月頃から「マネキン人形4体の陳列コーナーを2カ所設け，スーツとオーバーコートの型見本を着せて販売を開始した」。また，「新聞広告を見ても，婦人服では「セミオーダー」(27年2月)，「イージーオーダー」(同年5月)があり，紳士背広，オーバー等については「ハーフメイド」(26年11月)，「セミオーダー」(27年2月)，「イージーオーダー」(同年10月)と早くから様々な呼称で手がけられていたことがわかる」と記している。
13 樫山㈱・角本章元取締役副社長へのインタビュー，1996年6月10日。
14 樫山㈱・角本章元取締役副社長へのインタビュー，1996年7月31日。
15 ㈱オンワード樫山・古田三郎マーケティング部部長，㈱オンワードクリエイティブセンター・福岡真一営業推進室室長へのインタビュー，1996年6月12日。伊勢丹［1990］176頁は，1950年代後半婦人服イージーオーダーのためのマネキン人形は50-60体に増加した点，婦人服イージーオーダーの売上げは1957年秋から1959年にかけてピークを迎えた点を指摘している。

2. ブランドに対する樫山の基本理念とブランド構築活動

　樫山は，当初から自社のブランドで顧客に販売しようとした。樫山は，1951年7月に「オンワード」というブランドの商標登録を行なっている。「オンワード」とは，副詞の「前へ」という意味であり，賛美歌の歌詞からとったものである。[17] 製造卸売業者である樫山は，自社が最終責任をもって顧客に販売する体制を目指した。既製服が，「安かろう悪かろう」と品質の信頼性をもちえていなかった状況において，「オンワード」を通じて品質保証を行なおうとしたのである。[18]

　しかし当時，納入業者の信用ではなく，百貨店の信用で顧客に商品を販売する，すなわち百貨店のラベルをはって販売することが一般的であった。顧客も百貨店の暖簾を大事にして，商品を特定の百貨店で購買していた。百貨店は「オンワード」の商標のついたタグを樫山の営業員に切り取らせ，代わりに百貨店のタグを取り付けさせるのが普通であった。呉服系の百貨店はその点で厳しく，電鉄系の百貨店はメーカーブランドが許容された。1950年代後半，呉服系の百貨店ではメーカーのブランドは取られた。しかし1960年頃，百貨店ブランドとメーカーブランドのダブル・チョップとなった。1970年代前半にはメーカーブランドのみとなり，百貨店は自己のブランドにこだわらなくなる。[19]

　樫山は，「オンワード」ブランドの構築を，製品の品質，派遣販売員による接客サービス，電車のなかの宙づり広告や週刊誌などでの広告（1960年頃）[20] を通じて行なった。こうして樫山は，既製服のなかで「オンワード」ブ

---

[16] ㈱伊勢丹・佐久間美成専務取締役へのインタビュー，1996年6月11日。
[17] 樫山［1976］70頁。
[18] 樫山㈱・角本氏へのインタビュー，1996年6月10日。
[19] 樫山㈱・角本氏へのインタビュー，1996年6月10日。
[20] 樫山㈱・角本氏へのインタビュー，1996年6月10日。

ランドの知名度を高めていった。

3. 樫山にとっての委託取引の戦略的意義とその帰結

委託取引の概念とはどのようなものか。アパレルメーカーと百貨店との取引様式を想定すると，買取取引は，買い取った商品については一切百貨店のリスクになる取引であるのに対して，委託取引は，最終消費者に売れた分だけ百貨店が仕入れたことになる取引様式である。百貨店店頭在庫はアパレルメーカーに属しているが，百貨店が仕入係で検品をした商品については，損傷・滅失のリスクは百貨店が負担する[21]。

第二次大戦後復興期において，百貨店と納入業者という垂直的な関係の中で，百貨店と納入業者が制度として委託仕入方式を導入するに至った歴史的制約と戦略を明らかにした実証研究に高岡［1997］があるが，本章では，戦後復興期から紳士服の製造卸売を始めた新興の大手納入業者として成長していった樫山㈱が委託取引を受け入れた戦略的意義とその帰結に限定する。

高岡は，戦前戦後における百貨店納入業者の名簿を発掘し，東京と大阪の百貨店への納入業者会に所属している洋服問屋について詳しく分析をしている。その分析から得られた1つの結論は，「特定の洋服問屋が複数の百貨店ないし同一百貨店の複数地域の店舗に商品を納入することは，それほど多くはなかった」が，「戦後復興期には少数ながらも，複数の百貨店ないし同一百貨店の複数地域の店舗と同時に取引する有力な洋服問屋が，層をなして現れ始めた」という点にある[22]。高岡［1997］は，樫山株式会社の事例を挙げな

---

21 公正取引委員会［1952］43-47頁。委託取引の概念は本文の通りであるが，実際の会計処理を含めた取引形態は多様である。公正取引委員会［1952］47頁では，「売場で売れなければデパートの仕入にはならぬという委託品仕入の特質が忘れられている」と指摘されている。現実の取引では，委託と称しながら，実質は返品条件のついた買取という場合もある。返品条件のついた買取では，百貨店が商品を検品して受け入れた際には所有権が百貨店に移ることになる。

第2節 「オンワード」ブランドの形成期（1950年代）

がら,「比較的強力な納入業者がそれを戦略的に遂行したという側面もあったことを見落としてはならない」と指摘し, 納入業者と百貨店双方が期待利益と期待損失を勘案しながら取引形態を選択する点から, 納入業者が委託取引を受け入れた論理を捉えている[23]。納入業者は, 委託取引に際し, 負担する販売リスクを納入価格に含めようとするし, 委託取引と結びついた派遣店員は, 店頭における顧客情報の収集を通じて需要に応えることで販売リスクを軽減させるとしている[24]。

このリスク分担あるいはリスク回避は, 販売リスクの管理と捉えることができる。この点については, 高岡［2000］では, アパレルメーカーの小売店頭における商品の売れ残りリスク管理, そのリスク適応行動として商品の店舗間移動と, 1990年代以後のクイックレスポンス採用を挙げている。しかし, 買取取引から委託取引に踏み込んで販売リスクを樫山が負担する意思決定をしたのは, 単に消極的なリスク管理・リスク回避にとどまるものではなく, 同時に販売機会を得て成長していくための戦略としてのものでもあることを捉える必要がある[25]。

1950年代に紳士既製服の製造卸売りをしていた樫山が委託取引を導入する経緯について, 樫山の戦略の観点から述べてみよう[26]。1950年代前半頃,

---

[22] 高岡［1997］14頁。
[23] 高岡［1997］17頁。
[24] 高岡［1997］17-18頁。
[25] 委託取引は, マーケティングの手段であり, マーケティングの本質はマス・マーケットの創造にある。樫山純三は, 委託取引を通じてマス・マーケットの開拓を目指したと捉えられる。
[26] 委託取引導入の経緯については, 樫山㈱・角本氏へのインタビュー, 1996年6月10日, 7月31日に依拠した。樫山㈱『昭和59年2月期有価証券報告書』3頁によると, 角本氏は1952年3月に樫山㈱に入社している。
　樫山㈱の創業者である樫山純三は, 1953年に委託取引を導入した経緯を以下のように説明している。百貨店には商品ごとに一定の予算があるので, この予算の枠を取り払えるようにして商品を納入できるようにするために委託取引を導入した。「仮に消費者が衣類一着を選ぶのに, サイズや色など10種類が最低必要だとする。一ロット10着と

百貨店の仕入係は消化率を上げるための在庫管理を行なっていた。仕入係は，シーズン途中で売場に商品が欠けてきても，買取仕入であるためシーズン後に在庫が残ることを回避しようとして，追加の発注をしようとしなかった。樫山からすると，秋冬物は11〜12月に追加で納品しようとするが，買取取引では百貨店に納品できず，11〜12月にはサイズ，色の点で欠けるアイテムが続出し，歯抜けのような売場が現れ，かつ見栄えが悪く，売ろうにも商品の絶対量が足りなかった。そこで樫山は，シーズン最初の納品は買取りであるが，追加分については委託取引でよいから商品を入れさせて欲しいと要請をし，委託取引が始まった。ただし，追加分は当初補完的な位置づけであった。

当初の買取部分に占める樫山の特定店舗内紳士服販売シェアは低かった。そこで樫山は委託部分を広げていった。仕入担当者の買取仕入計画が100であると，補完的な委託仕入は当初10から20であったが，委託部分を増やし，買取仕入100，補完的な委託仕入100としていった。シーズンの初めに計画するよりも，期中に追加した方がよいと樫山は考え，委託部分を広げるよう実行していったのである。その結果シーズン末に締めてみると，スーツの売上げは，樫山が競合他社をしのぐことになった。

売れ残った商品の処分のルートは，まずは地方百貨店にもっていった。それから百貨店の催し物である「オンワードセール」，従業員セールで処分した。婦人の夏物などはラベルを切り取り，香港と台湾で処分した。

　　　いうわけだ。一着欠けても消費者の選択の幅は狭くなり，売りにくくなる。ところが百貨店が予算主義を貫けば，ロット数が限られ，欠けた商品の補充もできない。私のほうでは，店によって売れ残る商品にバラつきが出るから，それらをまとめて新たに一ロットを組める。引き取った商品を渡すルートさえ作っておけば負担にならない」。樫山[1976] 76-77頁。

　　①サイズや色などの品揃えをシーズン後半にも維持しておくこと，②そのためには多数の店舗に在庫している商品をまとめて1店舗にて販売できる品揃え物を作ること，③売れ残った最終商品の処分ルートを作っておくことが指摘されている。

樫山は，委託取引について，百貨店売場にある在庫は樫山の在庫という考え方であると理解していた。樫山の売上げとは，消費者の手に渡ったものである。商品が樫山に返ってこないようにするために，百貨店の仕入担当者を通してではなく，消費者の生の声を直接集めることとした。1953，54年頃にはマネキンクラブから派遣販売員を集めた。派遣販売員は，当初樫山の商品企画担当者などの社員が土，日に百貨店の売場に応援手伝いに行っていたことから始まった。その後派遣販売員の制度が作られていった。[27]

　では，1950年代に委託取引と派遣販売員の制度が定着するなか，樫山と百貨店の担う流通機能の分担関係はいかに変化したのか，紳士服スーツの事例を念頭に置きながら見ていこう。ただし，百貨店は呉服系の百貨店を念頭に置き，電鉄系の新興百貨店は除外する。ここで検討する流通機能は，①小売価格決定，②店頭への品揃え機能（時期・型数・サイズ・カラー・数量），③接客サービス，④店頭商品管理，⑤製品および小売におけるブランド機能である。[28]

　①　小売価格決定。1950年代百貨店の紳士既製服仕入担当者は，工賃，生地などの素材とその価格，小売価格を知悉しており，アパレルメーカーから見積もりを必ず取った。これができたのは，伊勢丹などの呉服系であり，

---

[27] 樫山純三は，百貨店への派遣店員制度の導入について以下のように記述している。「百貨店は土，日曜は多忙だが，日曜の忙しさに合わせて社員を増やすわけにはいかない。平日が暇で，人件費の負担が重くなるからだ。その点，こちらとしては消費者に直接売れば，『どの商品が売れるか』といった消費動向を知ることができるし，消費者の生の声を聞くことができる。こちらの休日をずらせば済むことである。それに商品の企画者や生産者が売るのだから，商品知識も豊かである。高度な専門技術は消費者の要望にもこたえるものである」。樫山［1976］77頁。

[28] 石井［2004b］は，アパレルメーカーの小売機能包摂の分析にあたり，アパレル製品供給のための主要機能として，①製品企画，②小売価格決定，③売場の品揃え，④売場の商品管理（販売員，売場在庫管理など），⑤売れ残り品処理に分けて検討している。江尻［1979］では，アパレルメーカーが返品条件付取引契約により，小売機能にかかわる価格決定権，商品供給権，売場管理権を掌握していくことで成長していったことを示している。

電鉄系はもともとできない。またできた理由も，たとえば典型的な紺のスーツなど，型数，素材のバリエーションが少ないからである。このように，買取りの際には，売価に対するバイヤーの厳しい点検があり，売価の修正を余儀なくされることもあった。しかし，委託取引の比重が高まるにつれて，バイヤーが仕入計画・販売計画を甘く見だした。その経過の中でアパレルメーカーの設定する売価が信用されるようになった。1960年代前半には百貨店は売価について言わなくなり，小売価格の決定権がアパレルメーカーに移った。[29]

② 品揃え機能。買取りの場合は，百貨店が品揃えの責任をもつ。しかし，欠品した商品（型・サイズ・カラー）が委託取引で店頭に入るようになると，その部分については納入業者の意向が強く働く。[30] とりわけ競合する納入業者よりも売上実績が高くなると，樫山は売場面積の拡張を要求できるし，また品揃えについてもより強い影響を行使できるようになる。委託取引により，店頭商品の品揃え（展開時期，発注数量）は，アパレルメーカーの意思を入れながら百貨店と協働で作っていくしくみが築かれた。

③ 接客サービス。委託取引と派遣販売員の導入により，樫山の派遣販売員が顧客に販売サービスを提供するとともに，顧客からの情報を生かして販売に生かしていった。

④ 店頭商品管理。派遣販売員は，売れ行きと店頭在庫を日々点検する。樫山の委託取引では，返品率という概念はなかった。商品回転率を重視した。商品回転率を重視する視点から，期末在庫，すなわち越年在庫のコントロールを重視した。1960年代には，既存パターン・素材の追加生産体制を作り，当初計画より売れそうであれば，たとえば追加生産で30％対応する，計画生産の比率を70％とするという体制を作っていった。生産コスト

---

[29] 樫山㈱・角本氏へのインタビュー，1996年6月10日，7月31日。
[30] 樫山㈱・角本氏へのインタビュー，1996年6月10日，7月31日。

削減のため，全体の20％程度は工場閑散期に作った。越年在庫をもたないようにするため，越年在庫は紳士服について半額評価，婦人服は3割掛けの評価に落とした。税務署と厳しいやり取りをしながら，実際に越年在庫が翌年度，半額ないしは3割でしか売れないことを示しながら，在庫の評価損を認めさせた。[31]

⑤ 製品および小売におけるブランド機能。1950年代前半は，紳士服でも百貨店のブランドをつけて売られていた。「オンワード」のブランドに百貨店は抵抗した。樫山は，メーカーの責任を明確にするという意味でブランドをつけた。宣伝は，新聞広告や電車の宙づりを利用した。1950年代後半までは，メーカーのブランドは，百貨店で切り取られ，百貨店のラベルに付け替えさせられた。やがて1960年前後になると，百貨店とメーカー両方のブランドで，ダブル・チョップとなり，1970年代前半になると，メーカーのブランドのみとなる。[32]

メーカーのブランドが1960年代以後に普及することで，メーカーは製品の差別化および品質保証を担うこととなった。さらに，委託取引と派遣販売員により，樫山が小売価格設定，品揃え，接客サービス，店頭商品管理などの小売機能に深く関与するようになると，「オンワード」ブランドが小売機能を内側に含んでいくこととなる。

委託取引と派遣販売員の議論に戻れば，両者は，樫山が同業者との競争に勝ち百貨店売場のスペースを広げていく上での，そして在庫管理を徹底しながら商品回転率を高めていく上での戦略的な制度であり，制度上のイノベーションとなったのである。

---

[31] 樫山㈱・角本氏へのインタビュー，1996年6月10日，7月31日。
[32] 樫山㈱・角本氏へのインタビュー，1996年6月10日，7月31日。

第3節 「オンワード」ブランドの確立とマルチ・ブランド化への展開期 (1960年代)

　樫山株式会社は，1960年10月に東京，大阪，名古屋の各証券取引所に上場をし，64年7月に一部に指定替えとなった。売上高は，1962年2月期50億円から1971年2月期278億円の年商に拡大している。1960年代の樫山は，取扱い商品の総合化，海外ブランドの導入と年齢別ブランド展開によるマルチ・ブランド化，「オンワード」ブランドの企業ブランドへの発展を経験する。

1. 取扱い商品の総合化

　樫山は1960年代に総合衣服製造卸売業に脱皮したが，それは多数のブランドを展開する上での製品構成上の基礎を提供することになった。樫山は，婦人服について，1956～57年にテスト販売を重ね，1959年に婦人服部を設け本格的に進出した。[33] 婦人服は，1960年当時イージーオーダーが売上の大半を占めていた。樫山も，百貨店で何十体も並ぶマネキンのうち10～15体ほどを得て，イージーオーダーを展開していた。したがって樫山も，最初は製造が容易なスラックスやスカート（ウールとテトロン）の既製服販売に乗り出す。俗に言う「下物屋」であり，1,900円のスラックスなどがよく売れた。[34]

　1963年，東レは，「イヴ・サンローラン」の婦人既製服の製造を樫山に頼

---

[33] 樫山 [1976] 90頁。
[34] ㈱オンワード樫山・古田氏，㈱オンワードクリエイティブセンター・福岡氏へのインタビュー，1996年6月12日。日本のアパレルメーカーは，レナウンのメリヤス肌着，セーター，靴下，三陽商会のコート，イトキンのブラウス，ワールドのニットなど，特定の製品カテゴリー専業の製造卸として出発している。

第3節 「オンワード」ブランドの確立とマルチ・ブランド化への展開期（1960年代）

み込んできた。東レの高級プレタポルテ展示会に出品することになり，婦人既製服では，日本での黎明期にあたる。樫山のデザイナーや技術者がサンローランの考え方を学び，既製服としての形になってきた。この提携と学習で，デザイン，工場，生産体制に自信をもった。そこで次に「オンワード」ブランドのスーツ，コートに着手する。しかし，紳士既製服から出発したため，婦人スーツやコートは，「暗い，エレガントさがない」という欠点をもっていた。その欠点を克服するために，1960年代半ば以降，海外の婦人アパレルメーカーと提携をしてデザイン，技術，ブランドを導入していった。婦人服については輸入品の感覚を表現することが求められた。というのも，1960年代のデザイナーは，地方から出てきて，たとえば文化服装学院などのデザイン系専門学校を卒業しており，海外のデザインが必ずしも理解できているとはいえなかった。海外婦人服メーカーとの関係において，技術提携は2〜3年すると十分学ぶことができたが，デザイン提携は継続しないとデザインが入ってこない。1965年には，樫山婦人服のイージーオーダーと既製服の割合が逆転し，その後婦人服部門も既製服が支配的になっていき，1974年，樫山は婦人服イージーオーダーを取りやめることになった。[35]

　1962年，樫山は子供服，和装，毛皮服，1963年，企業向けユニフォームへと多角化した。[36]また，紳士服関連でも，スーツ，ジャケット，スラックスから，コート，さらにはカジュアル衣料にまで総合的な服種展開を進める。[37]このようなアパレルの総合化は，多数の個別ブランドを生み出すうえでの基盤となった。

---

[35] 本段落については，㈱オンワード樫山の古田氏・福岡氏へのインタビューより得られた。東京スタイル［2000］65頁によれば，東京スタイルは1973年2月，婦人服イージーオーダーからの撤退を決断している。

[36] 樫山［1976］92頁。

[37] たとえば，1968年，樫山は「カタリナ・マーチン」カジュアル・ウエア（紳士服）の製造販売に乗り出している。『繊研新聞』1968年2月21日。

2. 海外メーカーとの技術提携と海外ブランド導入

　樫山は，資料2-1に見るように，1960年代に海外メーカーとの技術提携と海外ブランド導入を積極的に進めた。スーツやコートなどの重衣料からカジュアル衣料も含めて，設計・生産技術，商品企画とデザインを学習することにねらいがあった。海外提携はデザイナーやパタンナーなどの教育・研修という意味を兼ねていた。

　樫山は，海外技術提携によりデザイン，パターン，縫製技術を学習してアパレルメーカーとしての基礎を固めるとともに，資料2-2「1970年樫山の紳士服部ブランド一覧表」にあるように，一部の海外ブランドについてはそのブランド名を日本でも用いることで，マルチ・ブランド展開を準備した。

資料2-1　1960年代樫山の海外提携事例

1962年　東洋レーヨンがイヴ・サンローランと，プレタポルテおよびスカーフでライセンス契約を結び，東レの素材を中心として婦人服を展開することとなる。1963年，樫山はサブ・ライセンシーとして婦人服の生産下請けに携わる（『繊研新聞』1972年4月18日5面，㈱オンワード樫山・古田氏，㈱オンワードクリエイティブセンター・福岡氏へのインタビュー）。
1964年　アメリカのヤングランド社（子供・ベビー服），カリフォルニアガール社（婦人服），プルール社（婦人服）と技術・販売提携する（『繊研新聞』1963年11月18日，1965年10月7日）。
1964年　ニューヨークの子供服メーカー，サム・ランドル社と技術提携，パターン現物，ボディを取り寄せ，樫山にて縫製し，主として大都市百貨店にて販売する（『繊研新聞』1964年5月8日）。
1968年　樫山は，東レのサブ・ライセンシーを受け，アメリカのカタリナグループのアパレルインダストリーズ・オブ・カリフォルニア社と提携，同社の著名なブランド商品「カタリナ・マーチン」カジュアル・ウエア（紳士服）の製造販売に乗り出す。提携商品はジャンパー，ブレザー，スポーツ・コート，ジャケットなどのアウターウエア，およびスラックス，シャツ，ニット製品，スイミングウエア，テニスウエアなど男子カジュアルウエアの全般に渡ってい

第3節 「オンワード」ブランドの確立とマルチ・ブランド化への展開期 (1960年代) 81

る。カタリナ・マーチン商品の特徴であるカラー・コーディネーション,商品のトータル化,コーナー販売を行う(『繊研新聞』1968年2月21日)。
1968年7月30日 アメリカのメイベスト社とスポーツ・コート分野で,デザイン,縫製の両面で技術提携をした。百貨店にて「フライング・クロス・オンワード・スポーツ・コート」のブランドで販売する(『繊研新聞』1968年9月30日)。
1968年 帝人を窓口として,アメリカのタイムリー・クロス社と,ポリエステル毛混紳士服の縫製技術習得のために提携した。伊勢丹(「デューク・マジソン」),東急百貨店(「アストロジェット」)に絞って販売する(『繊研新聞』1968年9月30日,『日本繊維新聞』1969年5月23日)。
1969年 樫山婦人服部門は,パリの「ランプール」,オーストラリアの「プルアクトン」,ニューヨークの「ビレジャー」との技術提携商品を全国百貨店にて販売している(『繊研新聞』1969年9月22日)。

3. 個別ブランドの形成と「オンワード」ブランドの企業ブランド化

1960年代を通じて,樫山は,紳士服,婦人服に複数のブランドを展開するようになった。紳士服スーツの場合,まず「エベリット バイ オンワード」が登場する。「エベリット」ブランドは,通常のスーツよりも,素材,パターン,附属品の高級化を進めた。しかし,1960年代半ばには,市場が細分化されているという意識はなく,年齢および価格帯による区分があるだけであった。[38]また1969年には,紳士服でヤングを対象とする「OAK」ブランドが存在していた。[39]

1970年になると,「多様化,個性化という消費市場の変化,ファッション・サイクルの変わり目の早い商品群,こうした難点に対し,いかに対処し

---

[38] 樫山㈱・角本氏へのインタビュー,1996年6月10日,7月31日。
[39] 『日本繊維新聞』1969年5月23日7面。

ていくか」という問題意識が樫山に生まれていた。資料2-2は,「1970年樫山の紳士服部ブランド一覧表」である。自社ブランド5,海外ブランド6を展開している。商品は,スーツ,コート,カジュアルウエアと多岐にわたる。対象年齢,商品タイプ,価格帯などにおいて棲み分け,識別を図っている。

また,1966-67年,樫山の婦人コートは,ヤング向けの「ジューヌ」,都会的・知性派の「ラフィーネ」,フェミニンルックの「ジョリー」,お洒落な本格派の「ランプルール」とブランド別にセグメントを分けて商品を企画している。顧客年齢別・ターゲット別のブランド訴求が1960年代後半に始まった。

「オンワード」ブランドは当初単独で存在しており,紳士服スーツなど製

写真2-1　フライング・クロス・コートの新聞広告

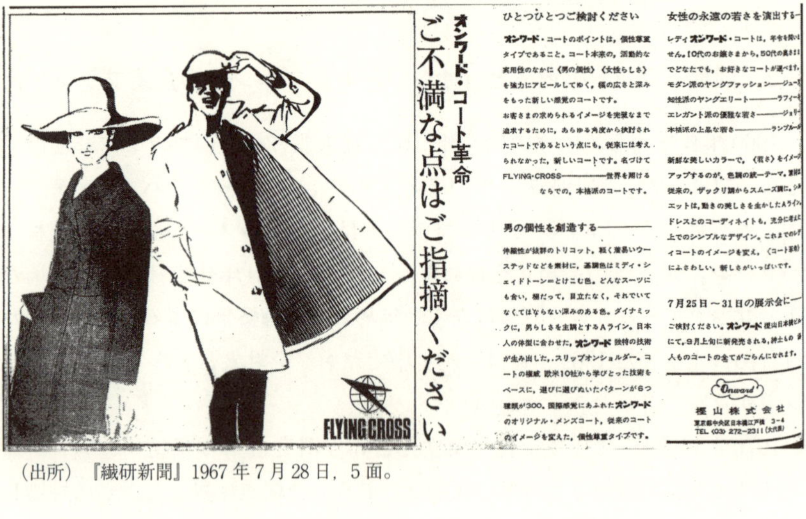

(出所)『繊研新聞』1967年7月28日,5面。

---

40 『繊研新聞』1970年7月8日9面,角本章取締役紳士服部長の言。
41 『繊研新聞』1967年7月28日5面。

第3節 「オンワード」ブランドの確立とマルチ・ブランド化への展開期（1960年代）

品を指示するブランド，製品ブランドとして始まったと解釈することができる。「エベリット」はスーツの商品ブランドであるが，個別の商品ブランドが出てくると，個別商品ブランドを保証するブランドとして「オンワード」が位置づけられるようになる。総合的な商品構成が進み，海外ブランドの提携が広がる中で，個別ブランドが訴求される。資料2-2に示すような個別商品ブランドが多数出てくると，個別ブランドとの関係において，「オンワード」は次第に企業ブランドとしての位置づけを与えられるようになる。

　たとえば，①コートの販売促進策としてハンガーラック「レディ・オンワード」で統一されたネームなどの積極的な展開，②主要百貨店での「オンワード・コーナー」の設置，③写真2-1に示すように，新聞広告にて，「オンワード」の部分を太字で強調しながら，「オンワード・コート」「レディオンワード・コート」を訴えていること，④「オンワード樫山」という表現を樫山が新聞広告にて行なっていること（写真2-1）を考えると，「オンワード」は，特定の製品カテゴリーを示すブランドとしてよりも，樫山と結びついた企業ブランドに近いものとして運用されていると言えよう。[42]写真2-1に記載されているような「FLYING CROSS」などの個別ブランドの訴求が行なわれるようになる一方，「オンワード」ブランドは，個別商品ブランドが台頭する中，実質的に企業ブランドに転化していった。

---

[42] 『繊研新聞』1967年7月28日5面の記事および写真2-1に示される「オンワード・コート」広告。

資料2-2　1970年樫山の紳士服部ブランド一覧表

	ブランド	商品	対象年齢	商品タイプ	小売価格（円）	備考
海外提携商品	メイベスト	スポーツ・コート	25〜35才	アメリカン・トラディショナル	12,000〜15,000	東レの紹介で1968年米国メイベスト社と技術提携
	タイムリー・クロス	スーツ	30〜35才	アメリカン・トラディショナル	20,000〜25,000	1967年帝人を窓口にタイムリー・クロス社（米）と提携，伊勢丹デューク・マジソン，東急アストロ・デュエットのブランドで展開
	マジソン＊	コート	25〜35才	綿タッチの高級コート	15,000〜18,000	1970年東レを通じてオーストリアのマジソン社とも提携，秋からフライング・クロス・コートの中核商品として発売
	カタリナ・マーチン	リゾートウエア	若向き	リゾートに関するコーディネイト商品	—	東レの仲介で提携
	アブラ	スーツ，スポーツコート	25〜30才	イタリアファッションを強く打ち出す	30,000〜35,000	イタリアのアブラとは7,8月中調印，政府認可を受ける予定，イージー・オーダー部門の強化策として投入する
	アンド	スキーウエア	—	スポーツウエアの中心商品	—	1968年に東レを通じて提携している
	エベリットAAAスーツ	スーツ	35〜45才	部課長向きの高級イメージのスーツ	25,000〜28,000	

第4節　マルチ・ブランド政策による市場細分化の促進期（1970年代）　**85**

自社ブランド	エベリットAAスーツ	スーツ	30〜35才	若い管理者用のスーツ	20,000〜25,000	
	エベリット・プラス・スーツ	スーツ	20〜40才	広範囲の実用向き	22,000〜27,000	
	マッケンジー	スーツ,コート,スラックス,ジャケット	22〜30才	オシャレな若い人	(スーツ)23,000〜28,000	イタリア・ファッションを発売する
	オーク	スーツ,コート,スラックス,ジャケット	18〜23才	ヤングファッション	19,000〜23,000	ヤングマンのタウンウエアねらい

（注）　このほかイージー・オーダー部門ではカスタム（40〜50才），タウン（20〜25才），アブラ（25〜35才），ビジネス（20〜40才）などのブランドも展開している。
＊『日本繊維新聞』1970年8月9日では，日本語名の表記が「マデュソン」と変更されている。
（出所）　『日本繊維新聞』1970年7月8日，9面。

第4節　マルチ・ブランド政策による市場細分化の促進期（1970年代）

　1960年代に樫山が総合アパレルメーカーへと急速に成長を遂げる中で，「オンワード」ブランドの社会的認知は極めて高いものになった。（本書58頁参照）資料2-2からわかるように，「オンワード」は，個別のブランドと言うよりも，「樫山」という会社名と結びついた企業ブランドとしての位置づけになってくる。

　1970年代樫山のマーケティングの特性は，まず市場細分化にある。樫山の市場細分化は，百貨店，チェーンストア（量販店），専門店という小売販路別に行なわれ，1980年には基本的に各ブランドが，各小売販路を担当する営業部門に所属する形を取った。[43]　樫山は，チャネル別ブランド展開を基本

---

　[43]『繊研新聞』1980年2月1日3面，『日本繊維新聞』1980年5月30日3面。樫山は，1980年3月1日付で流通別に第一営業部門（百貨店，月販店），第二営業部門（チェーンストア），第三営業部門（専門店），第四営業部門（商事関係）に改め，各営業部門内

にして市場細分化を進めたと言える[44]。

　もう１つ重要な点は，1970年代に全国一本の企画・販売体制を整えていったことである。1973年9月1日に樫山東京店紳士服本部は紳士服営業本部に改称，ブランド集約化，東西統一ブランド実施に1974年から取り組むこととなった[45]。1974年2月，紳士服営業本部は，各ライン企画と別個の総合企画室を設けスタッフ部門の拡充方向を示している[46]。さらに1974年9月に，紳士・婦人・子供を含めた総合企画本部を作り，それぞれのブランド・コンセプト[47]を明確化する作業に取り組んだ[48]。

　1976年，樫山婦人服部門は，企画面での全国一本化，東京店と大阪店での生産拠点活用，東京店による札幌，仙台，名古屋，九州の販売網の管理，大阪店による広島の販売網管理という体制になっているが，同時に「東京，大阪各店の開発する新企画がそれぞれ全支店網を通し全国市場をカバーする販売展開」に着手している[49]。この時期に，全国的な企画・生産・販売体制，全国的なブランド構築体制が整備されていった[50]。

に企画，生産，販売の機能を含めている。
44 1980年2月期における樫山の販路別売上げ構成比は，百貨店66％，専門店小売店5％，スーパー7％，その他22％となっている。また商品別売上構成比は，紳士服50％，婦人服32％，和装12％，子供服4％，美容類2％である。日本経済新聞社［1980］『流通会社年鑑―1981年板―』301頁。
45 『日本繊維新聞』1973年9月10日3面。
46 『日本繊維新聞』1974年2月21日3面。
47 本書で，ブランド・コンセプトは，顧客ターゲットとの関係において示されるブランドの機能や便益，価格として用いている。石井［1999］は，ブランド価値すなわちアイデンティティと，ポジショニング，コンセプトとの概念上の区別を論じている。アイデンティティは，「普遍的な統一性」，すなわち「時間と空間を横断してなおかわらぬ『包括性』と，『他からの差異性』」（91頁）であり，「消費者の心の中にある財産」，「他の何も代わりようのない」（89頁）ものと理解されている。これに対して，コンセプトは「消費者がそのブランドにたいして期待する機能やベネフィット」であり，ブランドにたいする消費者要求の変化に応じてブランド・コンセプトも変化する（94頁）。ポジショニングは，「他の競合商品にたいするその商品の位置づけ」（92頁）のことである。
48 『日本繊維新聞』1974年12月17日3面。
49 『繊研新聞』1976年12月6日3面。

第4節　マルチ・ブランド政策による市場細分化の促進期（1970年代）　　**87**

　以上をふまえて，1970年代に進んだブランド形態の変化は，(1)取扱い商品の拡大，多製品ブランド，コーディネイト・ブランドの成立，(2)製品カテゴリー，年齢，価格帯別ブランドから「クラスターとマインド」によるブランドへの転換，(3)製品・小売ブランドの創造にある。

1. 取扱い商品の拡大，多製品ブランド，コーディネイト・ブランドの成立

　1960年代に樫山は，紳士服から婦人服，子供服，和装，毛皮，さらにはカジュアル衣料へと多角化を進めた。資料2-3「1970年代樫山の取扱い商品の拡大」に示すように，1970年代にはニット製品，ジーンズ，バッグ，アクセサリーなどへと取組んだ。スーツやドレスなどのフォーマル衣料からジャケット，セーター，シャツ，パンツ，スカート，ニットなどカジュアル衣料へと広がる中，重衣料から出発した樫山もカジュアルな中軽衣料を充実させていく[51]。

　このような取扱い商品の拡大は，ブランドに含まれる製品カテゴリーを広げることに寄与した。樫山の有する個別ブランドが，特定の服種のみを扱う単品ブランドから，多様な服種を含む多製品ブランドへと変化した。たとえば，紳士服の「フライング・クロス」というブランド名は，1967年にコート分野で用いられ[52]，1968年にはスラックス分野，スポーツコート分野で用いられる[53]。ブランドが特定の製品カテゴリーのみに限定するのではなく，多

---

[50] 樫山の事例は，1970年代半ばにアパレル分野における全国市場，すなわちマス・マーケットが形成されたことを示している。樫山の事例から日本のアパレル市場を理解するとすれば，Tedlow[1990]（近藤監訳[1993]）の示す市場分断→市場統一→市場細分化という市場の発展段階において，市場統一と市場細分化がほぼ同時代に到来したこととなる。
[51] 『繊研新聞』1974年4月26日3面。
[52] 『繊研新聞』1967年7月28日5面。

資料 2-3　1970 年代樫山の取扱い商品の拡大

1971 年　紳士ニット・ウエアの総合展開を図る（『繊研新聞』1970 年 2 月 17 日 2 面，『日本繊維新聞』1971 年 5 月 17 日 2 面，8 月 2 日 9 面）。
1971 年　紳士フォーマル・ウエアに進出する（『日本繊維新聞』1971 年 8 月 2 日 9 面）。
1972 年　美術絵画の販売（『日本繊維新聞』1972 年 6 月 29 日 3 面）。
1972 年　ホームウエア分野に乗り出す（『日本繊維新聞』1972 年 8 月 4 日 3 面）。
1972 年　婦人用のバッグ，ベルト，スカーフに取り組む（『日本繊維新聞』1972 年 11 月 21 日 3 面，11 月 27 日 3 面，1973 年 1 月 17 日 3 面）。
1976 年　婦人用バッグの扱いを，「脱皮革」にまで広げる。
1977 年　ジーンズを中心とした紳士，婦人，子供のカジュアルを販売する（『繊研新聞』1976 年 10 月 16 日 3 面，1977 年 6 月 11 日 7 面，1980 年 6 月 5 日 9 面，『日本繊維新聞』1976 年 5 月 21 日 3 面，10 月 16 日 3 面）。
1980 年　ドレスシャツを百貨店ドレスシャツ売場にてシャツだけ独立させて販売する（『日本繊維新聞』1979 年 11 月 24 日）。

様な製品分野に広げていくこととなった。ただし，1960 年代の百貨店は基本的に，スーツ，コート，スラックスという服種別の売場構成になっており，特定のブランドが複数の製品カテゴリーに用いられたとしても，製品カテゴリーごとの売場にばらして販売される。たとえば，1960 年代樫山の紳士服は，スーツ，コート，スラックス，スポーツ・コート，ヤング世代を対象とする「OAK」に区分されており，「1967 年から単品キャンペーン作戦を実施」するというものであった。[54]

しかし，1970 年代になると，特定のブランドのもとに多様な服種のアイテムが企画され，さらにブランドによって区分された売場ごとに，多様な服種が販売される販売方法が広がることとなった。これはブランドによるコー

---

[53]『繊研新聞』1968 年 2 月 27 日 7 面，『日本繊維新聞』1968 年 7 月 30 日 9 面。
[54]『日本繊維新聞』1969 年 5 月 23 日 7 面。

第4節　マルチ・ブランド政策による市場細分化の促進期（1970年代）　**89**

ディネイト提案，コーディネイト・ブランドの登場として捉えることができる[55]。

　コーディネイト売場の創造は，1970年代初頭に百貨店とアパレルメーカーの協働作業として進んだ。たとえば，伊勢丹は，1971年，アメリカから「ミッシー・カジュアル」という言葉を取り入れて，シャツやボトム，カーディガンなど単品を組み合わせコーディネイトして着こなす売場を導入したが，その際，複数の有力アパレルメーカーにブランド別のコーディネイト売場を作らせた[56]。ミッシーとはミスのような若々しいミセスという意味であり，ミッシー・カジュアル売場を作り，カジュアル衣料のコーディネイト展開をブランドで束ねる手法を百貨店が取り入れたことにより，アパレルメーカーはコーディネイト展開のブランド開発を進めていくこととなった。

　1970年代樫山の重点ブランドは，紳士が「マッケンジー」，婦人が「ジョンメーヤー」であった。「マッケンジー」は，1970年発売当初ヤング層向けに，ジャケット，スーツ，コートなど重衣料を発売したが，1973年には，「重衣料だけのトータル」から洋品分野までを含めた本格的なトータル展開を目指すこととし，シャツ，ネクタイ，ソックスなども品揃えに入れることとした[57]。1974年秋冬，樫山は「マッケンジー」ブランドを全面に出した販

---

[55] 『日本繊維新聞』1972年8月15日5面には，「トータル・コーディネイト・ファッションは，ジャケット，ブレザー，スラックスにとどまらず，ドレスシャツ，ネクタイ，セーター，靴下，靴にまで及んでいる。販売面にも影響を与え，とくに百貨店などでのコーナー展開が最近とみに増えてきた」との記述がある。また『日本繊維新聞』1976年10月16日10面にも，「最近の紳士，婦人服売場は，これまでのアイテム別，単品指向からトータル・コーディネイト展開に変わってきた」と記載されている。

[56] 百貨店におけるコーディネイト販売の導入および，伊勢丹での「ミッシー・カジュアル」売場の導入に関しては，㈱オンワード樫山の古田氏・福岡氏へのインタビュー，㈱三陽商会・市川正人婦人企画部次長（当時）へのインタビュー，2001年7月11日，㈱レナウン・豊田圭二元代表取締役社長へのインタビュー，2004年10月1日，『日本繊維新聞』1971年12月13，14，16日付，3面，伊勢丹［1990］294-302頁，東京スタイル［2000］64-65頁を参照した。

[57] 『繊研新聞』1970年6月22日2面，1973年8月29日3面，『日本繊維新聞』1973年11

売を行なう。販売は製品カテゴリーに分けて百貨店のコーナー展開を行なうが，コーディネイトが売場でできる。樫山は売場の販促手段として，什器，POP（Point of Purchase），ディスプレイを提供する。[58]

「ジョンメーヤー」が米社との提携ブランドとしてスタートするのが，1973年秋冬物である。[59] 樫山婦人服部門は，1977年春，全国有力百貨店を中心に「ジョンメーヤー」作戦をコーナー展開として行ない，コーナーに30人の「販売コンサルタント」を配置，売場と一体となった販売促進活動を進める。幅広い品揃えで構成されるスポーティカジュアル「ジョンメーヤー」の着こなし，組合せを売場で直接消費者に提案するもので，メーカー主導型のコンサルタントセールスを行なっている。百貨店のコーナーが次々拡大されるのに伴い，「ジョンメーヤー」もコーナー展開を広げている。「販売コンサルタント」の配置が実績向上に寄与している。[60] 1977年，「ジョンメーヤー」は樫山婦人服の「リードブランド」として集中的な宣伝・販促が行なわれ，全国98店舗の百貨店にて販売された。[61] 写真2-2は，「ジョンメーヤー」の業界新聞（1978年8月18日）への当時の広告であり，「スポーティー・コーディネイション」を標榜しており，多様な服種を展開する上で，百貨店でのコーナー展開が求められる理由が示されているといえよう。1979年，「ジョンメーヤー」は「ジェーンモア」と呼称を変え，商品内容も，ブレザー，ジャケット，ブラウス，スカートの組合せで通勤着，街着を狙ったものに，ブルゾン，トレーナー，セーター，Tシャツ，パンツも加えることとなっ

月9日3面。

[58] 『繊研新聞』1974年8月31日3面参照。『繊研新聞』1975年1月29日3面には，樫山が「マッケンジー」を戦略商品とすることが記されている。さらに『繊研新聞』1975年10月23日3面には，「『マッケンジー』（樫山）……など，主力メーカーブランドが，トータル展開で，紳士スーツ，ジャケット，スラックス，ワイシャツ，ネクタイに至るまでのコーディネイションを強調して並んでいる」と記されている。

[59] 『繊研新聞』1981年8月19日3面。

[60] 以上の記述は，『繊研新聞』1977年3月10日3面を参照。

[61] 『繊研新聞』1977年7月29日3面。

第 4 節　マルチ・ブランド政策による市場細分化の促進期（1970 年代）

た。[62]

　重点ブランドである「マッケンジー」「ジョンメーヤー」は，百貨店コーナー展開にてコーディネイト訴求の要素をもつブランドであった。

写真 2-2　「ジョンメーヤー」の新聞広告（1978 年）

（オンワード樫山提供）

2.　製品カテゴリー・年齢・価格帯別ブランドから「クラスターとマインド」によるブランドへの転換

　1960 年代後半から 70 年代前半に至るまで，取扱い商品の拡大による総合アパレルメーカーへの成長プロセスを歩むなかで，製品カテゴリー，年齢，価格の切り口にもとづいて，多数の個別ブランドが登場した。

　資料 2-2 の「1970 年樫山の紳士服部ブランド一覧表」は，ブランドの区別を，製品カテゴリー，対象年齢，小売価格帯，商品タイプにより行なっている。資料 2-4 の「1971 年オンワードの紳士ナショナルブランド」では，ブランドを，対象年齢により位置づけている。また資料 2-5 の「1975 年樫山婦人服部のブランド一覧」では，小売チャネル，価格帯，対象年齢により

---

[62]『繊研新聞』1979 年 2 月 21 日 3 面。

ブランドを区別している。以上の3点の資料から，ブランド・ポートフォリオは，製品カテゴリー，対象年齢，価格帯，小売チャネルにより整理されていることがわかる。

資料2-4　1971年オンワードの紳士ナショナルブランド

年齢層	ブランド		スーツ	ブレザージャケット	スラックス	コート
シニア層中心	フライングクロス	舶来生地使用	カスタムスーツ	カスタムジャケット	カスタムスラックス	カスタムコート MADUSON COAT
			エベリットAAA エベリットAA エベリット・プラス（2PANTS）	ブレザージャケット	スラックス	コート
青年層中心	マッケンジー		マッケンジースーツ（C.T）	マッケンジーブレザー，ジャケット（C・T）		マッケンジーコート
若い人中心	オーク		オークスーツ（C・T），ノンスーツ	オークブレザー，ジャケット	オークスラックス	オークコート

＊C＝コンチネンタル，T＝トラディショナル
（出所）『繊研新聞』1971年6月30日，8面。

資料2-5　1975年樫山婦人服部のブランド一覧

	ジュニア	ミス	ミセス	ウーマンサイズ
ボリューム	トレトレ	ミス・オンワード	ジュヌファム	アミエル
海外提携	プル・アクトン	ケンスコット リッキーモデル ミス・ワイキキ X-WEST	ジョンメーヤー	ウエルフォーム
ベター		ロープエレガン		
チェーンストア		メモリー		
専門店		メル・バスストップ		

（出所）『繊研新聞』1975年1月29日。

第4節　マルチ・ブランド政策による市場細分化の促進期（1970年代）

しかし1970年代後半になると，資料2-6の「クラスターとマインドによる樫山のブランド分類」に示されるように，製品，年齢，価格帯基準ではなく，「クラスターとマインド」によって，樫山の展開するブランドのポジショニングが示される。これは，1960年代にはなかった市場の切り取り方で

資料2-6　クラスターとマインドによる樫山のブランド分類

◎紳士服　〇婦人服　●子供服　△和装

マインド	クラスター				無関心派
	感覚派	主張派	調和派	規律派	
エレガント	◎イヴ・サンローラン ◎アルマーノン 〇ミス・ミッシェル	〇アーブラ 〇エバドーナ 〇ローブエレガン 〇ノアローブ ●ポッペレディ △いついろ袖	〇レオ・ノーブル 〇ココ・ベール 〇ジェルメーヌ ●ボーイズオンワード ●ヤングランド ●ティーンズ・クラブ	△きわだち	―
ニート	〇トレトレ 〇ナッキー 〇メルバス	〇オーク 〇マッケンジー 〇ドミトリー 〇ラモスポーツ 〇ビリーボニー 〇サンディナ 〇ケンスコット	〇J・プレス 〇ザ・シック 〇樫　△プレマードレ 〇ダンエミール 〇タイムアンドプレス 〇ジュヌファム 〇ウエルフォーム ●ボーイズオンワード ●ヤングランド ●ティーンズ・クラブ ●トレミニオン	◎フライングクロス ◎エレクトロ ◎マイクロード ◎ダグラス ◎ケンスレー 〇ミス・オンワード 〇メモリー 〇リコルダ 〇アミエル	―
コンフォタブル	〇ビアンモア 〇ジーニート	〇ジョンメーヤー ◎●ダニエルエシュテル ◎〇●リー・クーパー	〇ウッドハウス 〇J・プレス ●トレミニオン ●ティーンズ・オンワード ●プチオンワード ●ボーイズオンワード	◎カタリナマーチン △ミネットメール △プルトア △ぶ〜らぶ〜ら △さわやぎ	―
アクティブ	―	―	◎ラニーワドキンス 〇パワービルト 〇J・プレス	◎ナイスヒッター ◎アリソンスポーツ	

（出所）『繊研新聞』1977年6月11日，7面。

ある。百貨店向けのブランドを想定したとき，従来の年齢，価格帯を基準としたブランド展開では，多数のブランドを販売できなくなる。とりわけ海外提携ブランドを百貨店のコーナーないしはショップで販売するようになると，年齢や価格帯基準ではブランドのアイデンティティを表現できない。

樫山の用いる「クラスター」は，各人の活動，関心，意見に表現される生活パターンを意味するライフスタイル[63]のことと解釈できる。「マインド」は，アパレルのファッション傾向に反映される切り口から分類している。個々のブランドは，「クラスターとマインド」という顧客分類の中で，コンセプトの明確化が求められる。海外ブランドは，海外市場のなかで顧客をどう捉えるかというブランドのコンセプトが明快であり，樫山の提携した海外ブランドもその例外ではなかった。

「J・プレス」は，1970年代後半以降，樫山の代表的な海外提携ブランドとなる[64]。樫山は，アメリカのJ・プレス社と紳士服のデザイン，技術，販売ノウハウに関する提携をし，1974年秋冬より「J・プレス」を発売する。「J・プレス」は，アメリカのトラディショナル・モデル，アイビー・スタイルを主張する高級メンズ・ショップである。樫山は提携商品を紳士服全アイテムに拡大する。販売は，全国専門店，百貨店におけるイン・ショップ形式にて行なう[65]。樫山は，1977年の社内資料で「J・プレス」を，「頑なまでにアイビーリーグ・モデルを守るアメリカのJ・PRESSとの提携によるトラッドなトータルコレクション」と説明している。アイデンティティの明瞭な海外提携ブランドの導入は，ライフスタイル訴求をブランド分類の基軸にしていくこととなる。

---

[63] ライフスタイルの定義については以下を参照。Kotler and Keller［2009］p.159.
[64] 『日本繊維新聞』1980年4月4日3面によると，「今期は60億円の売上を計画している」（1981年2月期のこと）とあるように，1970年代後半に数十億円規模の主力ブランドに成長した。
[65] 「J・プレス」の内容については，『日本繊維新聞』1974年4月3日3面を参照。

第4節　マルチ・ブランド政策による市場細分化の促進期（1970年代）

　顧客の「クラスターとマインド」によるブランド分類は，百貨店の売場編集が服種別売場からブランド別のコーナーないしはショップ別売場に変化したことと対応している。スーツやコートなど服種により売場が区切られ，複数のブランドが並べられている場合，顧客はたとえば複数のブランドのスーツから選択することになる。スーツの素材やデザイン，縫製の仕立ての良さ，サイズ，接客サービスなどに焦点が当たり，ブランドはスーツという製品に密着したものになる。

　あるブランドが多数の服種を横断して品揃えをし，1つのまとまった売場で販売されることで，ブランドは特定の「クラスターとマインド」を表現するものとなる。特に複数のブランドがコーナー売場によるコーディネイト提案を競い合うようになり，結果として競合するようになると，それぞれ独自のブランド・コンセプトの提案が必要となる。

　1977年の樫山社内資料によると，「J・プレス」は「トラッドなトータルコレクション」，「マッケンジー」は「ベーシックな上品さを備えたトータルファッション」，「ジョンメーヤー」は「洗練された単品コーディネイト」とある。樫山の主力ブランドは，多様な服種によるコーナー展開，ショップ展開を共通の要素としており，このようなブランドの登場が，「クラスターとマインド」によるブランド分類をもたらした。

3. 製品・小売ブランドの創造

　樫山が1950年代に百貨店との間で制度として定着させた委託取引，派遣販売員制度により，樫山は小売価格，店頭商品の品揃えと展開時期，店頭在庫の管理，接客サービス，顧客情報の収集等の重要な小売機能に深く関与することとなった。さらに，多様な服種を含んだブランドのコーナー展開が行なわれると，樫山は，コーナー売場をメーカーのブランドとして訴求することとなる。樫山の提供するブランドは，製品を包含するだけではなく，小売機能をも含むものとなった。たとえば「マッケンジー」というブランドは，

百貨店にて「マッケンジー」のブランド名で販売されている個々の製品を意味するだけではなく,「マッケンジー」ブランドの売場および「マッケンジー」の販売サービスを含めた小売をも意味するものとなる。本書は,製品ブランドが小売機能を包含するようになるブランドのあり方を,製品・小売ブランドと捉えている。

樫山の提供するナショナルブランドが小売要素を包摂する点は，1970年代には部分的に進んだだけである。委託取引，百貨店におけるコーナー展開は，製品ブランドから製品・小売ブランドへの進化の途中段階を示している。

委託取引は，百貨店内商品の管理責任を百貨店が担うため，百貨店の仕入担当者が，小売価格設定や店頭商品管理，商品の品揃えなどに関与するのであり，百貨店とアパレルメーカーが協働で売場を創造し管理するという性格が強かった。とりわけ服種別売場の場合は，仕入担当者が商品知識の点において理解できる範囲内にあり，その意味で品揃えや店頭商品の管理などの小売機能を百貨店がアパレルメーカーと共同で担うこととなった[66]。

服種別売場からアパレルメーカーのブランド別のコーナー売場兼コーディネイト売場になると，仕入担当者は，多様な服種に関わらなければならないため，特定ブランドの品揃え構成や小売価格設定に深く関与することが能力面でできなくなった[67]。百貨店はコーナー売場の小売機能の多くをアパレルメーカーに譲り渡さざるを得なくなる。

しかし，コーナー売場は，他のブランドとの間に壁という仕切りがなく，明確に売場が区分されていないため，顧客から見たショップとしての独立性が弱い。また，各ブランドの売場面積も固定したものではなく，季節ごとに簡単にブランド間の境界を動かすことができる[68]。売場では派遣販売員が接客

---

[66] 樫山㈱・角本氏へのインタビュー。
[67] ㈱三陽商会・市川氏へのインタビュー。
[68] ㈱オンワード樫山の古田氏・福岡氏へのインタビュー。

サービス，商品管理などを担当するものの，ブランド別売場の個々が明確なアイデンティティを提案しているようには見えず，その意味ではメーカーのブランドが小売要素を包括するものとはなりえない。

とはいえ，1970年代後半に形成された「マッケンジー」「J・プレス」「ジョンメーヤー」は，都心部百貨店との委託取引と派遣販売員制度を基礎としながら，①多様な服種の品揃えを行ない，②コーナー展開，イン・ショップ展開の中で，小売機能をブランドに取り込み，ブランドが小売をも包含するまでに拡張した。いわば製品・小売ブランドへの転換点が，1970年代樫山の代表的なブランドに示されている。

第5節　むすびに：メーカーによる小売機能の包摂

アパレルメーカーのブランドが小売機能を取り込み，製品・小売ブランドとして全面的に機能させる上での主要な手法は，①委託取引から消化取引への移行，②百貨店におけるイン・ショップの成立にある。

消化取引は，百貨店に納入された商品のうち売れた分だけ仕入を起こし，仕入代金を支払う取引形態である。この点では委託取引と変わらないが，店頭の商品管理責任は納入業者側が負う[69]。商品の品揃えと展開時期，ディスプレイ，小売価格設定，商品管理，接客サービスをアパレルメーカーが中心的に担う1つの主要な取引形態が消化取引である。資料2-7は，百貨店におけ

---

[69] 本章で用いる消化取引は，百貨店から見た売上仕入と同義である。売上仕入の定義は，公正取引委員会 [1952] 43-45頁，菊池 [1966] 30-31頁参照。委託取引，消化取引の概念に比して現実上の取引形態は多様である。

[70] 岡野 [2008] は，百貨店の売上仕入契約書の検討を通じて，「売上仕入契約は，出店場所の独立性が弱いことと，百貨店の営業組織の一部門として納入業者を統制するという要素が強く，かつ，建物使用の代価を収受するというより，百貨店・納入業者間の収益分配を基軸とした契約であるため，基本的には借地・借家法の適用を受けないと考えら

資料2-7 百貨店における婦人アパレル,紳士アパレルの取引形態の変化
(単位:%)

婦人アパレル 1975年	買取 25.0	委託 52.6	消化 22.4
1997年	買取 29.2	委託 31.1	消化 39.6
紳士アパレル 1975年	買取 35.4	委託 50.1	消化 14.6
1997年	買取 38.8	委託 40.1	消化 21.2

(注) 日本百貨店協会「50年史アンケート調査」より。
(出所) 日本百貨店協会 [1998] 195頁。

る婦人アパレルと紳士アパレルの消化取引推移を示しているが,消化取引の比率は,紳士,婦人ともに1997年の方が高くなっている。特にファッション変化の激しい婦人アパレルは消化取引の比率が4割弱と高くなっている。

　百貨店のイン・ショップは,あるブランドの売場が他の売場と間仕切りなどによって明確に区切られ,外観上も特定ブランドのショップであることがわかるような内装やブランド・ロゴの提示がなされている。コーナー売場での派遣販売員は百貨店の制服を着ているが,イン・ショップの販売員は,当該ブランドの服を着て接客を行なうことで,ブランドのアイデンティティを訴える。[71]店頭の商品,ディスプレイ,販売員を含めたトータルのブランド演出をショップで行なう。このようなイン・ショップ展開が百貨店の主要な売場となってくるのは,1980年代以後である。[72]ブランドが製品から小売まで

れる」(16頁)と結論づけている。その意味では,さらにアパレルメーカーがショップとしての独立性をさらに追求するならば,建物の賃貸借契約による路面店,または駅ビル,ファッションビル,ショッピングセンターへの入居ということになる。

[71] ㈱オンワード樫山・古田氏,㈱オンワードクリエイティブセンター・福岡氏へのインタビュー。1980年頃にDCブランドが登場したとき,販売員自身が当該ブランドの着こなしの見本となった。DCブランドとは,デザイナーズ&キャラクターズの頭文字をとったものであり,デザイナーの個性やブランドの特徴を明確に打ち出したブランドのことを指す。

[72] たとえば,伊勢丹新宿本店では,1970年「カルバン・クライン」,1977年「セルッティコーナー」,1978年「KENZO JAP」「バーバリーコーナー」「ハネモリムッシュ」「リズ・クレイボーン」などのコーナーないしはショップ展開が進んでいた(伊勢丹[1990] 337-347頁)が,1982年「カール・ラガーフェルド」「ノーマ・カマリ」「クロ

を含めた全体の提案を行なっているという点で，製品・小売ブランドなのである。

　ショップの独立性が高まり，ブランドは企画から小売設計・店頭販売に至るトータルな過程を概念的に包摂するものへと発展した。百貨店市場をターゲットとしたアパレルにおけるブランド概念の拡大は，アパレルメーカーによる小売過程の包摂，百貨店における小売機能の低下を深めていった。百貨店でブランド別コーディネイト売場が展開されるのに対応して，顧客が特定のブランド売場を選択し，次に多様な製品群の中から特定の商品を探し購買するという購買習慣が形成された。ショップ形式の販売は，百貨店売場にとどまらず，路面店，駅ビル・ファッションビル，ショッピングセンターにも広がり，化粧品や雑貨，スポーツ関係など他の商品カテゴリーにも広がっている。

　本章では，1970年代までの樫山のブランド概念の拡張とその前提条件としての委託取引を分析したが，アパレルメーカーの小売機能取り込みと，製品から小売に至る全体像をブランドとして提案するブランド構築手法の淵源は，戦後アパレルメーカーと百貨店との間に形成された委託取引および，1つのブランドに多様な製品群を用意してそれをトータルに提案する売場創造にあると言えよう。

ード・モンタナ」「ゴルチエ」「イッセイ・ミヤケ」「ムッシュニコル」「メンズビギ」「ワイズ」「コムデギャルソン」など，海外ブランドやDCブランドのショップ展開を一挙に導入している（伊勢丹［1990］396-400頁）。

第 3 章

1950-70 年代におけるレナウンの
ブランド構築と小売機能の包摂

―マス・コミュニケーションの戦略的活用―

第1節　はじめに

　本章は，おおよそ1950年代から1970年代に至るレナウン・グループのブランドの発展を分析することにより，製品としてのブランドと小売としてのブランドが統合する端緒を歴史的に明らかにすることにある。
　ここで言う製品ブランドとは，企業が製品として提案し，その結果消費者および社会が製品として連想するブランドのことである。製品ブランドは，メーカーのナショナル・ブランドとして提供されるのが通常である。対して，小売ブランドとは，一般的には小売業者が企業名，事業，ストア，ショップ，製品などをブランドとして社会に提案し，社会，とりわけ消費者が小売として連想するに至ったブランドのことである。
　小売ブランドは，三越百貨店やイトーヨーカドーなど，小売事業者名でもあり大型店舗を指し示す。従来の用語で言えばストア・ブランドを意味する。消費者は，ストア・ブランドのみを小売ブランドとして認知しているわけではない。三越百貨店に入っているショップもブランドとして認知している。たとえば「シャネル」が百貨店に入っていれば，これも製品であると同

時に小売のブランドとしても認知する。これを本章では製品・小売ブランドとして取り扱う。

現代のブランドは，小売過程をブランド連想の不可欠な要素として含むようになってきており，さらに，生産と流通の連携がブランド構築の基盤として重要になってきている。メーカーが製品ブランドを構築しようとする場合，しばしば小売プロセスに介入する。その範囲は小売陳列から，委託取引や消化取引に基づく小売価格の設定と小売店頭在庫の管理，接客サービスや顧客管理，売場自体のブランド化に及ぶ。

小売過程への介入がブランド構築の基盤をなしていることを示す典型的な事例が，百貨店を主要販路の1つとするアパレルメーカーである。製品ブランドが小売機能を包摂し，製品・小売ブランドとして消費者に提案され定着していく端緒は，1970年代である。本章では，1970年代には日本を代表する総合アパレル製造卸であったレナウン・グループを取り上げ，その百貨店販路におけるコーナー展開，ショップ展開と製品・小売ブランドの形成に主たる焦点を当てる。

このような製品・小売ブランドの形態が1970年代に生成するとしても，これは一朝一夕にできあがったものではなかった。1970年代の特質を明瞭にし，製品・小売ブランドへの発展が意味するものを捉える上でも，1960年代までのブランドの発展状況をレナウンに即して理解したい。

以下本章の第2節では，レナウンの沿革と取扱商品の拡大，レナウンの販路開拓と広告を踏まえて，「レナウン」が製品としてのブランドから企業ブランドへ脱皮したこと，「レナウン」という企業ブランドの下で製品カテゴリー別のブランドが多数展開されるようになったことを整理する。第3節では，1960年代レナウン・グループの到達点を踏まえて，製品・小売ブランドが1970年代に「ダーバン」「アデンダ」「シンプルライフ」などで生成したこと，販売企画主導の商品企画が生成したことを明らかにする。第4節では，1970年代レナウン・グループのブランドの発展を製品・小売ブランドの意義と限界としてまとめる。

なお本章で用いる資料は，レナウン関係者へのインタビューとともに，『繊研新聞』，1970年代から80年代のレナウン関係の単行本，レナウンおよびダーバンの社内資料と社史などである。

第2節　1960年代までの「レナウン」ブランドと製品ブランドの形成・発展

1. レナウンの沿革と取扱い商品の推移

　レナウンは，1902年4月，佐々木八十八(ヤソハチ)が資本金2万円で繊維雑貨の卸売業「佐々木八十八営業部」を大阪にて創業したことに淵源を発する。「当初，佐々木営業部が扱っていたのは，モーレイ，イエーガーの毛製肌着，ピノーの香水，ゾーリンゲンのかみそり，毛布，羽根ブトン，タオル，帽子，ネクタイ等だった。はじめの頃は輸入品が主で，外国商社を経由していたが，だんだん直輸入も行なうようになった。国産品の比重も年ごとに増えていった」。資料3-1は，レナウン・グループの沿革を示したものである。

資料3-1　レナウン・グループの沿革（1902-1980年）

1902年4月　大阪において，佐々木八十八が2万円の資本金で繊維雑貨の卸業として創業する。
「佐々木八十八営業部」設立。
1916年　東京・有楽町に出張所を設置し，デパートへの進出を図る。
1923年　国産メリヤス製品につけるブランドとして「レナウン」を商標登録。
「佐々木八十八営業部」を「佐々木営業部」と商号変更する。
1926年　東京・目黒に高級メリヤス製品の製造部門として「レナウン・メリヤ

1　レナウン［1983］2頁。

ス工業株式会社」を設立する。輸入に頼っていた高級メリヤス製品の国産化に踏み切る。

東京日本橋に「株式会社東京佐々木営業部」を設立し会社組織となる。

1935年　大阪市東区瓦町に「株式会社大阪佐々木営業部」を設立し会社組織となる。

東西両社を合わせて「株式会社佐々木営業部」とする。本社：大阪市東区安土町。

1942年　レナウン・メリヤス工業株式会社を東京編織株式会社と改称する。陸軍被服本省の監督工場になって，軍需被服を生産する。

1944年　「江商」の衣料部に吸収される。

1946年　東京編織株式会社が東京都中央区日本橋にて再発足する。

1947年9月　「江商」の衣料部より独立して，「株式会社佐々木営業部」が再発足する。資本金19万5千円，本社は東京都中央区日本橋である。

1948年　東京編織株式会社は，資本金1,000万円とし，東京都北多磨郡昭和町に東京工場を設置して戦時中疎開していた生産設備を集約する。

1951年4月　新聞広告（朝日，毎日，読売，東京）を開始する。

1951年5月　週刊誌広告を開始する。

1951年6月　ラジオ宣伝を開始する。

「東京編織株式会社」を「レナウン工業株式会社」と変更する。

1955年4月　「株式会社佐々木営業部」を「レナウン商事株式会社」と社名変更する。

1956年10月　全国5カ所に販売会社を設立し，販売網の整備・拡大を図る。北海道レナウン販売株式会社（札幌），東北レナウン販売株式会社（仙台），中京レナウン販売株式会社（名古屋），中国レナウン販売株式会社（広島），九州レナウン販売株式会社（福岡）。

1957年6月　高級婦人既製服の製造・販売会社「株式会社レナウン・モード」を資本金100万円で東京の豊島区に設立する。

1959年　全国にレナウン・チェーンストア（RS）を結成し，「暮しの肌着」を主力商品として小売店部門の充実を図る（初年度加盟店3,500軒）。

1961年　「レナウン・ワンサカ娘」を発表する。歌手はかまやつひろし。

1962年10月　婦人既製服の製造・販売会社「レナウンルック」を資本金100万

第2節 1960年代までの「レナウン」ブランドと製品ブランドの形成・発展　105

	円で東京の新宿区に設立。
1963年	「レナウン商事株式会社」「レナウン工業株式会社」ともに資本金5億円となり，東証・大証2部に上場。
1963年	スーパー向け商品「ルノン」発足。
1963年	「株式会社ニチレ・バークシャー」の設立にともない，米国バークシャー・ストッキングの国内専売権を取得。
1963年	㈱レナウン・ルックが㈱レナウン・モードを吸収合併する。
1964年	ベビー用品の本格的進出を開始する。
1966年	ニット・デザイナー，マリオ・トラベルソーと契約。
1966年	専門店，一般小売店，量販店担当の第二営業部を設置し，百貨店担当の第一営業部と区別する。
1967年	翌年度のレナウン工業株式会社との合併に備えて社名を「株式会社レナウン」と改称する。
1968年1月	レナウン商事とレナウン工業とが対等合併して，株式会社レナウンを設立し，製造から販売まで行なう。資本金16億円。
1968年4月	婦人既製服の専門店チェーン，㈱レリアンを設立。
1968年	商品企画室にマーチャンダイザー制度を取り入れる。
	東京・大阪両証券取引所第1部に指定替え。
1970年1月	東京本社を原宿に新築移転する。
1970年7月	紳士服の製造卸，株式会社レナウン・ニシキを東京にて設立。資本金3億円。レナウン30％，ニシキ30％，伊藤忠20％，レナウンルック10％，三菱レイヨン10％の出資比率。
1972年1月	株式会社レナウン・ニシキを株式会社ダーバンに変更する。
1977年1月	株式会社ダーバンの口座を分離する。
1977年8月	㈱ダーバンが東証2部に上場。
1978年1月	婦人服部門を第3営業部として分離・独立させる。
	婦人服地部門を廃止する。
1979年6月	㈱ダーバンが東証1部に指定替え。
1980年1月	永代営業所，永代商品センターを開設。
	第2商品企画室を設置し，第1商品企画室（洋品）と分割する。
1981年1月	株式会社レナウンルックの口座をレナウンより分離する。

（出所）　レナウン社内資料。

「佐々木営業部では，初めは輸入品のメリヤスを扱っていたが，納期や数量に問題があり，国産品を扱うようになり，白金メリヤス，藤幸，日本メリヤスといった当時の優秀製造業から仕入れていた。だんだん佐々木営業部の扱高が大きくなり，とくに大量販売の百貨店との商売が増大するにつれて，外部からの仕入れ商品だけに頼るわけにはいかなくなり，遂に自家工場の設立にふみ切ることとなった」。1926年2月，東京・目黒に資本金5万円で高級メリヤス製品の製造部門として，レナウン・メリヤス工業株式会社を設立し，それまで輸入に頼っていた高級メリヤス製品の国産化に踏み切る。1938年には，「東京の蒲田区羽田にメリヤス一貫生産のための大工場を建設し，名実共にメリヤス製造業のトップにのし上がることとなる」[2]。大量のメリヤス製品の自家生産は，メリヤス製品を百貨店などの小売経由で大量販売する必要に迫られ，そのため商標を必要としたと考えられる。

1923年に国産メリヤス製品につけるブランドとして「レナウン」を商標登録している。「まもなく良質のメリヤス製品をどんどん生産する体制ができ上り，『昔舶来，今レナウン』とか，『品質世界一，産額日本一』とかいうキャッチフレーズで百貨店を中心に大量に販売するようになる」[3]。

戦時期に江商に吸収されていた佐々木営業部は，1947年9月に再発足し，1955年4月にレナウン商事株式会社に社名変更する。製造部門のレナウン・メリヤス工業は，1942年，東京編織工業株式会社と改称し，戦後の1946年に再発足する。1948年に東京都北多摩郡昭和町に東京工場を設置して，戦時中疎開していた生産設備を集約する。1952年には，社名をレナウン工業株式会社と変更している。

1963年には，レナウン商事，レナウン工業ともに資本金5億円となり，東京証券取引所，大阪証券取引所2部に上場する。1968年1月，レナウン

---

[2] この段落については，レナウン [1983] 9頁に基づく。
[3] レナウン [1983] 9頁。

第 2 節　1960 年代までの「レナウン」ブランドと製品ブランドの形成・発展　**107**

商事とレナウン工業が対等合併して株式会社レナウンを設立し，製造から販売までを行なう体制をとった。

　レナウン・グループは，肌着や靴下という軽衣料，セーターやカーディガンなどの洋品ないし中衣料から出発しながら，スーツやワンピースといった婦人既製服ないしは重衣料へと，取り扱う服種を拡大した。『レナウン社内報』1964 年 5 月号 2 頁によれば，レナウン工業で生産している製品として，メリヤス肌着（シャツ，ズボン下，Tシャツ，パンティ，ショーツ，ブルマー他），セーター類（セーター，カーディガン，ベスト，ポロシャツ，ニットドレス他），布帛製品（クレープ・シャツ，パンツ，Yシャツ，スポーツシャツ他），靴下が挙げられている。

　スーツやジャケットなどの既製服への進出に当たって，レナウンはグループ企業を設立する。まず，1957 年 6 月，高級婦人既製服の製造・販売会社の株式会社レナウン・モードを資本金 100 万円で東京の豊島区に設立し，ブラウスやスカートの生産を始めた。[4] レナウン・モードは，既製服のパターンや縫製技術の習得，品質向上をめざしていた。[5]

　次いで，1962 年 10 月，婦人既製服の製造・販売会社レナウンルックを資本金 100 万円で東京の新宿区に設立する。同 62 年に大阪工場を東淀川区から吹田市に新築移転し，シンクロシステムを導入，婦人既製服の生産体制を整えていった。[6] シンクロシステムとは，1 着ずつ必要なパーツを流して既製服を組み立てていく生産方式であり，生産ロットの少ない高級既製服の生産には必要不可欠なものであった。レナウンルックは，「アメリカのアーキン社と技術提携して，米国の既製服製造のノウハウを徹底して研究した」[7]。翌 63 年には，レナウンルックがレナウン・モードを吸収合併している。

　4　レナウン [1983] 20 頁。
　5　㈱レナウン元専務取締役・今井和也氏へのインタビュー，1996 年 6 月 14 日。
　6　㈱レナウン社内資料。
　7　レナウン [1983] 20 頁。

資料 3-2　レナウン取扱商品の推移　　（単位：百万円）
（　）内は構成比率（％）

1963年		1968年		1973年	
紳士肌着	3,447 (26.1)	紳士肌着	4,557 (19.4)	紳士肌着	10,005 (11.1)
紳士外着	1,212 (9.2)	紳士外着	3,497 (14.8)	紳士外着	16,330 (18.1)
婦人子供肌着	2,523 (19.1)	婦人子供肌着	3,523 (14.9)	婦人子供肌着	8,443 (9.3)
婦人子供外着	1,920 (14.6)	婦人子供外着	3,657 (15.5)	婦人子供外着	21,923 (24.3)
靴　下	2,298 (17.4)	ベビー用品	1,271 (5.4)	ベビー用品	4,306 (4.8)
婦人服地	1,661 (12.6)	靴　下	3,620 (15.3)	靴　下	9,218 (10.2)
婦人既製服	134 (1.0)	婦人服地	1,755 (7.4)	婦人服地	3,179 (3.5)
		婦人既製服	1,235 (5.2)	婦人既製服	9,026 (10.0)
		その他	506 (2.1)	紳士既製服	6,882 (7.6)
				その他	1,031 (1.1)
合　計	13,195 (100)	合　計	23,641 (100)	合　計	90,343 (100)

1978年		1983年	
婦人既製服	42,300 (25.9)	婦人既製服	37,719 (17.9)
婦人子供外着	39,839 (24.4)	紳士外着	51,922 (24.7)
紳士外着	32,850 (20.1)	婦人外着	35,910 (17.1)
靴　下	16,546 (10.1)	子供外着	21,150 (10.1)
紳士子供肌着	14,127 (8.6)	紳士子供肌着	17,872 (8.5)
婦人肌着	8,160 (5.0)	婦人肌着	9,133 (4.3)
ベビー用品	8,134 (5.0)	ベビー用品	12,377 (5.9)
その他	1,378 (0.8)	靴　下	22,974 (10.9)
		その他	1,370 (0.7)
合　計	163,335 (100)	合　計	210,431 (100)

（出所）　㈱レナウン社内資料。

　レナウンの沿革を取扱商品の拡大という視点から整理すれば，資料3-2にみるように，肌着や靴下という軽衣料からセーターやカーディガンという中衣料に拡大し，さらにドレス，ワンピース，スーツという重衣料へと範囲を広げていったと捉えることができる。1963年には，肌着・靴下・服地の売

上割合が75.2％と高い比率を占めるが、1983年には肌着・靴下の売上割合は23.8％とその比率を激減させている。紳士・婦人子供外着、すなわち中衣料の売上比率は、1963年の23.7％から1983年の51.8％へと高めている。

　紳士既製服と婦人既製服の売上推移には、注意が必要である。1977年12月期決算以降、紳士既製服について、従来㈱ダーバンが㈱レナウンを経由して百貨店などに販売していたものを、ダーバンは直接販売する形に改めた。[8] また1981年12月期決算以降、婦人既製服の一部について、従来㈱レナウンルックが㈱レナウンを経由して百貨店などに販売していたものを、レナウンルックは直接販売するようにした。[9] レナウンルック（婦人服）の1983年12月期売上高は348億6,900万円、そのうち重衣料（ドレス、スーツ、コート）の売上172億200万円、中衣料（カジュアルウエア）の売上175億7,800万円である。ダーバン（紳士服）の1983年12月期売上高は483億4,800万円、そのうち重衣料（スーツ、ジャケット、スラックス、コート）の売上322億5,900万円、中衣料（カジュアルウエア）の売上160億8,900万円である。㈱レナウン本体に加えて、レナウンのグループ企業であるレナウンルック、ダーバンの事業を考慮すれば、レナウン・グループの重衣料の売上が拡大したことがわかる。

2. 販路開拓

　1960年代に至るまで、「レナウン」が普及するにあたっていくつかの重要な政策が行なわれている。1つは販路開拓である。東京、大阪都心部の百貨店販路に加えて、1950年代後半から全国的な小売店向け販売網をつくっていき、1963年から量販店販路に向けて展開していく。

8　㈱レナウン『1977年12月期有価証券報告書』11頁。
9　㈱レナウン『1981年12月期有価証券報告書』13頁。

1955年4月に佐々木営業部がレナウン商事に社名変更したが、当時のレナウン商事は、百貨店販路が70%、小売店販路が30%であった[10]。売上を伸ばすには、百貨店販路と小売店販路の売上比率を50：50にすること、そのためには東京や大阪都心に偏重することなく、全国の小売店に売ることを社の方針とした[11]。地方でもレナウン商事が直接小売店に販売する体制を確立するために、1956年10月、全国5カ所に販売会社を設立した。北海道レナウン販売会社（札幌）、東北レナウン販売株式会社（仙台）、中京レナウン販売株式会社（名古屋）、中国レナウン販売株式会社（広島）、九州レナウン販売株式会社（福岡）の各社は、いずれも資本金100万円、従業員は15名前後であった。「同業者でも全国的に販路をひろげている企業もあったが、多くは地方問屋を通していたのに対して、レナウンは一軒一軒、自社の販売員が巡回するシステムをとった[12]」。

1959年、「レナウン製品を扱う小売店を組織して『レナウン・チェーンストア（略称RS）』が結成された。それまでの衣料品は、納品後の陳列や管理は小売店にまかされていた。陳列される場所もスペースも一定していない。レナウンは、この売り方を根本的に変えて、先に陳列器具を届け、その中に商品を補給していけば、小売店も売りやすいし、供給する側も安定すると考えた。同じような売り方をしているコーラやアイスクリームのチェーン・システムを徹底的に研究し、一年の準備期間の後に生まれたのが、RS店のための『暮しの肌着』である。数千点の商品の中から品質、価格を検討して、最初のシーズンは60点の肌着とくつ下を選んだ。商品ごとにセロファン袋に入れ、特徴と価格を明示した。楕円形の看板をかかげ、スチール製の販売器具『セールスボックス』に『暮しの肌着』をおいたRS店が、最初の年に

---

[10] ㈱レナウン・今井和也氏へのインタビュー、レナウン［1983］19頁、うらべ［1980］91-93頁、山下［1983］244頁参照。
[11] レナウン［1983］19頁、うらべ［1980］91-93頁参照。
[12] レナウン［1983］19頁。

第2節　1960年代までの「レナウン」ブランドと製品ブランドの形成・発展　111

写真 3-1　レナウン「暮しの肌着」の広告

（出所）　レナウン［1983］19頁。

3,500軒誕生した[13]。写真3-1は，「暮しの肌着」の広告である。

　1960年代には量販店販路にも取り組む。1963年2月，量販店向け営業を担当する「ルノン販売部」を設け，量販店向け商品「ルノン」の発売を開始する[14]。1964年の営業体制は以下の通りである。地域別に，東京本社営業部と大阪支店営業部の2つに分かれる。北海道レナウン販売，東北レナウン販売の2つの販売会社は東京本社に，中京，中国，九州レナウン販売の3つの販売会社は大阪支店営業部に所属している。小売業態別には，百貨店と専門店は販売部，レナウン・チェーンストアに組織されている小売店はRS部，量販店（スーパーストア）はルノン販売部と営業組織を分けて対応している[15]。

---

[13] レナウン［1983］19頁。なおレナウン・チェーンストアは，取扱い商品の一部分をレナウンから仕入れているだけであり，この点では，第6章のワールドに見る1970年代の「オンリーショップ」，すなわちワールドの製品のみで構成されているショップのようなものではなかった。
[14] レナウン社内資料。
[15]『レナウン商事会社案内』1964年12月1日付。

1966年には，東京，大阪ともに，百貨店担当の第一営業部，専門店，一般小売店担当の第二営業部と分けた。第二営業部は，一般小売店を組織化したレナウン・チェーンストアと，高級専門店を組織化したレナウン・サークルとを合わせて独立させたものである。1968年にはスーパーストア向け商品を販売していたルノン部を第一営業部から第二営業部所属とした[16]。このように，1960年代に地域別，小売販路別の営業体制が整えられた。

レナウンは別会社により小売事業に進出する。1968年4月，高級ドレスなど婦人既製服の専門店チェーン，株式会社レリアンが，資本金1億円，レナウン40％，伊藤忠商事30％，三菱レイヨン30％の比率で設立される[17]。当時は，婦人既製服の専門店小売販売は広がっておらず，百貨店販路が中心であった。レリアンは1968年8月に店舗展開をはじめて，1971年1月時点で39店舗となり，日本の代表的な専門店チェーンに育っている[18]。主力仕入先を数社に絞っており，そのうちの1社がレナウンルックである。レリアンは，レナウンルックの有力販路ではあるが，婦人既製服（スーツ，ドレスコート，ワンピース）の専門店チェーンとして独立した成長を遂げる[19]。

3．マス・コミュニケーション

1960年代レナウンは，テレビCMに代表されるように，マス広告により特徴づけられる。大量生産，大量販売に対応したマス・コミュニケーションを実践した典型的な衣料品企業が，レナウンであった。「それまで衣料品の卸問屋が宣伝をやらなかった理由は，ほとんどの商品が自社のブランドを持

---

[16] レナウン［1983］24頁。
[17] レナウン［1983］23頁，レナウン社内資料，『繊研新聞』1968年6月8日，11月6日，1969年7月9日，1970年7月27日付参照。
[18] 『繊研新聞』1971年1月16日付。
[19] ㈱レナウン・今井和也氏へのインタビュー，『繊研新聞』1971年1月16日付。

第 2 節　1960 年代までの「レナウン」ブランドと製品ブランドの形成・発展　**113**

っていなかったからである。百貨店や専門店のブランド商品ばかりをつくっていたので，自社の宣伝は無意味であった。したがって卸問屋の販促活動といえば，得意先を招待することくらいであった。佐々木営業部といえども，まだ百貨店ブランドの商品が多かったので，自社宣伝が100％の効率が上がるとはいいがたかったのだが，やがて殆どがレナウンブランドで売られる時代がくると確信をもっていた。そこで，得意先へのPRよりも，直接，消費者向けの，マスコミ宣伝を行う方針を打ちだした」[20]。

　まず，1951年，当時の佐々木営業部は，「レナウン」を広めるために新聞広告，週刊誌広告，ラジオ宣伝を行ない，『レナウンの純毛シャツ』『レナウンの婦人肌着』として製品のブランドを訴えた[21]。当時は社名が株式会社佐々木営業部であり，「レナウン」は製品のブランドであった。取扱い商品も，肌着，靴下，セーターなどに限定されていた。

　1959年，レナウン商事は全国にレナウン・チェーンストアを結成し，写真3-1に示すように，「レナウン　暮しの肌着」の広告をしている。

　資料3-3は，1959年から70年までのレナウンのテレビCMである。1959年，靴下，セーター，婦人服地のテレビCMを開始し，1960年代にテレビCMを継続する[22]。衣料品製造卸の中で，1960年代に最もテレビCMを活用したのが，レナウンであったといっても過言ではない。この点は，レナウンが大量生産—大量販売—マス・メディアの活用を結びつけた典型的な衣料品製造卸売業者であったことを示している。1955年頃のレナウンの認知率は，20～30％であった[23]。1960年代のテレビCMが「レナウン」の認知率を飛躍的に高めたのは間違いない。

　1961年には，レナウンのイメージCMである「ワンサカ娘」（かまやつひ

20　レナウン［1983］17頁。
21　レナウン［1983］17頁。
22　レナウン［1983］17, 19頁。
23　㈱レナウン・今井和也氏へのインタビュー。

ろしが歌う）を始めている．以後60年代を通じて，この「ワンサカ娘」は歌手と映像表現を変えて続けた．1960年代半ば以降には，個別商品のテレビCMが目立つようになる．66年の青島幸男TVコマーシャル出演の「シリーズ肌着」，67年の女性組み合わせニットの「イエイエ」，ファンデーションの「レナウン・リリー」，紳士のスエットシャツ「ジョンブル」などである．このように，「レナウン」は，企業ブランドとしてあらゆる商品と結びつけられ，「レナウン娘」という企業アイデンティティとして訴求される．個別の製品は，それぞれ製品ブランドとしてテレビCMで訴求されることとなった．

資料3-3　レナウンのテレビ・コマーシャル作品リスト（一部抜粋・1959-1970）

1959年　靴下・セーター・婦人服地．長嶋茂雄起用．
1961年　ワンサカ娘（かまやつひろしが歌う）．画面はアニメである．
1962年　ワンサカ娘（デューク・エイセスが歌う）．
1963年　ワンサカ娘（ジェリー藤尾＆とも子）．アニメーション賞．　　　　贈り物．
1964年　ワンサカ娘（弘田美枝子）．銀賞．　　　　ギンガム．ボンネル・セーター．
1965年　ワンサカ娘（シルビー・バルタン）．　　　　Lラインソックス．リリー・オブ・フランス．ピッコロ赤ん坊．

---

[24] レナウン［1983］21頁，今井［1995］，今井和也氏へのインタビュー［1996年6月14日］．「わんさか娘」のフレーズは，「ドライブウエイに春が来りゃ，イエイエイエイエイイエイ，イエイエイエイエイ，プールサイドに夏が来りゃ……レナウン，レナウン，レナウン，レナウン娘が，おしゃれでシックなレナウン娘が，ワンサカ，ワンサ，ワンサカ，ワンサ，イエイ，イエイ，イエイエイ，テニスコートに秋が来りゃ，……ロープウエイに冬が来りゃ，……」である．このCMソングの作曲家である小林亜星は，「たくさんのOLがぞろぞろ群れをなして歩いているのを見ているうちに『ワンサカ　ワンサ』というフレーズが頭の中にひらめいた」．「これは日本の高度成長期のモータリゼーションやレジャーブームを先取りしていて，それもヒットする一つの要素になったような気がする」（今井［1995］81-82頁）．おしゃれで活発な娘に託してレナウンを描いている．

[25] レナウン［1983］21頁，レナウン社内資料．

第2節　1960年代までの「レナウン」ブランドと製品ブランドの形成・発展　　**115**

	プリント服地。
	バカンス・ポロ。
	夏の贈り物。
1966年	ワンサカ娘（シルビー・バルタン，第6回ACC・CMフェスティバル金賞受賞）。
	リリー。ダイヤモンド・ガードル。ダイヤモンド・ブラジャー。
	ボンネル8シリーズ。ウルトラゾーン足。ジョンブル。
	ガリアンヌ・ルック。
	シリーズ肌着・青島幸男その1（入賞）。
1967年	ワンサカ娘（学生フォークグループ）。
	リリー大阪用。リリー東京用。
	イエイエ。
1968年	ワンサカ娘（久美かおり）。入賞。
	イエイエ・ギャング。太陽とイエイエ。
	ポロシャツ。ランナー。テイジン・ランサー。
	ニューヨーク（ガードル）。
1969年	ワンサカ娘（ジュリア・リンカー）。
	虹のイエイエ・砂丘。イエイエ。
	ジョンブル。雲とジョンブル。
1970年	ミニジャンプ。ナップマン。
	霧のイエイエ（入賞）。雪のイエイエ。夕陽のイエイエ。
	イエイエ廃墟・花園（入賞）。
	ジョンブル。カレンキャット。シリーズ肌着・愛情。カンカン（入賞）。

（出所）　㈱レナウン社内資料。

4．「レナウン」：製品ブランドから企業ブランドへの展開

「レナウン」というブランドは，佐々木営業部の経営者である佐々木八十八が1923年に国産メリヤス製品につけるブランドとして商標登録したものである。1922年4月，イギリスの皇太子が巡洋戦艦レナウン号に乗り訪日した。その際の供奉艦がダーバン号であった。ここから「レナウン」という商標を選定した。[26]

第一次大戦前には，「メリヤスの高級品は輸入物が主力で，外国の商標がつけられていた」。やがて，「国産の繊維製品にも輸入品に負けない品質のものができるようになり，製造元のブランドがつけられるようになっていた。佐々木営業部でも国産品につけるブランドをさがしていた」のである[27]。両大戦間期には国産のメリヤス製品につける商標として「レナウン」を活用していた。製品ブランドとして「レナウン」が使われ，その後1926年に「レナウン・メリヤス工業株式会社」と，社名の一部に活用されるようになった。

1947年9月，株式会社佐々木営業部が再発足する。1949年，「レナウンファブリック」という生地部門が作られる[28]。1951年，週刊朝日やサンデー毎日の裏表紙を使って，『レナウンの純毛シャツ』『レナウンの婦人肌着』の宣伝を株式会社佐々木営業部名でしている[29]。この時点では，「レナウン」は企業名と連想されるのではなく，生地，紳士肌着，婦人肌着という製品を連想させるものであった。

1952年のレナウン工業株式会社への社名変更，1955年のレナウン商事株式会社への社名変更により，「レナウン」は企業名の一部となった。とはいえ，当時のレナウン商事の取扱商品が肌着，靴下，セーターなどに限定されており，「レナウン」はそのような具体的な製品を連想させるものであったと考えられる。

1961年開始のテーマソング「ワンサカ娘」のテレビCMは，特定の製品ではなく，「レナウン」という企業そのものの宣伝であり，その意味では企業アイデンティティを，活発でおしゃれな「レナウン娘」に託して意識的に社会に作り上げようとしたものである。

レナウン商事は，「レナウン」というブランドの傘の下で，生地，肌着，

---

[26] レナウン［1983］4-5頁，レナウン社内資料。
[27] レナウン［1983］4頁。
[28] 大内・田島［1992-1994］第215回。
[29] レナウン［1983］17頁。

セーター，婦人既製服，ストッキング，ベビー用品，ファンデーションへと取扱い製品を拡大していく。これらの各製品は，個々にブランドがつけられ，個別のブランドとして広告の支援を受けながら成長していく。さらにレナウンはしばしば海外企業と技術提携をして，海外ブランドを導入していく。資料3-4は1970年までのレナウンにおける個別ブランドの代表的な事例である。

他方「レナウン」ブランドは，テレビCM「ワンサカ娘」に象徴的に表現されるように，1960年代には企業ブランドに転化していった。

資料3-4　1970年までのレナウンの商品とブランドの展開

1959年　「レナウン暮しの肌着」（レナウン製品を扱う小売店を組織した「レナウン・チェーンストア」のためのブランド）。
1959年　「レナウン・セーター」。
1962年　㈱レナウンルックを設立し，婦人既製服（スーツ，ワンピース）を発表する。
1963年　「バークシャー・ストッキング」（ナイロンを素材に，アメリカのバークシャー社の技術で作った高級ストッキング）。
1963年　スーパーストア向けのルノン商品を発表する。
1964年　「レナウン・ピッコロ」（肌着から毛布までのベビー用品）。
1965年　「レナウン・リリー」（アメリカのリリーオブフランス社と提携した婦人ファンデーション）。
1966年　「マリオ・トラベルソオ」（ニット・デザイナーのマリオ・トラベルソオ氏との提携）。
1966年　「ジョンブル」（メンズのヤングモードであるスエットシャツ）。
1967年　「イエイエ」（トップ12デザイン，ボトム8デザイン，カラー8色，640通りの組み合わせができるニット・コーディネイト・ファッション）。
1968年　「ボビー・ブルックス」（アメリカのボビー・ブルックス社と提携，ジュニア世代のアメリカン・カジュアルの展開）。
1969年　紳士のナイティ（寝間着），「ナップマン」。
1970年　パンティストッキング「カンカン」。

（出所）㈱レナウン［1983］，㈱レナウン社内資料。

5. 個別ブランドの展開

レナウンは，当初，「レナウン・ファブリック」(1949年)，「レナウンの純毛シャツ」「レナウンの婦人肌着」(1951年)，「レナウン　暮しの肌着」(1959年)，「レナウン・セーター」(1959年) というように，「レナウン＋普通名詞（製品名）」という形で宣伝をした。取り扱う製品カテゴリーについては，普通名詞でよび，製品カテゴリーごとにブランドを設定しはしなかった。レナウン商事の取り扱っている製品カテゴリーが「レナウン」と結びつけられることにより，「レナウン」のブランド・イメージは，取り扱う製品カテゴリーの連想を伴うものとなる。

1960年代に「レナウン」が企業ブランド化していったことと対応して，個別ブランドが登場してくる。第1に海外提携ブランドの積極的な導入を挙げることができる。1960年代に入ると，レナウンは各製品カテゴリーにおいて海外提携ブランドをもつようになる。「バークシャー・ストッキング」(1963年)，「レナウン・リリー」(1965年，ファンデーション) は，特定の製品カテゴリーについての海外提携である。「マリオ・トラベルソオ」(1966年) は，トラベルソオ氏と技術提携し，高級ニットスーツの商品開発を行なったものである。[30]「ボビー・ブルックス」(1968年) は，13歳から18歳の女性ジュニア層を対象にして，カラーコーディネイトのスポーティーなカジュアルウエアやドレスを展開したものである。[31] ここで言うカジュアルウエアとは，セーター，ブレザー，スカート，スラックスなどであり，布帛とニットの両方を扱っている。これにより，服種の幅，コーディネイトの幅が広がった。[32] 1960年代レナウンの海外提携ブランドは，下着類からアウターウエアへの展開，単品訴求から出発してコーディネイト訴求にも挑戦する流れを示

---

[30] 『繊研新聞』1968年2月22日。
[31] 『繊研新聞』1968年2月22日，『日本繊維新聞』1968年4月17日。

している。

　次に国産ブランドである個別ブランドをみると，1960年代の各ブランドは基本的に製品カテゴリー別展開が主体である。「レナウン・ピッコロ」（1964年，肌着や毛布などのベビー用品），「ジョンブル」（1966年，紳士のスエットシャツ）は，製品カテゴリーを限定したブランド展開事例である。しかし「イエイエ」（1967年）は，ヤング女性の上下ニット・コーディネイトであり，トップとボトムのデザイン，カラーに応じて多様な組み合わせができるというコーディネイト・ファッションを訴えている。

　1960年代には海外提携ブランドと国産ブランドが多数展開され，「レナウン」は企業ブランドと位置づけられるようになる。企業ブランドと多数の個別ブランドというブランド体系が実践を通じて形成された。

第3節　1970年代における製品・小売ブランドの形成

　1970年代のレナウン・グループは，さまざまな衣料品と身の回り品を取り揃えた1つのブランドを自社の販売員により，百貨店内の1つのまとまった売場で販売するようになった。本書ではこのような現象を指して製品・小売ブランドと名づけている。資料3-5は，1970年代レナウン・グループの代表的なブランドを示したものである。

資料3-5　1971-1980年におけるレナウン・グループのブランド展開

1971年8月　紳士服トータルの「ダーバン」展開（レナウンニシキ）。
1971年秋　フランスのメルシェ社とパターン提携をし，ヤングミセスのためのカジュアル・ニットジャージのトータル・ブランド「メルシェ」を発売する。服種は，ブレザー，チュニック，ジャンパースカート，ドレス，スカート，パ

---

32 ㈱レナウン・今井和也氏へのインタビュー。

ンタロンなど。

1971年秋　ボビー・ブルックス・インターナショナル社のディビジョンの1つであるランプル・ファッション社と提携，ヤングミセスを対象としたカジュアル婦人服のコーディネイト・ブランド「ランプル」を発売。服種は，ブレザー，チュニックベスト，ボディシャツ，セーター，カーディガン，スカート，パンタロンなど。

1972年　「アーノルドパーマー」の生産・販売における独占契約（1971年10月）により，紳士，婦人，子供，ソックスに至るまで，アメリカン・スポーツウエアを展開することになる。

1973年　レナウンルック社は，サンフランシスコのコレット・オブ・アリフォルニア社と提携して，ミッシーカジュアルの「コレット」を展開する（レナウンルック）。

1974年　アメリカのアデンダ社と提携し，ミッシーの婦人服トータル展開の「アデンダ」発売。

1975年　ヤングカジュアルブランドの「シンプルライフ」（当初は紳士）を全国の百貨店，専門店，小売店で発売する。シャツ，ジャケット，セーター，ボトムを含めたトータルウエアで，企画のポイントは，①コットン素材，②コーディネイトファッション，③ヨーロッパ調のシンプルな感覚，④ヤング向きの価格設定に置いている。

1976年　㈱ダーバンは，ビジネスとカジュアルの両方に着用できるスラックスとシャツのコーディネイト企画のブランド，「インターメッツォ」を発売する。

1976年　「ジャン・キャシャレル」（本社パリ・婦人）の生地，パターンを輸入し，国内生産をする。

1980年　ダーバンは，20代大学生をターゲットとして，メンズウエアに加え，日用品，学習用具なども含むライフスタイル提案ブランドとして，「イクシーズ」を発売。

1980年　紳士カジュアルの「キャシャレル」発売。

（出所）㈱レナウン［1983］，㈱レナウン社内資料，『繊研新聞』1971年2月10日，74年5月22日，9月4日，75年7月10日，76年1月29日，『日本繊維新聞』1971年6月10日，6月12日，12月16日，12月18日。

1.「ダーバン」ブランドにみる製品・小売ブランドの形成

　製品・小売ブランドとは，製品ブランドが小売機能を取り込み，ブランドが製品提案と小売提案の両方を行ない，消費者もその双方を連想する事態のことを指している。「ダーバン」が製品・小売ブランドとして形成される経緯はどのようなものであったか。

　1970年7月24日，株式会社レナウンニシキが，株式会社レナウン30％，ニシキ株式会社30％，伊藤忠商事株式会社20％，株式会社レナウンルック10％，三菱レイヨン株式会社10％という出資比率，資本金3億円で，東京都目黒区に設立された[33]。レナウンニシキは，「ニシキ側の社員325名，及びニシキの営業権，事務所，生産設備等を継承してスタートした[34]」。1972年1月，レナウンニシキは社名を株式会社ダーバンに変更した。「ブランド名と会社名を一体化したほうが，今後，知名度を高める上でもより効果的だ[35]」と考えたからである。

　「ダーバン」ブランドの商標登録の経緯は以下の通りである。新ブランドのネーミングを命ぜられた社員は，「大人が，大人に向かって提案するのだから，或る程度の背景や意味があってもよいのではないか」と考え，「この企業の母体であるレナウンの歴史を調べるべく，国立国会図書館に赴いた」。「RENOWN（レナウン）は，大正11年5月に，当時の英国皇太子プリンス・オブ・ウェールズ（後のウィンザー公）が来日されたときの御召艦の艦名である。その記事を調べていた彼は，そこに，このレナウン号の供奉艦として来日した，英国海軍の巡洋艦ダーバン号（DURBAN）の名を発見する。彼は，さらに，調査を進め，このDURBAN号の艦名の由来は，当時英領であった南アフリカ連邦の軍港ダーバン（ナタール州）からきていること

---

[33] ダーバン［1980］21-22頁。
[34] ダーバン［1980］23頁。
[35] ダーバン［1980］42頁。

を確かめ，さらに，このダーバンなる語源は，1834年にこの港を発見したケープタウンの提督，サー・ベンジャミン・ダーバン（Sir Benjamin D'urban）の名前に因んでつけたものであることを掴んだ。D'urbanは，フランス語の，De + Urbanであり，「都市の」とか「都会風に洗練された」という意味がある」[36]。

調べた社員は次のような利点があるとして上司に提出し，取締役会に諮って承認された。「1. 歴史的背景として，レナウン号の供奉艦である艦名である。2.『都会的』『洗練された』という意味がある。3. 発音の上から，濁音で始まり，（これには，男性的な響きがある）ンという確認の鼻音に終わる（これは，語尾として強い）。4. 視覚的にも，三文字の綴り（ヤング感覚）に比べて六文字あり，文字にした時に落ち着きがある」という利点である[37]。

1971年2月，レナウンニシキは，「〝DURBAN〟（ダーバン）の新ブランドで」，30歳前後の都会派サラリーマンのファッションを展開，「百貨店および有力専門店中心に〝ポート・ダーバン〟コーナーを設置」すると発表した[38]。

1969年末，レナウンは紳士服の事業化計画に着手した。国際羊毛事務局による1970年の紳士服背広類の仕立形態別割合の調査によると，既製46.3％，イージー12.3％，注文40.5％，自家製0.9％となっており，純然たる既製服の比率は半分にも達していなかった。今後欧米の後を追って，紳士スーツについても既製服化がさらに急激に進んでいく，その中で早急に紳士服市場に参入する方途はないものかと，レナウンの経営者尾上清は考えた[39]。1970年，紳士服事業化計画の基本構想は以下のようにまとめられていく[40]。

---

[36] この段落については，ダーバン［1980］28頁より引用。
[37] ダーバン［1980］28頁。ここで意味する「三文字」とは，1970年頃若者に人気のあった「VAN」「JUN」などアルファベット3文字のブランドのことであり，それに対して「DURBAN」はアルファベットで「六文字」ある。
[38]『繊研新聞』1971年2月10日。

第3節　1970年代における製品・小売ブランドの形成　　**123**

1．ターゲットは，「35歳，都会人，大学卒，管理職のサラリーマン」とする。1947〜49年生まれを核とするいわゆる団塊の世代はヤングのファッションを着こなしており，彼らがサラリーマンの中核となる10年先を見据えて，このターゲットを設定した。
2．「マス市場への参入に際して，商品企画，生産企画，販売企画，宣伝企画の四本の企画をバランスよく統合し，紳士服というハードウエアだけではなく，『着ることをどう楽しむか』という，ソフトウエアを含めた，トータル・システムとして展開する」。
3．「1つのブランドに統一して，オリジナル商品を，全国展開で販売する。つまりナショナル・ブランドでゆく」。
4．「自家工場で生産し，それを販売するという，製造販売一貫方式でやってゆく」。
5．「マス媒体を通して，直接消費者に訴えるという，全国統一宣伝でゆく」。

紳士既製服が確立していく時代背景にあって，「35歳，都会人，大学卒，管理職のサラリーマン」というターゲットを明示的に設定したことは，1970年という時期においては先進的であった。「これは，ひと目でそれとわかるアイデンティティを持つことであり，企業の横顔をはっきりさせることである」[41]。

紳士既製服の世間的な評価が高くない状況の中で，商品開発，生産体制の整備，全国的な百貨店および専門店販路の構築，ナショナル・ブランドを短期間でつくり出す全国的な宣伝が一挙に行われた。一貫したコンセプトに基づく企画，生産，販売，宣伝のトータル・システムの展開により，短期間でナショナル・ブランドをつくりあげることは，アパレル業界では初めてのこ

---

[39] ダーバン［1980］16頁。
[40] 基本構想については，ダーバン［1980］17-18頁を参照。
[41] ダーバン［1980］18頁。

とであったといっても過言ではない。以下，商品，生産，販売，宣伝について個々に見ておこう。

商品：スーツについて「日本で一番良い服を作るメーカー」と言われたニシキ株式会社を取り込み，紳士服スーツの既製服化が十分進んでいなかった当時において，スーツの技術水準を高めた。レナウンにとって，「これまでのメリヤス主体のアパレル生産に比べて，紳士服の生産は，素材の性質や加工法はいうに及ばず，その販売のシステムに至るまで，まったく異なった種類のものであり，その独自の技術を打ち立てることは，容易でな」かった[42]。そこで既存の紳士服メーカーとの提携が検討され，ニシキ株式会社が候補に上ったのである。

ニシキは，1966年2月，「米国の高級紳士服メーカーであるリーボー・ブラザーズ社と技術提携し，その独特の紳士服製作技術を導入していた」。「リーボーの生産方式は，徹底したシステム計画によって合理化されたものであり，これにより，均一な品質を維持しつつ量産できるというところにこの生産方式の特徴があった」[43]。ニシキは，スーツについて，リーボー・ブラザーズ社のカッティング，縫製技術（ソフトテーラード方式）を導入しており，品質的には定評があった[44]。

最初の事業展開での商品ラインは，スーツ47.2%，ブレザー・ジャケット7.6%，コート20.5%，ジャンパー3.3%，セーター11.3%，ドレスシャツ6.2%，ネクタイ2.4%，ソックス0.6%，ジュエリー0.9%であった[45]。

生産：生産体制は，旧ニシキの生産拠点であった枚方工場（第一，第二），春野ソーイング株式会社（1970年11月，レナウンニシキの2,000万円全額出資，静岡県春野町），鹿児島ソーイング株式会社（1970年12月，資本金

---

[42] この段落については，ダーバン［1980］19頁を参照。
[43] ダーバン［1980］19頁。
[44] 『繊研新聞』1971年2月10日。
[45] ダーバン［1980］29-30頁。

2,000万円，エンゼル電子工業㈱の工場建屋と従業員145名を譲り受ける）で出発した。[46]

販売：ニシキの専門店販路を引き継ぐ一方，1971年8月17日，新宿伊勢丹，日本橋三越の両百貨店で「ポート・ダーバン」というコーナー売場を開設したのを手はじめとして全国の百貨店売場にコーナー売場を広げていく。「発足から72年末までに東西合わせて百貨店80店舗，合計約1,000坪の売り場を確保し，販売活動を一斉に展開した。このときまでに専門店343店とも契約を結んでいる」[47]。1975年12月期の百貨店取引店舗数196，専門店取引軒数937，1980年12月期にはそれぞれ256，1,127となっており，1970年にレナウンニシキとなってから，5年，10年の短い期間にゼロから百貨店取引を急速に増やしていった。[48]

写真3-2 「ダーバン」ブランドのテレビCFの1コマ

宣伝：「ダーバンのスタートに当たって販売活動を強力に支援したのが，フランスの映画俳優アラン・ドロンを起用した一連のテレビCMである。71年7月から81年6月までの10年間，一貫したこのキャラクター展開は，消費者に強烈な印象を残し，ダーバンとその製品の知名度を短期間で高めるのに著しく効果があった。……アラン・ドロンとの契約は，当時の金額で10万ドル（約3,600万円）という会社にとっては大きな先行投資であっ

（出所）　ダーバン［1980］102頁。

---

[46] ダーバン［1980］33-35頁。
[47] ダーバン［1991］11頁。
[48] ダーバン［1991］102頁。

たが，一連の宣伝作戦の成功は，今日のダーバン経営の基礎をつくりあげるのに大きく貢献した」[49]。

以上，「ダーバン」ブランドの商品，生産，販売，宣伝をみてきた。1971年8月から始めた「ポート・ダーバン」売場は，スーツ，ドレスシャツ，スラックス，ニットウエア，ネクタイなどさまざまな服種を合わせた展開であり，売場面積も「100～165平方メートルという大型コーナー」であった[50]。「ダーバン」は，たんにスーツという特定の服種を示すことにとどまらない。「35歳・都会人・大学卒・管理職のサラリーマン」という新しい切り口によってトータル・ファッションを展開すること，そして大型コーナー売場とそれに伴う接客サービスをも示すものとなったという点で，従来の紳士服販売の革新者として現れたと言えよう。

2. 1970年代レナウンのブランド展開

1970年代レナウンのブランド展開は，単品に焦点をあてるものより，ある顧客ターゲットとコンセプトに基づいたトータルなファッションの提供に軸足を移した。この視点から，1970年代を特徴づけるブランドとして，「アーノルドパーマー」「アデンダ」「シンプルライフ」「ジャン・キャシャレル」がある。また，レナウンのグループ会社である㈱レナウンルックは，1973年に「コレット」を展開している。

① 「アーノルドパーマー」：1971年10月に東レからレナウンに契約が移り，独占的な生産販売がなされることとなった。それまでのレナウンのブランドは，「ひとつの課に限定されていた」扱いであった。「『アーノルドパーマー』は，紳士，婦人，子供の外着，くつ下等の各課にわたる商品群であ

---

[49] ダーバン［1991］11頁。
[50]『繊研新聞』1971年9月16日。

り，会社の総合力を結集して展開する戦略商品という点で，それ以前のブランドとは大きく区別される。……東レが契約して，いくつものメーカーが販売していた時に比べると，レナウンの独占販売となってからの売上は一挙に数倍に伸長した[51]」。

「アーノルドパーマー」は，傘のワンポイントで有名となったが，多様な服種のコーディネイト，顧客ターゲットの設定という点では特徴が弱く，傘のマークを活用した大量販売という点に特徴がある。小売ショップを持続的に構築していくという意味では弱いブランドであった。

② **「コレット」**：1973年，サンフランシスコに本社を置くKoracorp社の1部門であるKoret of California社と三菱レイヨン株式会社が1972年春にライセンス契約を結び，同時にレナウンルックが三菱レイヨンとサブライセンス契約を結んで，「コレット」の企画，生産，販売，宣伝を行なうこととなった。「コレット」は，30歳前後のヤングミセス，すなわちミッシーをターゲットとしたカジュアル衣料である[52]。

「コレット」は，1974年にレナウンの発売した「アデンダ」，樫山の「ジョンメーヤー」[53]，三陽商会の「バンベール」[54]，東京スタイルの「レポルテ」と合わせて，1980年代にミセスの5大ブランドとして成長していく。

③ **「アデンダ」**：1974年5月，レナウンは，「コンテンポラリー（洗練された大人のムード）をテーマにおしゃれなカジュアルファッションを打出し」，アデンダ社と提携する。「アデンダ社との提携概要は，情報，デザイン，マーケティング手法など全ノウハウの提供を柱に，期間は3年間」というものであった。レナウンは，「〝つけ加え〟ファッションをポイントに進む

---

[51] レナウン［1983］23頁。
[52] 『レナウン社内報』1975年10月，15-16頁。
[53] 『繊研新聞』1977年1月20日，1981年8月19日参照。1973年に発売され，1979年に「ジェーンモア」と名称を変える。
[54] 『繊研新聞』1974年11月11日，三陽商会『社内報』1975年2月，6-7頁参照。1975年にミッシーカジュアル衣料を「バンベール」に統一する。

ことを決定していたところ……この分野で著名なアデンダ社を見出した」。「商品構成は，ドレス，ジャケット，スカート，パンタロン，シャツ，セーターなど組み合わせをポイントにしたカジュアルファッションで，従来のヤング，ミス，ミッシー，ミセスという年齢別セグメントに対し，女性のライフスタイルによる分類を原点に企画している」。1974年の「秋冬物では，ニットの比率が3分の2」である。販売先は，全国の有力百貨店，専門店である。[55]

なお「アデンダ」発売に合わせて，「メルシェ」と「ランプル」（資料3-5参照）を「アデンダ」に吸収した。[56]「アデンダ」は百貨店の婦人服主力ブランドとして急成長し，1974年秋物から1年間の売上は，52億円，1977年12月期の売上82億6,000万円，1979年12月期の概算売上130億円となっている。[57]百貨店にてコーナー展開するブランドが文字通りレナウンを代表するブランドとなった。

④「シンプルライフ」：シャツ，ジャケット，セーター，ボトムを含めたトータルウエアとして，1975年1月から全国の百貨店，専門店，小売店で売り出した。企画コンセプトは，①綿素材を多用すること，②コーディネイト訴求，③シンプルなデザイン，④ヤング向きの価格設定にある。[58]

『レナウン社内報』での紹介は次の通りである。「若者達の質素な生活に対する賛同は大切にしつつ，その質素な中にももう少し生活のうるおいとか，楽しさ，個性というようなものがあってもよい」。またおしゃれは，ボトムだけにとどまらず，トータルなおしゃれを考えるべきである。「素材を吟味し，特にファブリックはコットン100％」とする，「色もデザインもシンプルなものに限」る，価格も「シンプル」である。若者達がトータルで買って

---

[55] この段落については『繊研新聞』1974年5月22日より引用。
[56] 『繊研新聞』1974年5月22日。
[57] 『繊研新聞』1975年10月23日，78年3月2日，80年7月2日。
[58] 『繊研新聞』1974年9月4日，1976年3月15日。

も，十分購入可能な価格」であると[59]。ブランドのアイデンティティそのものは明快であった。

「シンプルライフ」のキャンペーンと宣伝に関して，社内報ではこれまでのブランドとの違いを次のように説明している。「〈シンプルライフ〉キャンペーンは，今迄のブランド・キャンペーンとちょっと違うところがあ」る，「新しい生活方法（ライフスタイル）を提唱するという社会運動的な意味をもっている」点がこれまでのキャンペーンと異なる。「宣伝キャンペーンの表現の核（コンセプト）に」，デザインや素材や価格など「機能面だけを持ってきても，現代のヤングの心をとらえることはでき」ない，「その商品が持つ意味，その商品が主張する哲学に共感して，はじめてそのブランドに対する支持をあたえる」。「〈シンプルライフ〉のキャンペーンには，その『提唱者』が大きな意味をもって」いる，「たんなる宣伝タレントというよりは，思想のシンボル・キャラクターであり，信頼感をもたれる教祖的なキャラクターが望ましい。そうした存在として選ばれたのがピーター・フォンダで」ある[60]。このように，「シンプルライフ」は，ヤングという顧客ターゲット，ブランドの哲学の明確化，それを語る「提唱者」としての「キャラクター」という点でこれまでのレナウンのブランド開発と宣伝とは一線を画する。このようなブランド開発が行なわれたという点が，1970年代レナウンを特徴づけるものとなっている。

「シンプルライフ」の1975年売上は42億円（東京営業21億円，大阪営業21億円[61]）であり，79年12月期売上は概算で75億円[62]であった。売場面積は，16.5平方メートルのコーナーが最も多いが[63]，1976年には，「16.5平方メートルのコーナーなら，これを倍増して33平方メートルにしたところを10店ほど持」つ[64]と記されている。

---

[59]『レナウン社内報』1974年11月1日, 1-2頁。
[60] この段落については，『レナウン社内報』1974年11月1日, 3-4頁に依拠している。
[61]『繊研新聞』1976年3月15日。

⑤ 「ジャン・キャシャレル」：1976年秋物から，専門店向けの新ブランド「ジャン・キャシャレル」（婦人）の販売をはじめた。フランスのジャン・キャシャレル社（本社パリ）との技術・販売提携商品で，レナウンが専門店市場に本格参入するのは初めてである[65]。その後，1977年秋物から百貨店販路に拡大し，コーナー展開を行なっている[66]。

「キャシャレル」のターゲットとコンセプトは以下の通りである[67]。

① 顧客ターゲットは1947-49年生まれの「団塊の世代」以上の女性であり，「ベターゾーンにセグメントされるコンテンポラリィな感覚のタウンウエア」としてのコンセプトをもち，ブラウスのプリント柄が特徴的である。

② 「すぐれたデザインと高い機能性，そして品質を誇る『パリジェンヌの通勤着』『毎日のプレタポルテ』」である。

③ 「オートクチュールの高いファッション性」と「ポピュラリティ」の両方を兼ね備える。

④ 「ベターゾーンにセグメントされるコンテンポラリィな感覚のタウンウエア」である。

⑤ 単品コーディネイト・ファッションである。

⑥ 「フランス本国における〈キャシャレル〉ブランドの色・柄・デザインから，素材，テキスタイルにいたるまで，そっくりそのまま我が国で再現し，企画・生産・販売」したものである。

---

[62] 『繊研新聞』1980年7月2日。
[63] 『繊研新聞』1976年3月15日，レナウン『社内報』1976年9月，14-15頁。
[64] 『繊研新聞』1976年8月30日。
[65] 『日経流通新聞』1976年9月30日。
[66] 『日本繊維新聞』1977年5月26日，矢野経済研究所［1979］『'79東京婦人服メーカーの徹底分析 No.2』236-237頁。
[67] 以下の①から⑥については，『レナウン社内報』1976年2月，1-4頁より引用。

以上各ブランドをみてきたが,「アーノルドパーマー」の紳士, 婦人, 子供のカジュアルウエアと靴下展開は, ブランドがセーターやブラウスという特定の服種, 特定の製品カテゴリーに限定されずに広い服種, 多様な製品カテゴリーを包摂したことを示している。その範囲の広さという点で, レナウンにおけるこれまでのブランドとは一線を画するものであった。このようなブランドを多製品ブランドと規定するならば, 1970年代前半期の「アーノルドパーマー」はレナウンにおける多製品ブランドの嚆矢となる。

次に,「コレット」(レナウンルック社),「アデンダ」「シンプルライフ」「ジャン・キャシャレル」は, コーディネイト訴求という点で共通であり, 同時にそれぞれは多製品ブランドである。さらに, これらのブランドは, 百貨店ではコーナー売場を展開する。1976年からは, コーナー売場より売場としての固定化が強いインショップ展開が検討される[68]。たとえば, 1979年には, 西武百貨店池袋店3階に約70平方メートルのレナウンコーナーがあり,「ジャン・キャシャレル」をショップ・イン・ショップとして展開していた[69]。他の売場と識別されたインショップでの展開は, 小売のハードとソフトがブランドの構成要素として組み込まれることを意味しており, この段階でブランドは製品・小売ブランドとなる。製品ブランドが小売を包摂して製品・小売ブランドとして提案されるのは, レナウンにおいては1970年代後半以後のことである。

3. 売場確保を起点とした商品企画

ブランドを基本単位とした百貨店コーナー売場, ショップ売場の形成は, 販売企画と商品企画のあり方をも規定する。販売企画主導の商品企画が,

---

[68]『繊研新聞』1976年4月1日, 8月30日。
[69]『日経流通新聞』1979年9月20日。

1970年代レナウンの特質をなす。一言で言えば，各ブランドの有している売場面積に，各売場の想定坪効率を掛けて目標販売高を積算し，その目標数値をふまえて商品を企画していくというものである。百貨店のコーナー売場やショップ売場は，通常派遣販売員が配置される。派遣販売員の経費にその他の経費，百貨店への納入掛率，目標利益率を勘案すると，各売場の目標売上高，目標坪売上高がはじき出される[70]。この「売場に合わせた商品づくりのシステム化」は，1968年頃から始められ，1973年頃から大きな効果を表し始めたと言われている[71]。

販売企画主導の商品企画を敷衍して，山崎［1978］は次のように述べている。「例えば婦人服のあるブランドの販売の担当者は，伊勢丹なら伊勢丹の売場の効率を知っている。したがって，商品企画を見ながら，どれだけ売場を得意先からもらって，どれだけの商品を売るかという計算が自分でできる。実際に売ってみて，自分の計算と狂ってきたら，自分の計算のどこが狂っていたかを検討し，売場を広げてもらう交渉を（小売側と）するとかして，完売の工夫と努力をする。販売計画の数字の手直しをしない」[72]。

したがって百貨店営業において販売計画を達成するには，坪効率の良い売場を確保することが生命線である。その場合，坪効率を計算するには，平場で他社製品と交じって百貨店店員によって販売されるのでは不十分であり，コーナー売場やショップ売場において派遣販売員をつけて日々売上や店頭在庫を管理することが求められる。コーナー売場やショップ売場のブランドは，単品としてのブランドよりも，多製品を包摂して１つの売場空間を演出するブランドとなっていった。販売計画を実現するために売場を押さえるということは，レナウンの排他的な売場区分を要求することに他ならない。1970年代は，排他的な売場に多様な製品を品揃えしたブランドが配置され

---

[70] ㈱レナウン・豊田圭二氏へのインタビュー。
[71] 山崎［1978］144頁。
[72] 山崎［1978］145頁。

第3節 1970年代における製品・小売ブランドの形成

たのである[73]。

　販売企画主導の商品企画は、肌着や靴下など単品での小売販売が行なわれる商品でも貫かれるが、平場での販売となると、年間を通じて売場が固定していないため絶えず売場の確保が販売の最前線で問題となる。しかし、コーナー展開からインショップ展開になるにつれて、売場が相対的に固定するため、販売企画に基づいた商品企画が組み立てやすくなる。

　レナウンの婦人服関連のブランドは、単品ではなく多様な服種を1つの売場で展開するが、1976年1月にはブランド別の営業体制を敷いた。「若い層向けのボビー・ブルックス、レジャー着中心のシンプルライフ、現代風を強調したアデンダに、フランスの高級既製服メーカー、ジャン・キャシャレル（パリ）のパターンを輸入する欧州調」も含めた4部門については、課別の営業体制とした[74]。

　さらにレナウンは、1978年1月、百貨店担当の第一営業部内の婦人服部門を分離し、第三営業部として婦人服重衣料専門担当の営業組織を立ち上げた。また販売促進部を改組し、第一営業部（百貨店洋品部門）と第三営業部（婦人服部門）に分離し、それぞれにおいて販売促進業務を進めることとしている。同じ百貨店対象の販促活動であっても、洋品と婦人服衣料では内容が大きく異なるところから、それぞれの営業部に移管し、実状に即したきめの細かい販促活動を実施するためである。従来販促部に所属していたセールスレディ（女子販売員）も両営業部に直轄管理されることとなった[75]。

---

[73] ただし、1970年代レナウンの販売は、百貨店を主販路とするコーディネート・ブランドのみによって語ることはできない。まず、百貨店販路の売上構成比は、1970年代を通じて50％程度であった。『繊研新聞』1970年7月27日によれば、1969年12月期売上構成比は、百貨店51.1％、小売店29.4％、系列販売店12.5％、その他7％、輸出1.2％であった。また矢野経済研究所［1979］『'79東京婦人服メーカーの徹底分析 No.2』236頁によれば、1978年12月期売上構成比は、百貨店49.3％、小売店24％、系列販売会社13.3％、スーパー13.4％であった。

[74] 『繊研新聞』1976年1月29日。

販売企画は売場の坪効率を基礎にして積算されるので，固定された売場と結びついたブランドが，販売企画主導の商品企画の典型例となりうる。レナウンの営業体制も，単品主体の洋品ブランドとコーディネイト主体の婦人既製服ブランドとを分離し，次第に婦人既製服のブランドの比重が高まってきたのである。レナウン・グループにおける洋品から既製服への重心の移動は，すでに資料3-2で見たとおりである。

第4節 1970年代レナウン・グループにおける製品・小売ブランドの意義と限界

1970年代レナウン・グループは，①肌着・靴下・女性用下着などの軽衣料，セーターなどの中衣料，スーツやジャケットなどの重衣料という取扱商品の総合性，②婦人，紳士，子供などの顧客ターゲットの幅の広さ，③百貨店，専門店，一般小売店，量販店という小売販路の多様性という点で，日本で最大の総合衣料品製造卸となっていた。また，レナウン・グループは，1960年代から70年代にかけて，テレビCMを用いて大量生産・大量販売を実践するという点で日本の衣料品製造卸の中で稀な存在であった。

本論文では，紳士服や婦人服の百貨店向け大型ブランドに焦点をあてて，1970年代における製品・小売ブランドの形成をみた。したがって，一般小売店や量販店販路に対する営業活動は分析していない。

製品・小売ブランドとは，アパレルメーカー起点で述べると，製品ブランドが店舗レイアウト，店頭商品構成と年間展開計画，価格設定，接客サービス，店頭商品管理などの小売機能を取り込み，ブランド提案の不可欠な要素とすることである。「ダーバン」「アデンダ」「シンプルライフ」は，百貨店内の1つの区別された売場として認知されるようなコーナー売場・ショップ

---

75 『繊研新聞』1978年1月20日。

第4節　1970年代レナウン・グループにおける製品・小売ブランドの意義と限界

売場を形成していた[76]という点では，製品・小売ブランドへの一歩を踏み出したと言える。①他のブランドが入ってこない排他的な売場区分が設定されたこと，②百貨店の売場スペースごとの目標売上と目標粗利を超過する限りにおいて，商品の品揃え，投入数量，展開時期，小売価格設定，商品陳列などマーチャンダイジングの基本計画の主導権を製造卸側が握ったこと，③製造卸側の販売員が，商品管理，顧客管理を行なったこと，④委託取引が一般化したことという各点において，小売オペレーションの中核部分を製造卸であるレナウンが担っていたことになる。

コーナー・ショップ売場，専属販売員，委託取引の採用は，レナウン・グループにおける紳士服および婦人服のブランドが顧客から見れば製品ブランドであり，売場と接客サービスをも連想させる小売ブランドにもなるという基盤を作り出す。企画から生産，卸，小売，宣伝に至る機能的な連携・統合と，製品・小売ブランドの形成という関連として言い換えると，製品・小売ブランドの形成は，ブランドを基軸にした企画・生産・卸・小売・宣伝の一貫した連携と管理，そしてそれを可能にする規模の経済を抜きにしては成立しない。1970年代レナウンの事例は，製品ブランドから製品・小売ブランドへと成長していく転換点を示すものであった。

とはいえ，1970年代レナウン・グループにおける小売機能の包摂には限界がある。第1に，レナウンの採用する「委託取引」は，商品が百貨店に納入された時点で売上計上するものであり，実質的には返品条件付き買取取引といえるものであった[77]。店頭商品の所有権は納入業者にあり，百貨店が仕入係で検品した商品の損傷・滅失のリスクは百貨店が負担するという定義とは

---

[76] 1976年4月1日付の『繊研新聞』の表現によれば，「売場内に完全自主経営のインショップを確立していこう」という方針をレナウンは有していた。また1978年1月20日の『繊研新聞』によれば，レナウンは，百貨店内にレナウンの婦人服ブランド（キャシャレルを除く）を一堂に集めたレナウンコーナーを作るという販売戦略をもち，販売力のある有力百貨店との取引における消化仕入れを認める記述がある。

異なっていた。小売店頭商品の管理という点でレナウンは小売事業としての実質を必ずしも備えていないと言えるものであった。

　第2にショップ・ブランドとしての独立性が必ずしも強固なものではなかった。すなわち「ダーバン」などの基幹ブランドが百貨店から離れて路面店または他のショップとは明確に区切られた単独のショップとして展開しえていたわけではなかった。「ダーバン」や「アデンダ」などの売場は，①他のブランドの売場とは一定識別されていた場合が多かったこと，②しかしブランドとしての売場の継続性は必ずしも強いとは言えず，臨機応変に他のブランドとの入れ替えが可能であったことという特徴があり，顧客の目から見ても確立された製品・小売ブランドを構築し得ていたかどうかは議論のあるところである。製造卸が製品・小売ブランドとしての独立性を高めるには，百貨店内の箱形に区切られたショップの展開から，百貨店に縛られない路面直営店の展開へと進むと同時に，取引形態における委託取引から消化取引，さらには歩率家賃への転換，または卸売売上計上から小売売上計上への転換を果たさなければならない。1970年代のレナウンは，そのような点からみれば小売事業を営んでいたわけではなかった。アパレルメーカーの小売機能包摂は，1980年代から2000年代にかけてさらに進むことになる。

---

77 委託取引の概念については，公正取引委員会［1952］43-47頁。渡辺省三レナウン社長（当時）「背水リストラを逆襲の布石に」『日経ビジネス』2001年12月17日号，121-124頁によれば，レナウンは1990年代に至るまで「卸売り型のビジネスの発想から抜け出せ」ない，「百貨店に卸して何ぼという商売」であった，近年になって「実際に顧客の手に渡って初めてレナウンの売り上げになるという仕組みに変え」たとしている。これはとりも直さず，百貨店に納品した時点で売上計上していたことを意味する。

第4章

1950-70年代における三陽商会の
ブランド構築と小売機能の包摂
―海外提携ブランドの戦略的活用―

第1節　はじめに

　本章は，日本の有力アパレルメーカーへと成長した三陽商会におけるブランドの形成過程を，ブランドと製品との関係，ブランドと小売との関係がどのように発展したのかという視点から明らかにする。[1]

　三陽商会は，第二次世界大戦後，コートの製造卸に参入し，「サンヨーコート」のブランドを築いていった日本の代表的な製造卸売業者であった。三陽商会でも，1970年代に，1つの製品カテゴリーを包摂するだけのブランドだけではなく，多様な製品カテゴリーを包摂するようなブランドが生成した。単品ブランドから多製品ブランドへの発展である。次に，多様な製品カ

---

[1] 日本のアパレル業界において，対象生活者像，小売動向，競合分析，商品分析をふまえて，顧客ターゲットとコンセプトをブランド開発に具体化していく戦略的なプランニングは，1980年代に入って本格化した。この点については，本書第7章を参照のこと。ブランド構築の視点からマーケティング・ミックスを始めとする経営諸機能が動員され，ブランド構築がマーケティング内における基軸的な位置づけを与えられるようになるのは，1980年代以降である。

テゴリーを包摂したブランドが，小売機能と結びつき，製品と小売を統合したブランドへと発展していく。あるブランドは，製品としても小売としても連想されるようになる。これを本書では，製品・小売ブランドと名づけている。単品ブランドから多製品ブランドへの発展を背景にしながら，製品ブランドから製品・小売ブランドへの発展が1970年代の三陽商会にも見られる。

1980年頃に至る三陽商会の歴史は，ブランド形成の視点から，1960年代後半までの「サンヨーレインコート」という単品ブランドの形成期，1970年代前半のミッシー・カジュアル・ブランドに代表される多製品ブランドの形成期，1970年代後半の製品・小売ブランドの形成期という時期区分で捉えられる。この3つの時期を画する要因は，取扱い製品の拡大，海外提携ブランドの育成，百貨店の売場政策である。これらの要因が，単品ブランド，多製品ブランド，製品・小売ブランドというブランドの形態を発展させていくこととなった。

資料4-1は，1969年から84年にかけての「三陽商会における販路別売上高の推移」を示している。三陽商会の小売販路は多岐にわたるが，百貨店が主力販路であることが見て取れる。本章では，主に百貨店販路におけるブランド展開を取扱うが，必要に応じて，専門店販路を取り扱う。なぜなら，三陽商会の売上および名声に寄与する基幹ブランドは，主として百貨店販路を対象としたものであるからであり，多様な製品と小売プロセスの全体を包摂するブランド構築は，1980年頃までの三陽商会では，主に百貨店販路において行われたからである。

百貨店または専門店を主要販路とするブランドは，もう一方の販路にも販売される。しかし，三陽商会は百貨店・専門店と量販店については，ブランドを完全に分けている。セルフサービスであり廉価であることを基本コンセプトとしていた量販店に対して百貨店・専門店のブランドを卸売りすることはしなかった。本章では，量販店販路における三陽商会の活動は分析対象となっていない。

資料4-1に示されているコート売上比率の推移は，三陽商会がコート専業

資料 4-1　三陽商会における販路別売上高の推移

(売上高：百万円，構成比：%)

	1969年		1974年		1979年		1984年	
	売上高	構成比	売上高	構成比	売上高	構成比	売上高	構成比
百貨店	6,624	73.5	16,325	71.9	32,440	63.3	52,529	63.3
専門店	1,308	14.5	1,774	7.8	5,796	16.2	13,447	16.2
量販店	684	7.6	2,821	12.4	5,894	12.3	3,408	4.1
輸　出	235	2.6	1,163	5.1	1,391	9.5	7,862	9.5
その他	158	1.8	632	2.8	2,368	6.9	5,752	6.9
合　計	9,009	100.0	22,715	100.0	47,889	100.0	82,998	100.0
コート比率				65.6		47.7		32.1
非コート比率				34.4		52.3		67.9

(出所)　三陽商会社内資料．

メーカーから総合アパレル企業への脱皮を示す1つの証拠となっている。

　以下，第2節では，1960年代後半までを，「サンヨーコート」という単品ブランドの形成期としてとらえ，「サンヨー」がコートという特定の製品カテゴリーと結びついていたことを示す。第3節では，1960年代後半から70年代前半にかけて，1つのブランドのもとに多様な製品カテゴリーを含む多製品ブランドが形成されていくことを見る。多製品ブランド化は，婦人のカジュアル・ブランドと海外提携ブランドによって進められることになる。第4節では，製品と小売機能を1つのブランドの下に一体化した製品・小売ブランドが，いくつかの代表的なブランドにおいて形成され始めることを明らかにする。製品・小売ブランドへの発展を示す実例として，「バーバリー」，「バンベール」，「スコッチハウス」を取り上げる一方で，三陽商会は，特定の製品カテゴリーのみを取り扱う伝統的な単品ブランドをこの時期においても育成していることを同時に見ておく。

　最後に，第5節では，三陽商会における1970年代のブランドの特質を，製品・小売ブランドとしての到達点，海外提携ブランドの役割，単品ブランドの役割の視点からまとめる。なお，本章の主な資料は，三陽商会社内資

料，『繊研新聞』，『日本繊維新聞』，三陽商会の関係者へのインタビューである。

第2節　単品ブランドの形成期：「サンヨーコート」の成立（1960年代後半まで）

1. 終戦直後の三陽商会

　1942年12月，吉原信之は，主に電気関係各種工業用品ならびに繊維製品の製造販売を目的として東京都板橋区に，三陽商会を個人経営にて開業した。1943年5月，資本金5万円にて㈱三陽商会を設立する。三陽の由来は，「三井」「三菱」など有力財閥の「三」と，創業者の父「吉原陽」の「陽」から来ている[2]。

　1945年8月，工場を売却し，本社を板橋から銀座営業所に移転した。この頃より，主要業務をレインコートの販売に変更している。終戦後，戦時中の暗幕（人絹に油引きした素材）および風船爆弾用素材（和紙に油引きしたもの）を利用し，レインコート，子供用マントを作って市場に出した。統制外のスポンジゴムを扱ったりしながら，オイルシルク（絹に油引きした素材）を日本塗装布㈱より仕入れて，レインコートを作らせて，銀座の店に納めた[3]。

　1949年5月，第一通商㈱（現三井物産）より全国エキスポートバザー用レインコートの縫製を大量に受注する。日本ゴム工業（後に岡本ゴム工業と

---

[2] 本段落は，三陽商会［2004］12頁，㈱三陽商会［1988］3頁，大内・田島［1992-1994］第48回「三陽商会の創業者，吉原信之氏へのインタビュー」参照。

[3] 本段落は，三陽商会［1988］3-4頁，大内・田島［1992-1994］第49回「三陽商会の創業者，吉原信之氏へのインタビュー」参照。

第2節　単品ブランドの形成期：「サンヨーコート」の成立（1960年代後半まで）　**141**

合併）と藤倉ゴム工業㈱の共同開発した加工シルク（裏にゴムが薄くはられている）を用い，PX（Post Exchange, 進駐軍家族向けの売店）専任デザイナーの指導を仰いでデザインを学習してレインコートを作った。日本ゴム工業がレインコートの製造，三陽商会が販売という形でレインコート事業を拡大していった。レインコート業界で初めて，製品に「サンヨーNGK」のマークをつけブランドを明示した。さらに積極的に全国著名百貨店との取引を始めた。[4]

その時，日本ゴム工業の紹介でデザイナーの吉田千代乃を紹介してもらい，レインコート業界で初めてデザイナーを起用した。雨合羽という意識が支配的であった時代にいち早くデザイン面で他社をリードすることができた。[5]

2.　「サンヨー」ブランドの形成

「サンヨー」ブランドの形成において重要な役割を果たしたのが，①経営者のブランドに対する姿勢，②ブランドを顧客に浸透させるに足る商品開発，③社会とのコミュニケーション政策，④ブランドを顧客に到達させる販路開拓である。販路開拓については項を改めて述べたい。

①　経営者のブランドに対する姿勢

創業者の吉原信之は，製品に「メーカーのマークをつけて売り出そう」と考え，1950年に「サンヨーレインコート」のブランド名をつけた。写真4-1は，「サンヨーレインコート」のタグ・サイズ表を示している。「あめの日も

---

[4] 本段落は，三陽商会[1988] 4頁，大内・田島[1992-1994] 第50回「三陽商会の創業者，吉原信之氏へのインタビュー」，㈱三陽商会[2004] 18頁参照。

[5] 本段落は，大内・田島[1992-1994] 第51回「三陽商会の創業者，吉原信之氏へのインタビュー」，三陽商会[2004] 20頁参照。

写真4-1 「サンヨーレインコート」のタグ・サイズ表

(出所) 三陽商会［2004］28頁。

　「たのし，きみ美しのコートきて」という三陽商会のキャッチコピーはラジオから流れていた。当初はどの百貨店も「サンヨーレインコート」の名前で売場に出すことに難色を示していたが，三越を除いて百貨店各社を説得することに成功した。「サンヨーレインコート」は，1951年に商標登録を行なっている。

　当時のコート業者は，東京の岩本町，横山町に集中しており，地方問屋や小売店相手の販売を行なっていた代理店業者を相手に，店で座って販売する「座売り」が一般的であった。三陽商会は，当時銀座に店があり，販売員が一軒一軒小売店や百貨店に販売していた。自社のブランドを育成して消費者にブランドを浸透させる上で，小売業者への直接販売は必要不可欠であった。「サンヨー」ブランドによる百貨店への直接販売が，三陽商会をレインコート業界のトップ企業に押し上げた。

6　三陽商会［2004］28頁。
7　この経過は，大内・田島［1992-1994］第51回参照。
8　三陽商会［2004］20, 221頁，繊研新聞社［1970b］242頁。
9　『繊研新聞』1969年2月3日。

第2節　単品ブランドの形成期：「サンヨーコート」の成立（1960年代後半まで）　**143**

②　商品開発

　当初は，レインコートから出発しながら，ウール素材のオーバーコート分野に進出していき，梅雨時の販売だけから，秋冬の販売をも行なうようになった[10]。

　三陽商会の創業者，吉原信之は，1949年の「エキスポートバザー」（東京の高島屋，横須賀のさいか屋，京都の大丸など，老舗の百貨店で行われた外国人向けの特別催事）用レインコートを納めた後，レインコートの歴史について調べた。その結果，レインコートは，郵便配達やお巡りさんの，ゴム引き雨合羽と同一視されるものではなく，流行の先端を走る高級品として売り出すべきとの結論に達した[11]。

　三陽商会は，時流に合わせたコートを次々と企画していった。1953年頃に銀座松屋のコンクールで1等となったナチュラルカラーのチャック付コートは，1955年頃より爆発的な流行となり，三陽商会が名づけて売り出したダスター・コートという名称とともに，多くの業者が追随した[12]。1957年，映画「愛情物語」に女優キム・ノヴァックが赤いレインコートを着用していたことから，赤いレインコートを有力百貨店にて宣伝した[13]。1959年には，映画「三月生まれ」にジャクリーヌ・ササールの着たトレンチコートを「ササール・コート」として売り出し1つの流行を作った[14]。「ササール・コート」は，白っぽいベージュのトレンチコートで，茶色の革のくるみボタンがダブルで付いているものである[15]。

　1950年代から60年代前半にかけて，商品企画面では，はやくからデザイナーを活用して流行を生み出すようなコートの開発を行ない，生地など素材

---

[10] 繊研新聞社［1970b］244-245頁。
[11] 『日本繊維新聞』1972年6月3日，㈱三陽商会［2004］24, 27頁。
[12] 三陽商会［1988］10頁。
[13] 三陽商会［1988］11頁，『日本繊維新聞』1972年6月3日。
[14] 三陽商会［1988］11頁。
[15] 大内・田島［1992-1994］第168回「三陽商会の創業者，吉原信之氏へのインタビュー」

供給業者から単一品種大量の素材を調達するという特徴を有していた。大量生産と，コートという狭い商品カテゴリーへの集中が三陽商会の事業モデルであった。

1950年代を通じて，映画とのタイアップ，ファッションショー，広告を活用して，レインコート，スプリング・コート，冬のコートと年間必要なものは，一通り開発した。1960年代には，2枚目，3枚目のコートに向けて多面的な商品が要求されるようになった。このため，社内に商品研究室を設置，技術部を独立させて商品開発に努めた。「ヤングマンのための『DUDE & PLAY』，中年男性のためのスコッチコート，レイントップコート，婦人物ではジュニア向けのスターレット，プラスカラーコート，ミスのファーシープレーなどが，この時代に生まれた[16]」。

以上のような1960年代前半期までに至る多様なコートの名称は，歴史的に見れば持続的なブランドとはならなかった。しかし，このようなさまざまなコートへの取り組みと販売が，三陽商会を日本でトップのコート専業企業へと成長させ，「サンヨー」ブランドを育てたのである。

同時に三陽商会は，1960年代を通じてブランドを支える商品開発力，技術力を高めていった。1958年，専任デザイナーを欧州および米国に派遣してコートの研究に没頭させている。1963年から3年間パリにアトリエを開設して，流行の本場から出たデザインを活用するよう努めた[17]。

さらに海外メーカーとの技術提携も1960年代から行なっている。1964年，フランスのCCC社と契約，技術を吸収して商品を生産し，国内にて販売した[18]。

---

[16] 一連の記述は，㈱三陽商会［1988］11頁参照。

[17] 三陽商会［1988］12頁。

[18] 三陽商会［1988］12頁，㈱三陽商会［2004］58頁。

第2節　単品ブランドの形成期:「サンヨーコート」の成立（1960年代後半まで）　**145**

③　コミュニケーション政策[19]

三陽商会は,「サンヨーレインコート」というブランドを直接消費者に訴え百貨店で指名買いしてもらうため,コミュニケーションに積極的に取り組んだ。1950年代初頭にはラジオCMに力を入れ,「雨の日もたのし,きみ,美しのコートきて」というコピーを流した。また,「サンヨーレインコート」を広めるために,1952年からファッションショーを開いた。百貨店の売場にピアノを置いて弾き語りの人に「シンギング・イン・ザ・レイン」を歌わせ,コートを着たモデルが通路を歩くというスタイルで客に見てもらった。

1957年頃に,アセテートの綾織りの生地を使ってレインコートを作り,その当時流行した映画「愛情物語」にかかわらせて「赤いレインコート」と名づけ,銀座の三愛でショーをしている。映画を活用し,カラーと生地を巧みに利用しながら,絶えず新しい仕掛けでレインコートの市場を開拓していった。

3. 三陽商会の販路開拓

三陽商会は,代理店を用いないで,販売員が1軒1軒小売店や百貨店を訪ねて売り込みを行なった。他のコート業者が代理店を通しているためマージンが少なかったが,三陽商会は直接百貨店を対象に,原価をかけて品質の良い商品づくりが行なえた[20]。

創業者の吉原信之氏によれば,1949年の「エキスポートバザー」時にレインコートを作り百貨店に納入していたため,百貨店に自社の口座があり,全国の有名百貨店に卸すことができた。1950年代前半には,東京・大阪を[21]

---

[19] この項目は,大内・田島[1992-1994]第51-52回「三陽商会の創業者,吉原信之氏へのインタビュー」を参照。
[20] 本段落は,『繊研新聞』1969年2月3日参照。
[21] 大内・田島[1992-1994]第50-51回。

中心に主要百貨店の口座を獲得し，大阪営業所を1952年に開設するまでになった[22]。小売への直接販売と，「サンヨー」ブランドをつけての販売にこだわったことが，「サンヨー」ブランドを浸透させていく上での出発点となった。

コートの全国展開を背景にして，1960年代前半には販売網を整備していく。1961年1月，名古屋出張所開設，62年2月，札幌出張所開設，同8月，福岡出張所開設，63年11月，大阪営業所社屋を増改築，大阪支店に改組する[23]。

1964年，三陽商会は，全国の有力専門店を集め，東京サンヨーチェーン（TSC）を組織している。量販店に対しては，1967年に，百貨店・専門店販路の「サンヨー」ブランドとは別に，専用ブランド「ブルー・フラッグ」を設定する[24]。接客サービスが中心の百貨店・専門店販路とセルフ販売が中心の量販店販路でブランドを区別した。

このような販路開拓に対応して，1969年時点における営業組織は，都内百貨店，地方百貨店・札幌・名古屋・福岡出張所，月賦店・専門店，量販店の4営業部に分かれている[25]。とはいえ，1970年時点における三陽商会の主要販路は，百貨店であり，百貨店62％，量販店10％，専門店・一般小売店27％，輸出1％という売上構成である[26]。

4. 1960年代後半までの「サンヨー」ブランドの特質

ブランドと製品，チャネル，企業との関係の視点から，1960年代半ばま

---

[22] 三陽商会［2004］34頁。
[23] 三陽商会［1988］4-5頁。
[24] 三陽商会［1988］12頁。
[25] 三陽商会社内資料。
[26] 『繊研新聞』1971年7月1日。

第3節　多製品ブランドの形成期：ミッシー・カジュアル・ブランドの成立（1970年代前半）　**147**

での「サンヨー」ブランドの特質を捉えると，「サンヨー」ブランドは，コートという特定の製品カテゴリーを指示するブランドであった。「サンヨー」と言えばコートを連想するというものである。

次に，「サンヨー」ブランドは，百貨店と専門店という接客サービスの行われる販路に限定して展開されている。「サンヨー」ブランドは，小売における接客サービスを不可欠な要素としている。量販店販路については，「サンヨー」とは別の「ブルー・フラッグ」ブランドで，しかも商品企画と営業体制を「サンヨー」とは別組織として展開している。

「サンヨー」は，社名である三陽商会から名付けたもので，その点では社名を連想させる。コートという特定の製品と会社名を連想することから，「サンヨー」は，企業ブランドであり，かつ製品ブランドでもあったと言うことができる。

第3節　多製品ブランドの形成期：ミッシー・カジュアル・ブランドの成立（1970年代前半）

1. コート専業メーカーから総合アパレルメーカーへ

三陽商会は，1971年7月，東京証券取引所第二部に上場し，家業から企業へと脱皮することとなる。資料4-2は1960年代末から1970年代前半にかけての三陽商会の沿革を示している。1969年2月の東京四谷本社落成，1969年9月バーバリー社との提携，1969年から70年における商社，三陽商会専属縫製工場，三陽商会との提携による縫製工場の設置[27]，1970年4月相

---

[27] 1971年7月1日の東証二部上場時には，資料4-2に記した3工場に加えて，大清縫工，新潟サンヨーソーイングが設立されている。関係会社5社は，バーバリー製品（サンヨーソーイング），子供服（岩手サンヨーソーイング），婦人服（新潟，宮城サンヨーソー

資料4-2　三陽商会の沿革 (1)

1969年2月　四谷本社落成。
1969年9月　バーバリー社と三井物産，三陽商会との提携。
1969年12月　三井物産と提携して茨城県下に「サンヨーソーイング」（資本金3000万円，従業員85人）を設立。
1970年3月　三井物産と提携して「岩手サンヨーソーイング」（資本金2000万円，従業員120人）を設立。
1970年4月　生産管理部門の充実，物流システムの合理化を期し，相模商品センターを開設。
1970年7月　職能別・販路別組織から紳士，婦人，子供，量販店の各市場について企画，生産，販売体制を一本化する組織体制に改める。
1970年7月　三菱商事と提携し，「宮城サンヨーソーイング」（資本金2,000万円，従業員100人）を設立。
1971年7月　東京証券取引所二部への上場。資本金5億4,000万円。
1972年9月　日本橋馬喰町に小口取引先を対象とした販売会社，サンヨーアパレル株式会社を設立する。
1974年7月　名古屋出張所を名古屋支店に昇格させる。

（出所）『繊研新聞』1969年2月3日，8月28日，10月2日，1970年4月10日，5月15日，7月15日，1971年7月1日。三陽商会［1988］3-6頁，繊研新聞社［1970b］241-250頁。

模商品センターの開設は，1971年7月東証二部上場にとって必要な投資であったと考えられる。この時期に三陽商会はアパレルメーカーとしての基礎を作った。

イング）など主としてレインコート以外のものを扱い，全体の10％程度を扱う。『繊研新聞』1970年5月15日，1971年7月1日参照。デザイン，縫製技術を高めることで商品力を向上させること，イギリス高級既製服ブランドのバーバリーを日本でライセンス生産するにあたり十分な生産体制を整えることが背景にあった。

[28] コートだけでも年間250万着を越えるが，それを含めた全製品の検品，プレス仕上げ，備蓄，配送の各業務を集中するセンターで，チェーンリフターによる全自動式のハンガー納入，格納，配送システムをとっている。『繊研新聞』1971年4月10日，繊研新聞社［1970］247-248頁参照。

第3節　多製品ブランドの形成期：ミッシー・カジュアル・ブランドの成立（1970年代前半）

　三陽商会は，1960年代前半まで，紳士，婦人，子供のレインコートに偏っていたため，春に7割，秋に3割という売れ方になっており，経営上年間のバランスが取れなかった。そこで，冬物のウールコートなどの開発を行ない，レインコート専門からコート専門企業へと脱皮していった。1967年12月期売上は上期と下期が同額，1968年12月期は，上期より下期が上回るようになった。[29]

　1968～75年の三陽商会は，①紳士，婦人，子供服における取扱い製品の多角化を進めたこと，②多様なブランドを展開したこと，③「バーバリー」に代表される海外提携ブランドを積極的に導入したこと，④特定製品カテゴリーに限定した単品ブランドから，多様な製品カテゴリーを包摂した多製品ブランドへと主要なブランドが発展したことにより特徴づけられる。

　製品多角化に対応して，三陽商会は，職能別組織に商品部門別営業組織を組み合わせる組織形態に改めている。1969年，営業本部，企画部，製造部という職能別組織体制を敷き，営業本部は，営業第一部（都内百貨店），営業第二部（地方百貨店，札幌・名古屋・福岡出張所），営業第三部（月賦店，専門店），営業第四部（量販店の営業と企画）と販路別に組織されていた。量販店営業のみ企画部門も伴っており，事業部制と言える。企画部門が量販店向け商品と他販路向け商品とでは別組織となっている。[30]

　1970年7月1日付の組織変更では，営業本部，商品企画部門，技術部，製造部という大枠での職能制を維持しながら，営業本部は，紳士営業部，婦人営業部，子供営業部，営業第四部（量販店，企画課と営業課の両方を含む）と分かれ，商品企画部門は，紳士商品企画部，婦人商品企画部，子供商品企画部と商品分野別に分かれている。コート専業企業の場合には，商品部門別の組織を必要としないが，1970年の組織改正では，紳士商品企画部は

---

[29] 本段落は，三陽商会［1988］13頁参照。
[30] 本段落は，『繊研新聞』1969年1月18日，2月3日参照。

コート課,カジュアル・スーツ課,婦人商品企画部はコート課,カジュアル課,ドレス課,子供商品企画部はコート課,カジュアル課,ドレス課と商品分野別に分けている。ただし紳士,婦人,子供の各営業部は第一課(都内百貨店),第二課(地方百貨店),第三課(月賦店),第四課(専門店)と販路別の組織となっている。[31]

三陽商会は,1969年から70年にかけて,総合アパレルメーカーとしての基盤を,組織体制,生産体制,物流システム,資本政策の諸点から築いた。1970年代以降本格化する総合衣服製造卸売業への脱皮の基本線が1970年頃に定まり,積極的な投資を行うために1971年7月1日に東京証券取引所二部への上場を果たした。

2. コートからドレス,婦人カジュアル衣料への製品多角化とマルチ・ブランド化の進展

『繊研新聞』1970年7月15日付のインタビューで,吉原信之社長(当時)は,「取扱い商品の幅が広がるとサンヨーレインコートを中心とするブランド政策もいろいろ検討しなければならない」のではないかと記者から質問を受けて,「中心は,やはりサンヨーレインコートです。……問題は他の部門をどう育て上げるかにあるんですよ。婦人服サンヨードレス,量販店向けのブルー・フラッグ,ドレス部門の『セイ』などはいずれもナショナル・ブランドとして育てあげていく。このほか,バーバリーをはじめとする海外提携品のブランドもありますからね。社内でも議論するんだが,サンヨーというブランドはどうしてもレインダスターと結びつく」と答えている。

このように,吉原社長は,「サンヨー」ブランドがレインコートの連想を引き起こすので,他の製品カテゴリーについては,「サンヨー」ブランドで

---

[31] 『繊研新聞』1970年7月15日。繊研新聞社［1970b］243頁。

はなく，他のブランドを用いると述べている。吉原社長は製品多角化に伴うマルチ・ブランド化を進めていく姿勢を示した。資料 4-3 は，三陽商会の製品多角化と主要ブランドの年代別展開である。①コートから非コート分野（ドレス，カジュアル，スーツ）への拡大，言い換えればコート企業から総合アパレル企業への転換，②紳士・婦人・子供という顧客基盤の拡大，③婦人におけるジュニア，ヤング，ミッシー，ミセスという年齢別顧客ターゲットの細分化，④海外提携ブランドの導入が，三陽商会におけるマルチ・ブランド化を促した。

資料 4-3　三陽商会の製品多角化とブランド展開の推移 (1)

1949 年	「サンヨー」のブランド名をつける。(『繊研新聞』1969 年 2 月 3 日。)
1951 年	「サンヨーレインコート」の商標を登録する。(繊研新聞社 [1970] 242 頁。)
1967 年	レインコート，ダスターコート以外に，取扱い商品の多角化，すなわち①オーバーコート，②スカート，ブラウス，ワンピースなどの婦人カジュアル衣料への多角化を進める。(『繊研新聞』1969 年 2 月 3 日。)
1967 年夏	量販店向け商品企画と販売のため，「ブルー・フラッグ本部」を設置し，「ブルー・フラッグ」ブランドで量販店市場に参入する。(『繊研新聞』1969 年 1 月 18 日，2 月 3 日。)
1968 年秋	フランスの婦人向けカジュアル衣料「ベ・ドウ・ベ」（休暇のための服の意味，コート，スカート，スラックス，シャツなど）を展開する。(『繊研新聞』1968 年 6 月 18 日，繊研新聞社 [1970b] 245 頁。)
1969 年夏	「セイグレース」を各百貨店の売場にて展開する。(『繊研新聞』1969 年 3 月 31 日，4 月 5 日，8 月 28 日。)
1969 年 9 月	バーバリー社と三井物産，三陽商会とが提携し，「バーバリー」製品の日本国内販売に合意する。提携商品は，紳士コート，婦人コートをはじめ，紳士スポーツコート，スラックス，婦人スカートなどバーバリー社の全商品。(『繊研新聞』1969 年 10 月 2 日。)
1970 年	婦人服ドレス部門において，ジュニアには「セイヤング」，ミスは「セイ」，ミセスは「セイグレース」の年齢別セグメントを指向したブランド展開を行う。(『繊研新聞』1970 年 7 月 15 日。)

1970年3月 「ピーウィー」（PEE WEE）のブランドで子供のカジュアル部門の開発に乗り出す。（繊研新聞社［1970］246頁，『繊研新聞』1970年7月15日。）

1971年 女性ジュニアのアメリカン・カジュアル衣料「ジュディ・アン」を展開する。（三陽商会『サンヨープロシュール Vol.18』1971年，20頁，『繊研新聞』1971年8月24日。）

1971年秋 ミッシー・ミセスのカジュアル衣料「パルタン」，男児用高級衣料「フランクリン」の展開。（三陽商会『サンヨープロシュール Vol.18』1971年，20，22頁，『繊研新聞』1971年11月30日。）

1971年10月 イタリアのアリタリア航空と提携し，ニットスーツ「アリタリア」を開発し，各地の有力百貨店25店でコーナー展開を始める。（『繊研新聞』1971年11月30日。）

1972年6月 「カースラックス＝サンヨーアリタリア」を，シニア層向けメンズニットスラックスとして発売する。（『繊研新聞』1972年5月31日。）

1972年秋 高級婦人レインコート「サンヨーキャラット」を開発。（『繊研新聞』1972年8月9日。）

1972年 コート部門で「イヴ・サンローラン」のライセンシーとなる。（『繊研新聞』1972年8月24日。）

1973年4月 「サンヨーアリタリアスポーツ」のブランドで，スポーティカジュアルに進出，ジャンパー，カーディガン，ハイネック，シャツ，スラックスの販売を開始する。（『繊研新聞』1973年3月16日。）

1974年11月 三陽商会はドレス部門のブランドを「ボワール」に統一する（『繊研新聞』1974年11月11日）。

1975年春 ミッシー・カジュアルの新ブランド「バンベール」を展開する。1971年秋から使っていた「パルタン」からの変更である。（三陽商会『サンヨープロシュール』1975年2月号，6頁，『繊研新聞』1974年11月11日。）

1975年 買いやすい価格帯のスーツ，「ミスター・サンヨー」を展開する。（『日本繊維新聞』1975年1月30日，5月8日。）

1975年頃までの商品およびブランド展開の特質として，以下の点を挙げることができる。

(ｱ) 非コート分野の各製品の売上が高まり，総合アパレルメーカーへと成

第3節　多製品ブランドの形成期：ミッシー・カジュアル・ブランドの成立（1970年代前半）　153

長したこと。

　1968年頃から，シーズンにかたよらず，年間を通してバランスのとれた業務内容にするべく，コート以外の既製服の生産にもとりかかり，婦人のドレス，ブラウス，スカートを手がけていくこととなった[32]。カジュアル衣料では，1968年頃から，プレタポルテの第一人者であるフランスのミッシェル・ロジェと契約して「ベ・ドウ・ベ」を始めている[33]。1969年夏，婦人夏物ドレスの特殊体サイズを，「セイグレース」のブランド名で各百貨店の売場にて展開する[34]。さらに，1970年，婦人服ドレス部門において，ジュニアには「セイヤング」，ミスは「セイ」，ミセスは「セイグレース」の年齢別セグメントを指向したブランド展開を行っている[35]。

　1970年12月期における三陽商会の売上120.7億円，コートの売上構成比87.2％（レインコート62.4％，ウールその他コート24.8％）に対して，ドレス・カジュアル他12.8％であった。婦人服部門は，コートの売上が75％，ドレス・カジュアル関係の売上が25％となっているのに対して，紳士服部門は大半がコート関係となっている[36]。

　ところが，4年後の1974年12月期における全社売上に占めるコート関係比率は，紳士・婦人・子供用レインダスターコートおよびオーバーコートが65.6％，非コート関係（紳士・婦人・子供用スーツ・カジュアル，婦人用ドレス）が34.4％となり，非コート分野の割合が急速に高まっている[37]。すなわ

---

[32] 三陽商会［1988］13頁，『繊研新聞』1968年4月30日，『日本繊維新聞』1968年5月29日参照。『繊研新聞』1969年2月3日付で，吉原信之社長は，レインコートとオーバーコートだけだと，2月から4月まで，9月から11月までに仕事が集中する，仕事量を年間通して平均化することが，夏のドレスに取り組む動機となっている旨の発言をしている。

[33] 『繊研新聞』1968年6月18日，1970年7月15日。

[34] 『繊研新聞』1969年3月31日，4月5日，8月28日。

[35] 『繊研新聞』1970年7月15日。

[36] この段落は，『繊研新聞』1971年7月1日を参照した。

[37] 三陽商会『有価証券報告書』1974年12月期，6頁。

ち1970年代前半に，総合アパレル企業への方向性が固まったのである。

　(イ)　コート，ニットスーツ，ドレスなど単品ブランドが主力であったこと。

　婦人服ドレスの「セイ」，高級婦人レインコート「サンヨーキャラット」，紳士ニットスーツの「アリタリア」，紳士スーツの「ミスター・サンヨー」などはその例である。三陽商会が，コートから他の服種への多角化を進めるという思考方法を取ってきたためであり，さらに，三陽商会は重衣料であるコートから事業が始まったために，単品志向が強かったものとも考えられる。

　(ウ)　ミッシー・カジュアルのブランドが台頭したこと。

　ミッシー (Missy) とは，ミス (Miss) のような若々しいミセスという意味で，1970年代に入ると団塊の世代が20歳代後半に差しかかっていきミセスとなる女性もいたが，この世代は従来のミセスと異なるファッション感覚を持っており，アメリカでは「ミッシー」と言われていた。この用語を伊勢丹が日本で最初に用いたのである[38]。

　三陽商会は，1971年秋に婦人カジュアル衣料「パルタン」を発売したが，それは単品ではなく，複合的な商品構成によるコーディネイト志向のブランドであった。「パルタン」は，「外見はミスそのままのミセス」，すなわちミッシー (Missy) のためのコーディネイト・カジュアルである[39]。A体からB体まで揃えており，ブラウスから，スカート，パンタロン，ジャケット，ショートコートに至る品揃えをしている。三陽商会のナショナル・ブランドである「パルタン」の販路は，都内百貨店を中心に，大阪，名古屋など

---

[38] 伊勢丹 [1990] 297-298頁。
[39] 三陽商会『サンヨープロシュール Vol.18』1971年，16頁参照。

第3節　多製品ブランドの形成期：ミッシー・カジュアル・ブランドの成立（1970年代前半）　**155**

の主要百貨店である[40]。

　「パルタン」の母胎は，伊勢丹・十一店会[41]のためのプライベート・ブランド，「ラ・ロンド」にある[42]。「ラ・ロンド」は，南仏ニースにあるスポーツウエアメーカー「ティクティネ社」との提携によるものであり，十一店会―三陽商会―三菱レイヨンがそれぞれロイヤリティを負担している。コートからブラウス，ジャケット，スカート，パンタロン，セーターなど自由に組み合わせることのできる点は，ミッシー・カジュアルに共通した特徴である[43]。

　1971年頃のミッシー・カジュアルの導入に当たって，日本のアパレル関連業界は海外のアパレル企業からパターンを取り入れるなど，海外ブランドとの技術提携が重要な役割を果たした。ミッシー・カジュアルのブランド展開は，単に個別的なアパレル企業の戦略によるものではなく，原糸メーカー，百貨店，アパレルメーカーと海外メーカーとの交流を通じて日本の百貨店売場に広がっていったものである[44]。このような流れの中，三陽商会は，伊勢丹および十一店会との間ではプライベート・ブランド「ラ・ロンド」を，その他百貨店には自前のブランドである「パルタン」を展開した。

　ミッシー・カジュアル・ブランドは，多様な服種を5坪程度で展開するも

---

[40] 『日本繊維新聞』1971年12月13日。
[41] 1961年10月，伊勢丹を中核として，地方百貨店10社とともに，商品共同開発，共同仕入れ体制を組織したものである。㈱伊勢丹［1990］260-262頁参照。
[42] 三陽商会『サンヨープロシュール Vol.18』1971年，16頁，『日本繊維新聞』1971年12月13日。
[43] 『日本繊維新聞』1971年12月13日。
[44] 伊勢丹は，すでに1971年2月中旬から，ミッシー・カジュアルの第一弾としてアメリカンスタイルの海外提携ブランド「マイドル」を発売している。「マイドル」は，帝人および東京スタイルがアメリカの婦人服メーカー，レスリーフェイ社と技術提携したもので，結果的に伊勢丹および十一店会のプライベート・ブランドとなったものである。ミスからヤング・ミセスのトータル・カジュアル・ファッションで，25-35歳層を対象とする。ブレザー，スカート，パンツ，ベスト，ジャンパースカートなどの組み合わせを提供している。『日本繊維新聞』1971年12月13日，14日。
　伊勢丹は，1971年秋の新宿本店リニューアルにあたって，ミッシーとヤングをはっきり分けるという方針に基づき，ミッシー対象の売場を本館3階，ヤング対象の売場を

のであり，コート売場やブラウス売場という服種を基準とした売場編成から，ミッシー（ヤング・ミセス）のためカジュアルという顧客ターゲットと用途を切り口とした売場編成，ブランドを切り口とした売場編成への転換をもたらした。

(エ) 「バーバリー」などの海外提携ブランドが三陽商会の成長に重要な役割を果たしたこと。

1969年9月にバーバリー社と三井物産，三陽商会とが「バーバリー」製品の国内での製造・販売で提携したが，その提携はその後の三陽商会発展の技術的な基礎，ブランド育成の基礎となった。この点については項を改めて述べる。

3.「バーバリー」に代表される海外提携ブランドの導入

三陽商会の発展は，海外の衣料品メーカーとの提携抜きに語ることはできない。1969年までには，アメリカ（バーリントン社），英国（バーバリー社），イタリア（バルスター社，オルメテックス社），フランス（CCC社，

本館2階と区別した。そして，ヤングミセスのためのジャージーのカジュアル・ブランドとして，売場改編の時期に当たる1971年秋冬物からレナウンの「メルシェ」を導入する。「メルシェ」は，フランスのメルシェ社とパターン提携したものである。年5回の企画で，1回の企画当たり20-30パターンを製作する。原糸メーカーは三菱レイヨン，素材の編み立ては㈱レナウンジャージー，縫製がレナウンの自家工場である笠間工場，企画はレナウン商品企画室，宣伝はレナウン宣伝部となっている。このように，1971年8月のミッシー・カジュアル・ショップの開設時期には，「ラ・ロンド」「マイドル」「メルシェ」など複数のブランドが展開された。『日本繊維新聞』1971年6月10日，12月13日，16日，㈱伊勢丹 [1986] 235頁，㈱伊勢丹 [1990] 296, 297, 300頁を参照。

45 オンワード樫山・古田三郎マーケティング部部長（当時），オンワードクリエイティブセンター・福岡真一営業推進室室長（当時）へのインタビュー，1996年6月12日。
46 『繊研新聞』1969年10月2日。

第3節　多製品ブランドの形成期：ミッシー・カジュアル・ブランドの成立（1970年代前半）　**157**

コムタール社），西ドイツ（ニノ社）など著名なコートメーカーと技術提携し，技術交流と海外ブランドの販売を行なっていたが，ライセンス生産よりも輸入ブランドの販売（コート）が主であった。バーバリー社のコートの国内独占販売は，三井物産ルートで1964年から行なっていた。[47][48]

　しかし，1969年9月，バーバリー社，三井物産，三陽商会による本格的な提携が行われた。主な内容は，ライセンシーが三井物産，サブライセンシーが三陽商会で，10年間に及ぶ技術提携を含めた提携で，バーバリー社製品の日本国内での販売，三井物産と三陽商会の共同による日本国内でのバーバリー製品の製造・販売を開始するというものである。提携商品は，紳士コート，婦人コートをはじめとして紳士スポーツコート，スラックス，婦人スカートなど，バーバリー社の全商品である。この本格提携の焦点は，日本国内でバーバリー製品を製造・販売することにある。

　まずバーバリー社の輸入商品の販売については，1969年秋以降，販売量を拡大する一方，取扱い商品については，紳士コート，婦人コートの他スポーツウエア，カジュアルウエアなどを含めて拡大する。さらに，提携内容を，素材面，縫製技術面，デザイン面など全面提携に拡大し，専門工場で国内製造を行なうというものとなった。

　素材は，バーバリー社からの輸入素材と，バーバリー社と三陽商会との技術提携の中で開発された素材の両方が使用される。輸入商品，国内製造の製品の両方が「バーバリー」ブランドで販売される。バーバリー社と海外の既製服メーカーとが技術面を含む包括的な提携を行なうのは今回が初めてであった。[49]

　バーバリーコートは，1969年12月に三井物産と提携して茨城県下に設立

　47　『繊研新聞』1969年2月3日。
　48　『繊研新聞』1969年10月2日。『日本繊維新聞』1968年11月30日によれば，1968年度「バーバリー」コートは約6,000着が消化されるに至る。
　49　一連の経緯については，『繊研新聞』1969年10月2日を参照のこと。

した㈱サンヨーソーイングが生産を始めた。1970年1月には、メイド・バイ・サンヨーのバーバリーコートが新宿伊勢丹の店頭を飾った。バーバリー社との提携は、三陽商会の設計と製造技術を高めた。[50]

4. 単品ブランドから多製品ブランドへの進展

1969年ごろから1970年代前半にかけて、「サンヨーレインコート」や婦人ドレスの「セイ」など、ブランドが特定の製品カテゴリー（ここでは特定の服種）を指示する単品ブランドのみならず、「バーバリー」や「パルタン」など多様な製品カテゴリーを包含する多製品ブランドが広がる。

多製品ブランドとは、多様な製品カテゴリーを包摂するブランドである。アパレルにおいて、多製品ブランドは、同一の売場に並べられて、多様な製品と売場空間を含むブランドの統一性を訴える場合がある。たとえば、ミッシー・カジュアルの「パルタン」の場合、ブレザー、スカート、セーター、ジャンパースカート、パンタロンなどを1つの売場にてコーディネイト・ファッションとして売り出した。[51]コーディネイト・ファッションという要素が、多製品ブランドを統一的な売場空間と結びつけ、次の時代の製品・小売を貫く垂直的なブランドを作り出すことになる。

しかし、多製品ブランドはあくまでも多様な製品を1つのブランドの中に持っていることを意味するのであって、必ずしも売場空間における統一性を所与の前提とはしない。同一ブランド内の各服種が別々の売場で販売されることもある。

日本で展開された「バーバリー」は、1971年秋冬物で、紳士コートに加えて、紳士ジャケット・ブレザーを販売している。[52]もともとイギリスのバー

---

[50] 本段落は、三陽商会 [2004] 78-83頁、『繊研新聞』1970年5月15日、1971年7月1日を参照。

[51] ㈱三陽商会『サンヨープロシュール Vol.18』1971年、4, 16-17, 20頁。

バリー社では，紳士・婦人コート，紳士スポーツコート，スラックス，婦人スカートなど多様な製品カテゴリーを展開しており，それを日本に段階を踏んで持ち込んだ。後の1975年には，紳士「バーバリー」スーツを，春夏で1万着，秋冬で1万5,000着生産している。[53]

このように，「バーバリー」は多製品ブランドとして成長しているが，1975年段階ではコートはコート売場，スーツはスーツ売場で展開しているとなると，これは製品と小売を統一するブランド，製品・小売ブランドとはいえない。

多製品ブランドは，「バーバリー」や「スコッチハウス」，「バンベール」などにおいて，程度の差はあれ，1977年以降にショップの形成と結びついていき，製品・小売ブランドへと成長していく。

第4節　製品・小売ブランドの形成期：ショップの成立（1970年代後半）

1．総合アパレルメーカーへの脱皮と基幹ブランドの形成

三陽商会は，資料4-4に示すように，1977年6月，東京証券取引所一部に指定替えとなり，名実ともに日本有数のアパレルメーカーとして認知される。1981年6月には潮見商品センターを開設し，これまで6カ所で行なっていた物流業務をここに集約した。このセンターの完成により，150社以上ある縫製工場の全製品をすべて潮見商品センターに運び，本社管轄の地域（青森から静岡まで）には直接小売店に搬送する。その他地域には札幌，名

---

[52] ㈱三陽商会『サンヨープロシュール Vol.18』1971年，22-23，25頁。
[53] 『繊研新聞』1976年1月17日。

資料4-4　三陽商会の沿革 (2)

1976年6月	婦人服管理部門として青山分室を増築する。
1977年5月	仙台事務所を開設。
1977年6月	東京証券取引所の市場第一部に昇格する。
1977年11月	札幌出張所が支店に昇格し，新社屋が落成する。
1978年1月	福岡出張所が支店に昇格し，新社屋が落成する。
1978年5月	ニューヨークに駐在事務所を設置する。
1981年2月	ニューヨークに現地法人サンヨー・ファッション・ハウスINC設立。
1981年6月	潮見商品センター開設。
1983年3月	吉原信之取締役会長，高月英五取締役社長に就任。

（出所）三陽商会［1988］3-6頁。

古屋，大阪，福岡の各支店に配送し支店ルートで小売店に供給する。全商品，全販売先を一カ所に集中したことになる。また，本社と商品センター間をオンライン化し，経理部の財務管理と商品管理部の在庫管理を自動化することとなった[54]。

　三陽商会は，1970年代後半，①1970年代前半に種をまいた総合化路線の推進，すなわちコートからドレス，カジュアル，スーツ分野への服種の拡大と，②基幹ブランドの育成を進めていくことになる。

　まず総合化路線について，コート比率と非コート比率の推移を見ると，1975年12月期，コート65.6％，スーツ・ドレス・カジュアル他34.4％であったが，1979年12月期にはコート47.7％，スーツ・ドレス・カジュアル52.3％となり，コートの比率が5割を切ることとなった[55]。1979年12月期における紳士，婦人などの部門別構成を見ると，紳士服26.9％，婦人服61.8％，子供服8.4％，輸出2.9％である[56]。1970年代後半期に，三陽商会は総合

---

[54] 三陽商会［1988］5-6頁，『繊研新聞』1981年5月16日，『日本繊維新聞』1981年6月10日。

[55] 三陽商会『有価証券報告書』1975年12月期，1979年12月期。

第4節　製品・小売ブランドの形成期：ショップの成立（1970年代後半）　　**161**

アパレル企業へと完全に脱皮したのである。

　次に基幹ブランドの形成について，それぞれ部門ごとに有力ブランドが形成されていく。コート部門については，「サンヨーコート」（紳士・婦人・子供），「キャラット」（婦人），紳士スーツ部門では「ミスター・サンヨー」，婦人ドレスでは「ボワール」，婦人カジュアルでは「バンベール」，海外提携ブランドについては，紳士，婦人ともに総合的な服種展開をしている「バーバリー」，1979年秋以降は紳士コートを取りやめて，婦人のコート，ブレザー，ジャケット，スカート，パンタロンを主に専門店ルートで販売する「イヴ・サンローラン」，イギリスのスコッチハウス社との提携による「スコッチハウス」などである。

　取扱い商品の総合化，基幹ブランドの育成の中で，三陽商会は，①コートやドレスなど単品を軸にした製品ブランドの育成と，②百貨店内に1つのショップを作り，多様な製品カテゴリーを1つのブランドで包摂するような製品・小売ブランドの構築の両方のブランド戦略を進める。資料4-3に見るように単品ブランドはすでに1975年頃までに立ち上がり，1970年代後半において成長した。

　製品・小売ブランドは，製品と小売が1つのブランド・アイデンティティの下に統一された形態である。言い換えれば，あるブランドが製品としても小売としても提案される。本章の三陽商会における製品・小売ブランドは，小売を，いわゆるショップと呼ばれる店舗において行なっている形態であ

---

56 『繊研新聞』1980年2月27日。
57 『日本繊維新聞』1979年2月22日付で，吉原信之社長はインタビューにて，「いろんなブランドをやるよりいいブランドを深くやる。たとえばバーバリーとか，スコッチハウスとか，サンローランとか……」と述べている。
58 ㈱チャネラー［1980］39頁，『繊研新聞』1979年4月7日。
59 『日本繊維新聞』1975年2月17日には，「ミスター・サンヨー」「サンヨー・レジャースーツ」などの単品指向と「バーバリー」「スコッチハウス」「サンローラン」などのトータル指向を使い分けることが記されている。

る。その意味では、単独ブランドでのショップ展開という形式を取る。1ブランド・1ショップを軌道に乗せるためには、コートだけを取り扱うのではなく、スーツ、カジュアルなど多様な製品を取り扱うことが求められる。以下では、単品に基軸を置いた製品ブランドと、製品・小売ブランドの典型例である「バーバリー」、「バンベール」、「スコッチハウス」の多製品化、コーナー売場・ショップの形成を具体的に見ていく。

2. 単品ブランドの育成

1970年代後半期に、製品・小売ブランドが形成されてきたことを明らかにすることに本章の力点があるが、1975年までに生まれた単品ブランドは1970年代後半期以降において成長していったと考えることができる。「サンヨーコート」についての継続的な育成、高級コート「サンヨーキャラット」（1972年）の開発、ドレス部門の「ボワール」（1974年）ブランド、紳士スーツの代表的なブランドとなる「ミスター・サンヨー」（1975年）などである。

まずコート分野については、百貨店のコート売場で単品として販売されることが多い。1972年8月末から、25～35歳婦人向け高級コート「サンヨーキャラット」を立ち上げている。これは、「バーバリー」「カルダン」「サンローラン」など海外ブランドが大半を占める中で、三陽商会が独自に開発したブランドで、海外ブランドに優るとも劣らない商品レベルを実現しようとしたものである。[60]

なお、1982年の婦人コートの売上は114億円[61]とされており、三陽商会の主力商品である。婦人コートのブランドには、「サンヨーレインコート」「サンヨーコート」「バーバリー」「キャラット」[62]などが含まれており、百貨店の

---

[60] 『繊研新聞』1972年8月9日。
[61] 矢野経済研究所［1983］120頁。
[62] 矢野経済研究所［1983］120頁。

第4節　製品・小売ブランドの形成期：ショップの成立（1970年代後半）　**163**

コート売場で販売されている。コート売場の中で多様なブランドのさまざまな商品の中から特定のアイテムを選択するという購買行動を想定して，百貨店のコート売場が提案されている。なお「キャラット」の1982年売上は，40億円程度である[63]。

1974年11月，三陽商会はドレス部門のブランドを「ボワール」に統一している[64]。「ボワール」は，百貨店ではドレス売場で他のブランドとともに販売されており，1982年売上は35億円となっている[65]。

紳士スーツの「ミスター・サンヨー」は，1975年1月，「アリタリア」を発展的に解消して作ったブランドである[66]。商品キャラクターとして，当時読売巨人の新監督に就任した長島茂雄を起用している。これも紳士スーツの単品ブランドであり，百貨店では，スーツという服種別に区分された売場の中に他のブランドとともに販売されている。「ミスター・サンヨー」の1979年売上は，20億円で，ポリエステル100％の素材を中心とし，軽くてしわになりにくい点をブランドのコンセプトとしている[67]。

「キャラット」と言えばコート，「ボワール」はドレス，「ミスター・サンヨー」は紳士スーツと，それぞれのブランドが特定の製品カテゴリーと結びついている。しかもそれぞれが1970年代後半以後の主力ブランドであることをふまえると，1970年代後半期の三陽商会は，必ずしもショップの展開と一体化したブランドのみを育成したわけではない。「サンヨーコート」も合わせて考えると，この時期，特定の製品カテゴリーを指示し連想させる製品ブランドが，1つの支配的なブランド形態として機能していたことが確認で

---

63 チャネラー［1981］40頁。
64 『繊研新聞』1974年11月11日。
65 矢野経済研究所［1983］120頁。
66 『日本繊維新聞』1977年2月12日。同日付の吉原信之社長（当時）によると，「デザイン・縫製面での改良，素材の改良・工夫を重ねて再度挑戦したのがあの『ミスター』」である。
67 チャネラー［1981］39頁。

きる。

3. 製品・小売ブランドの形成

　製品・小売ブランドは，あるブランドが製品と小売の両方を提案し顧客に認知されるブランドであるが，アパレルの場合，多製品ブランドと売場空間が結びついて，製品・小売ブランドが形成されていく。1970年代後半に，三陽商会の一部のブランドが，製品・小売ブランドとしての性格を持ち始める。

　これは，何も三陽商会のみに典型的なものではない。当時の有力アパレルメーカーであるレナウン，樫山，イトキン，ワールドにおいても，ブランドを軸にした小売機能の包摂過程を抽出することができる。小売側から見ると，髙島屋は，1977年10月，東京店と大阪店に，婦人服ブティック街を開設し，ショップ・イン・ショップ形式を取り入れている[68]。1970年代後半日本のアパレルにおいては，製品・小売ブランドが形成されつつあり，このような文脈の中に三陽商会のブランドも存在していた。

　製品・小売ブランドの定義自身からすれば，1つのブランド内に多様な製品を取り扱う必要はない。しかし，1970年代後半期以後の百貨店や専門店におけるアパレルの製品・小売ブランドは，ショップ・ブランドの形態を取っている。ショップ内には多様な服種を用意して，1つのブランド内でコーディネイト提案がなされている。コーディネイト提案を行なうショップ・ブランドは，服種別売場編成から顧客ターゲット別・用途別売場編成への転換とともに進む[69]。

　資料4-5は，1977年から1982年における新規商品と代表的なブランドの

---

　[68] 髙島屋［1982］278頁。
　[69] 三陽商会婦人企画部次長の市川正人氏（インタビュー当時）によれば，百貨店における単品売場からコーディネイト売場への転換は，百貨店仕入れ担当者による品揃えからア

第 4 節　製品・小売ブランドの形成期：ショップの成立（1970 年代後半）

資料 4-5　三陽商会の製品多角化とブランド展開の推移 (2)

1977 年秋　バーバリー・チェックのスカーフ，マフラー，かさ，バッグ類の企画・販売を開始した。百貨店や有力専門店で販売する。（『繊研新聞』1977 年 5 月 28 日，8 月 31 日，『日本繊維新聞』1977 年 5 月 28 日。）
1977 年秋　イギリスのスコッチハウス社と提携して，4 年前の紳士物に続き，婦人物「スコッチハウス」のコーナー展開に乗り出す。ブレザー，ジャケット，スカート，パンタロン，セーター，カーディガン等を取り扱う。初めて本格的にニット単品のセーター，カーディガンに挑戦する。（『日本繊維新聞』1977 年 5 月 28 日。『繊研新聞』1977 年 5 月 28 日。）
1978 年秋　ベタードレスの「ロジーナ」，ニューフォーマルの「伊東達也フォーマル」を発売する。（『繊研新聞』1978 年 6 月 14 日。）
1978 年秋　伊勢丹と共同でニューヨークの新進デザイナー，リズ・クレイボーンとライセンス契約を結び，秋冬物からミッシー・カジュアルを，伊勢丹本支店，ADO 加盟店約 20 店舗で販売する。ジャケット，ベスト，ブラウス，セーター，スカート，パンツなどを取り扱う。（『日本繊維新聞』1978 年 7 月 20 日。『繊研新聞』1978 年 7 月 19 日。）
1979 年秋冬物から，「サンローラン」の婦人物アイテムを，レインコート，スポーツウエアの一部から，ウールコート，トップス，ボトムスを含めた多様なアイテムを展開する。専門店部門の基幹ブランドに位置づけする。（『日本繊維新聞』1979 年 1 月 9 日，2 月 22 日，チャネラー［1981］39 頁，矢野経済研究所［1982a］104 頁。）
1979 年秋　ミッシー・カジュアルのスポーツラインである「ビル・ブラス・スポーツ」を展開する。（『繊研新聞』1980 年 7 月 21 日。）
1981 年秋　ミッシーを対象とした横編みニット中心の「フィアット」を発売する。（『繊研新聞』1981 年 4 月 3 日。1982 年 2 月 27 日。）
1982 年 2 月　ビル・ブラス氏本来の持ち味であるプレタポルテを国内生産して，「ビル・ブラス」のブランドで展開する。スーツ，アンサンブル，ジャケット，コートの展開。（『繊研新聞』1981 年 12 月 1 日。）
1982 年 7 月　「アレグリ」発売。イタリアの紳士・婦人コートメーカーのアレグリ社と技術提携し，秋冬物から紳士と婦人のレインコート，カジュアルアウターを製造・販売する。販売先は百貨店，月販店，専門店。（『繊研新聞』1982 年 3 月 20 日，10 月 4 日。）

発展を示したものである。1つのブランド内に多様な製品カテゴリーを取り揃えてトータルな売場展開をするマーケティングが、この時期に成立しつつあった。「バーバリー」、「バンベール」、「スコッチハウス」の事例で製品・小売ブランドの形成を見てみよう。

(ア) 「バーバリー」

「バーバリー」は、「世界の名門、英国バーバリー社との提携によるエグゼクティブのための最高級品」であり、1979年、紳士服は、コート、スーツ、ジャケット、スラックスを中心に展開している。婦人服は、コート、ブレザー、スカートなどでコーディネイトできる。[70]

三陽商会は、1969年のバーバリー社との提携以後、コートの生産・販売に乗り出す。1969年12月、茨城県に㈱サンヨーソーイングを設立し、バーバリー製品の生産に着手する。[71] 続いて、1972年9月、「バーバリー」を全国に先がけて、新宿の小田急百貨店で発売した。その際、生産面の関係もあり、全国一斉発売の形式を取らなかった。1975年頃、福島市に㈱福島サンヨーソーイングを設立し、「バーバリー」のスーツを月産1,200着ベースで稼動させている。[72] なお、1976年度、「バーバリー」スーツは4万5,000着の

　　　パレルメーカーによる売場提案への変化を進めるものとなった。市川正人氏へのインタビュー、1996年1月17日、2001年7月11日。
　　　『日本繊維新聞』1976年8月17日付では、西武百貨店池袋店、大丸大阪店における単品スカート・スラックス売場とコーディネイト売場の中のボトム商品のどちらがよく売れるか、1974年から75年の推移を見ている。結論としては、①単品のスカート、スラックス売場はここ2-3年の間に大幅に減少した、②上下コーディネイト商品売場がコーナーあるいはショップの形で大幅に増加して、単品スカート売場にとって代わった、③コーディネイト商品の売れ行きは年毎に伸びている、④単品スカート売場は横ばいの売れ行き、ないしは低下しているとある。コーナーないしはショップ形式によるコーディネイト販売が少なくとも1つの主流の販売方法となっていることが示されている。
70 本段落は、三陽商会『サンヨープロシュール』1979年秋冬号、19、21頁を参照。
71 『繊研新聞』1969年10月2日、1970年7月15日、1971年7月1日。
72 『日本繊維新聞』1975年1月30日、『繊研新聞』1976年1月17日。

第4節　製品・小売ブランドの形成期：ショップの成立（1970年代後半）

総生産量であった。1977年6月には，「バーバリー」スーツの新工場を立ち上げ初年度年産3万着体制を立ち上げている[74]。

「バーバリー」は，コート，次いでスーツという重衣料から出発しており，その点では最初はコート，スーツという単品に力点を置いていたと言ってもまちがいとはいえない。コートを強みとして成長してきた三陽商会は，スーツ，さらにはドレスという個別製品カテゴリーの商品力に当初は力点を置いていたと言えよう。

1977年秋から，バーバリー・チェックのアクセサリー，バッグ類の企画・生産・販売を開始した。バーバリーのチェック柄を生かしたスカーフ，マフラー，かさ，紳士・婦人のバッグを，百貨店や有力専門店で販売する。バッグ，アクセサリーの有力専業メーカーと提携して生産しているが，これまで販売してきたバーバリーコート，紳士スーツ，婦人スポーツウエアに，アクセサリー，バッグ類が加わり，さらなる総合的な商品展開が進んだ。合わせて，1977年においても，「バーバリースーツ」の拡大を通じて，売り上げに占める非コート比率を高めようとしている[75]。

1978年秋，婦人服部門における「バーバリースポーツ」にて，スポーツウエア企画に着手し販売した。具体的な商品は，ドレスシャツ，スポーツシャツ，ネクタイ，セーター，スポーツウエアである[76]。

1980年12月期，紳士の展開する製品は，レインコート，ウールコート，ジャケット，パンツ，カジュアル，シャツ，小物である。1980年春から，紳士部門がカジュアル分野に進出，本格的なフルアイテムのトータル展開を図った。さらに，1980年秋には，紳士のドレスシャツを発売している。コ

---

[73] 『日本繊維新聞』1977年1月8日。
[74] 『日本繊維新聞』1976年9月3日，1977年8月31日，『繊研新聞』1977年6月10日。
[75] この段落については，『繊研新聞』1977年5月28日，8月31日，『日本繊維新聞』1977年5月28日を参照。
[76] 『繊研新聞』1978年3月13日，4月17日，1979年4月7日。

ートやスーツとのフィット性をねらって開発され，コートとスーツと歩調を合わせた企画となっている。婦人はレインコート，ウールコート，カジュアル，バッグ，アクセサリー類を展開している。[77]

「バーバリー」は，当初はコートから出発しながら，1970年代後半から1980年にかけて多様な製品カテゴリーを包含する総合的なブランドに成長した。多様な製品は，それぞれ単独に存在するのではなく，1つの売場，すなわちショップの中で統一感を与えられる。「バーバリー」がショップを明確に打ち出していくようになるのはいつからか。1978年4月17日付『繊研新聞』において，バーバリー社代表取締役と三陽商会社長との対談において，三陽商会社長吉原信之は，「バーバリーのあらゆる商品がトータルで構成できるんで，いま一流の店にお願いし，ショップ・イン・ショップ方式のすばらしい売場をつくっていきます」と述べている。

1979年4月時点で，ショップまたはコーナー展開を計画している「バーバリー」（紳士服）の店舗数は，15店舗（前年と同数）であり，売場面積は26.4㎡，33㎡とする。紳士服部がトータルショップづくり推進を行う背景には，売り方にまで踏み出して視覚に訴えた提案を行おうというねらいがある。[78]

婦人服については，1982年の「バーバリースポーツ」は売上49億円であり，首都圏では，高島屋日本橋店（売場面積15坪，売上2億8,000万円）をはじめとして，三越日本橋店，三越銀座店，西武池袋店，西武渋谷店，伊勢丹新宿店，松坂屋銀座店，松屋銀座店，阪急数寄屋橋店，京王新宿店，東武池袋店，横浜高島屋，小田急新宿店などで4坪から8坪ぐらいの売場面積で取り扱われている。「バーバリー」のコートは，百貨店のコート売場に置

---

[77] この段落については，『日本繊維新聞』1979年7月14日，1980年8月15日，『繊研新聞』1981年1月30日を参照。『繊研新聞』1981年1月30日付によれば，1980年12月期の「バーバリー」売上130億円のうち，紳士は52％，婦人は48％の構成である。

[78] 『繊研新聞』1979年4月7日。

かれている部分が多いので，その意味では「バーバリー」のすべての商品が「バーバリー」ショップにまとめて置かれているとは言えない。

「バーバリー」の専門店展開については，1979年秋から全国の地域一番店に相当する高級専門店にて「バーバリー」のショップ展開を行なうこととした。紳士については，原則として1都市1店舗，ショップ・イン・ショップ形式で，コート，スーツなどのウエア類からバーバリー・チェックの小物に至るすべてのアイテムをトータルにコーナー展開している。1979年9月に東京，大阪，博多などの有力専門店，ファッションビル11店舗でスタートした。1980年春から紳士部門がカジュアル分野に進出し，コートからカジュアルまで含めたフルアイテム構成となる中，専門店においてもコアとなる店舗を作り，販売体制を強化する。「バーバリー」を扱う専門店をパートナーショップと名付けているが，1981年7月時点では，メンズ専門店20店，レディス専門店45店に達している。[80]

(イ)「バンベール」

「バンベール」は，VIN（酒），VERT（緑）となり，フランス語で緑の酒という意味である。シックで落ち着いたヨーロッパ調のミッシーのためのカジュアル衣料である。[81] 1970年代ミッシー・カジュアルのブランドの形成・成長が，多製品ブランド化，次に見るコーナー売場・ショップ形成を生み出したといっても過言ではない。

ミッシー（Missy）という言葉は，「新しい生活感覚をもった若いミセス」という意味で，もともとはアメリカで用いられていたが，伊勢丹が日本に輸入して1971年6月にミッシー・カジュアル・ショップを作ったことに端を

---

[79] 矢野経済研究所［1983］120頁。
[80] この段落については，『繊研新聞』1979年7月14日，1980年1月10日，1981年7月2日参照。
[81] 三陽商会社内資料，1975年2月号，6頁。

発する[82]。海外のファッション動向，原糸メーカーや百貨店との関係に基づいて，アパレル各社は日本でのミッシー・カジュアルのブランドづくりに着手する[83]。ミッシー・カジュアルの服種は，上物ではブレザー，ジャケット，チュニック，ジャンパー，ドレス，ベスト，下物ではスカート，パンタロン，洋品類ではセーター，ブラウスと多様である[84]。

　三陽商会の場合はすでに見たように，1971年秋，ミッシー・ミセスのためのカジュアル衣料「パルタン」において，ブレザー，スカート，セーター，ジャンパースカート，パンタロンを販売している。このように，婦人カジュアルはセットものではなく，単品の組み合わせとして提供するものであり，必然的に多様な製品を取り揃えることとなった。

　1975年春，三陽商会は1971年秋から使っていた「パルタン」の後継ブランドとして，「バンベール」(VIN VERT)を打ち出した。ミッシーやミセスは，1970年代当時，ファッションやコーディネイトの知識が少なかったので，販売員がコーディネイト提案をすれば，複数の商品を買ってもらえた[85]。

　「バンベール」展開時点での取扱い百貨店は，首都圏では伊勢丹本店，西武池袋，三越本店，小田急，上野松坂屋，千葉そごう，横浜高島屋，京王，高島屋日本橋店，東急東横，札幌地区では丸井今井，東急，名古屋地区では松坂屋，大阪地区では近鉄，阪神，京都大丸，そごう，九州地区では井筒屋，岩田屋などである[86]。

---

[82] 伊勢丹［1990］297-298頁，643頁，㈱東京スタイル［2000］64頁。
[83] 1971年春，東京スタイルはミッシー・カジュアルとして，「マイドル」（伊勢丹向け）「エヴァン・ピコン」（三越向け）「レポルテ」（ナショナル・ブランド）の3つのブランドを打ち出している。レナウンは，1971年秋冬から全国主要百貨店に向けて「メルシェ」「ランブル」のブランドでミッシー・カジュアル衣料の提案をしている。東京スタイル［2000］64頁，『日本繊維新聞』1971年6月10日，12月10日，11日，13日，14日，16日，18日20日，『繊研新聞』1981年8月19日参照。
[84] 三陽商会社内資料，1975年2月号，6頁。
[85] 三陽商会社内資料，1975年2月号，6-7頁。
[86] 三陽商会社内資料，1975年2月号，7頁。

第4節 製品・小売ブランドの形成期：ショップの成立（1970年代後半） 171

　1982年12月期の「バンベール」の売上は95億円である。首都圏百貨店では，西武池袋（売場面積8坪，売上2億2,000万円），三越日本橋，三越銀座，高島屋日本橋，伊勢丹新宿店，京王新宿店，東武池袋店，横浜高島屋，小田急新宿店にて，売場面積6-10坪程度で取り扱われている[87]。

(ウ) 「スコッチハウス」

　「スコッチハウス」は，イギリスのスコッチハウス社とのライセンス・ブランドである。1974年8月紳士服で発売開始している。「オリジナルのタータンチェックやランパートライオンマークを使い，明確なトータルイメージと統一感のある広がりを表現し，機能性，厳選された素材，ハイグレードな縫製を追求した，粋でクラッシックなスコティッシュカジュアル」である[88]。

　1977年秋，イギリスの専門店であるスコッチハウス社と提携して，婦人服部門で「スコッチハウス」のコーナー展開に乗り出す。取扱い商品は，ブレザー，ジャケット，スカート，パンタロン，セーター，カーディガンなどであるが，三陽商会婦人服部門では，本格的にニットのセーター，カーディガンに挑戦することとなる[89]。イギリスで培われたブランド力を活用して，日本国内で，多様なアイテムを企画・生産するとともに，百貨店，専門店でのコーナー展開に乗り出したものである。

　三陽商会は，1979年秋，紳士服で「スコッチハウス」のトータルコーディネーションを基本としたショップないしはコーナー展開を進めるべく，ドレスシャツ，スポーツシャツ，ネクタイ，セーター，ソックスを取扱い商品に加えている[90]。

　1980年，「スコッチハウス」の婦人服分野では，これまで「バーバリー」

---

[87] 矢野経済研究所［1983］120頁。
[88] 三陽商会社内資料。
[89] 『繊研新聞』1977年5月28日，『日本繊維新聞』1977年5月28日。
[90] 『繊研新聞』1979年4月7日。

とペアで販売してきたが,「バーバリー」をミセス対象,「スコッチハウス」をヤング対象のブランドと明確に区別して,「スコッチハウス」の単独展開に乗り出す[91]。1982年には,スコッチハウスの推計売上高18億円となり,首都圏有力百貨店にコーナー売場ないしはショップとして入っている。たとえば,西武池袋（25坪の売場,2億5,000万円の売上）,高島屋日本橋（10坪,1億2,000万円）,京王新宿（8坪,8,700万円）の他,三越日本橋,三越銀座,伊勢丹新宿,松屋銀座,東急渋谷,東武池袋,横浜高島屋,小田急新宿である[92]。

第5節　1970年代三陽商会におけるブランドの発展とその特質

　三陽商会は,1970年代に,部分的に,単品ブランドから多製品ブランドを経て製品小売ブランドへの発展を示した。とはいえ,「バーバリー」「バンベール」「スコッチハウス」に見た百貨店におけるショップは,おおよそ10坪以下であり,東京都心部の百貨店を中心としたものであった。その意味では1980年前後は,三陽商会においても製品・小売ブランドの形成期と捉えることができる。

　多製品ブランド,製品・小売ブランドは,アパレルメーカーである三陽商会が戦略的に進めたというよりも,海外の動向や百貨店の動向に触発されて対応していく中で,生成していったというのが実情に近い。多様な製品カテゴリーを取り揃え,1つのショップで販売することでブランドとしての統一性を訴える手法は,海外提携ブランドである「バーバリー」や「スコッチハウス」において行われた。この点で海外ブランドは日本のナショナル・ブラ

---

[91] 『繊研新聞』1980年5月12日。
[92] 矢野経済研究所［1983］120頁。

第5節　1970年代三陽商会におけるブランドの発展とその特質　173

ンドに先んじていたと言える．また「バンベール」などの展開は，百貨店が積極的に海外の動向を取り入れてミッシー・カジュアル売場を作っていく中で進んだ．

　三陽商会がコート専業メーカーとして出発したことは，1970年代のブランド展開を大きく規定した．コートは，セーターやブラウスなどとは異なり，毎日着まわしをするものではなく，相対的に数少ないアイテムを消費者は用いる．百貨店の売場においてコート売場として単品を軸にして販売される度合が高かった．その意味で，1970年代の三陽商会は，「サンヨーコート」「バーバリー」「キャラット」などのブランド名で単品としてのコートを百貨店のコート売場で販売しており，単品ブランドが重要な役割を果たしていた．コート専業メーカーとしての出自は，製品とブランドとの関係において他の有力アパレルメーカーと三陽商会を識別するものとなった．

　単品ブランド，多製品ブランド，製品・小売ブランドは，単にブランドの形態を弁別したものではない．ブランドが多様な製品カテゴリーを包摂していくこと，ブランドが店頭陳列や接客サービスなどの小売機能を内に取り込んでいくことを，このブランドの形態発展は示している．1970年代における三陽商会は，ブランド形態の発展，ブランドを基軸とした生産・販売の統一の萌芽を示しているのである．[93]

---

[93] 1980年前後の三陽商会は，百貨店との関係において委託取引が一般的であり，返品の意思決定は百貨店側にあった．三陽商会は返品の多い百貨店との取引はしたくないと考えていた．『日本繊維新聞』1979年2月22日付の三陽商会社長・吉原信之氏は，「得意先も集中する．あまり返品のあるところは困る．10%以上返品のあると本当は困るんですよ．」と発言し，買取伝票から委託伝票に変わった経緯について触れている．このことは，小売のリスクを全面的にアパレルメーカーが負うことを望まないメーカーの意識を示している．同時に，吉原氏は，同じ記事で，「バーバリー」「スコッチハウス」「サンローラン」で商品の幅を広げていくことも述べている．

第5章

1950-70年代におけるイトキンの
ブランド構築と小売機能の包摂

―マルチ・ブランド戦略の徹底活用―

第1節　はじめに

　意識的なブランド構築が実践されるようになったのは，せいぜい1980年代以降のことである[1]。しかし，無意識的にではあれ，ブランドが社会的関係の中で形成されるようになるのは，それよりも以前のことである[2]。本章で

---

[1] Keller [1998] p.30（恩蔵・亀井訳 [2000] 65頁）によれば，1980年代以降のアメリカにおけるM＆Aの流れの中で，「強いブランドは企業に大きな収益率と利益率をもたらし，ひいては株主に大きな価値を生み出す」ということが自覚されてきた。意識的なブランド構築の実践的指針を示すものとして，Aaker [1991]（陶山・中田・尾崎・小林訳 [1994]）; Aaker, [1996]（陶山・小林・梅本・石垣訳 [1997]）を参照のこと。

[2] ブランドの意識的な構築にかかわって，重要な概念として1990年代に提起されたのは，ブランド・アイデンティティである。Kapferer [2008] pp.174-175では，ブランド・アイデンティティは送り手の側にあって，ブランド・マネジメントの観点から，消費者の抱くブランド・イメージに先んじるとし，Askerと同じくアイデンティティの先導性を主張しているが，同時にアイデンティティの歴史的生成についても言及している。「アイデンティティという概念が主張するのは，たとえブランドが当初はたんに製品の名前として始まったとしても，時とともにブランドは自立性および固有の意味を獲得するという事実である。過去の製品および広告の生きている記憶として，ブランドは

は，日本のアパレル産業を素材に，マーケットとの試行錯誤のやりとりのなかでブランドが発展する過程で，製品としてのブランドが小売機能を包摂し，ブランドが製品および小売を含むものへと発展を遂げることを明らかにする。具体的には，イトキンの1980年頃までのブランドの形成と飛躍を整理・分析することで，ブランドと製品を中心としたマーケティング・ミックスの関係の変遷，製品ブランドの小売機能包摂[3]，ブランド体系[4]の生成を歴史

色あせるのではない，自らの能力，潜在的な力，正統性を明瞭にする」(p.175)と。アイデンティティは最初から確立したものではなく，ブランドが社会の中で受け入れられ，送り手と受け手とがコミュニケーションを行なうなかで，アイデンティティが生成していく点を，Kapfererは指摘している。

石井［1999］は，ブランド価値（アイデンティティ）は露出できない性格のものであると捉える。ブランド価値はブランド・メディアにより表現される。まずブランド価値はコードとスタイルという「抽象的なメディア」により表現される。「コードとは，ブランド価値を言葉で表現しようとしたもので」あり，「スタイル（様式）は，目に見える形に署名されたブランド価値」である。「技術，競争，消費，流行といったそのブランドを取り巻く個別・具体的な環境状況と密に接触」しながら，ブランド価値を具体的に表現するのが，「競争者に対するポジショニング，消費者ベネフィットにかなうコンセプト，流行にあったコミュニケーション・テーマ，細心の技術を取り入れた製品群，現代にふさわしいブランドの理想的消費者ターゲット」であり，それらは「もっとも可視的なメディア」（以上99-102頁）である。

石井のブランド価値とメディアのフレームに依拠するならば，店舗や販売員も個別具体的なブランド・メディアとなる。1ブランド内への多様な製品展開，小売過程におけるブランドのショップ展開やファッション雑誌の活用は，1970年代に普及し1980年代に一般化したと考えられるが，それはブランド・メディアの多様な形態を提供することで，ブランド価値を高めたととらえることができる。

片平［1999］59頁では，ダイムラー・クライスラー社の自家用車部門メルセデス・ベンツの代表取締役とのインタビュー（1996年）で，「ブランド構築という点では，これまではどちらかというと無意識のうちにやってきたが，幸運なことに，素晴らしい財産を引き継ぐことができた」と述べている。「卓越した強さを持つブランド」（片平［1999］40頁）という意味のパワー・ブランドであっても，1980年代になるまでは，ブランド・アイデンティティの創造を必ずしも意識的に追求してきたわけではなかった。

3 従来は，製品政策の一部としてブランドが論じられていたが，1980年代以降のブランド開発は，ブランドのもとに製品，価格，チャネル，コミュニケーションが設計される形式が，アパレルでは主流となってきた。本章では，ブランドが，マーケティング・ミックスの個々の要素の上位に位置して展開される事態の生成を前提に置いて，イトキン

第1節　はじめに　**177**

的に示すことである。イトキンという個別の企業ではあるが，その個別企業のブランド実践の中からブランドの発展を示したい。

　イトキン株式会社（以下，イトキン）は，1950年8月，辻村金五が㈱糸金商店を大阪市東区にメリヤス・布帛製品の現金問屋として開店したことに起源を持つ。イトキンは，本章で対象とする1960年代，70年代において，売上規模とブランド知名度[5]の点で日本を代表する婦人服製造卸売業であり，海外ブランドの導入においても他社に先駆けて積極的であった。その意味でブランド形成の典型的事例の1つと言えよう。

　1980年前後までに，イトキンは，1ブランド内に多様な製品カテゴリー[6]を包摂する形式，すなわち多製品ブランドを形成するに至った。個別ブランドは，コーディネイトという切り口のなかで多様な服種を展開し，1つのショップで販売される。個別ブランドのアイデンティティが，特定のプロダクトに縛られるのではなく，ブランドの制約内で多様な服種，素材とデザイン，言い換えれば多様な製品を包摂する。個別ブランドが価格帯，小売過程，顧

　のブランド展開を整理する。
4　ブランド体系について，Aaker[1996] p.241（邦訳317頁）は，「複雑な環境のもとでブランドを管理する鍵は，個々のブランドを独立したものと考えるだけでなく，互いに他のブランドを支援しなければならないブランド体系の一部として考えることにある」と述べている。
5　日本経済新聞社企画調査部[1973]，日本経済新聞社企画調査部[1976]によれば，1972年11-12月における婦人服，ブラウスの知名度において，イトキンはそれぞれ58.4％，56.8％であった。1976年2-3月の調査では，イトキンの婦人服，ブラウスの知名度はそれぞれ76.8％，74.5％となり，72年調査と比較し，それぞれ18.4ポイント，17.7ポイント上昇している。1976年調査の婦人服知名度で「イトキン」ブランドは8位となっている。ブランド名は事前に提示している。なおサンプリングは，両調査とも，東京，大阪，名古屋証券取引所の上場会社のうち，東京100社，大阪100社，名古屋25社をランダムに選び，その会社から，独身男性2人，独身女性2人，既婚男性およびその妻2人ずつ，計一社当たり8人を抽出したものである。婦人関連は女性のみの調査である。
6　ここでは，スーツ，シャツ，セーターなどの服種が異なれば異なる製品カテゴリーであるという意味で用いている。

客とのコミュニケーションを方向づける。ブランドが基軸となってマーケティング・ミックスが事実上展開される。イトキンのブランド展開を整理すると，多製品ブランドの形成とブランドによる小売サービスの包摂を示すことができる。この製品ブランドが，企業の戦略面からも，また顧客の認知の面からも，小売機能を包摂するようになる。イトキンは，商品企画から小売店頭展開に至る一連のプロセスをブランド戦略として実行するようになる。

さらに，イトキンはマーケットとの関係のなかで多数の個別ブランドを形成していくが，その過程で，イトキンという企業ブランドと個別ブランドとの分化，個別ブランドごとにおけるマーケットの棲み分けが徐々に形成されてくる。必ずしも企業がすべてのブランド発展をコントロールするわけではないが，ブランド間の有機的な関係，すなわちブランド体系が歴史的に形成されてくる。

このようなブランドは，初発からイトキンが意識的に追求したものとはいえず，マーケットとの関係の中で事実的に形成されたものである。ブランド構築の意識性は，今後の検討によるが，せいぜい1980年代以降に顕著となってきたものであり，1970年代にはマーケットの変化に対応する中で，ブランド概念が，多様な製品カテゴリーの包摂と小売機能の包摂という点で拡大してきたと捉えるのが妥当である。にもかかわらず，アパレルメーカーによるブランド構築の現実的基盤は，日本においては1970年代の市場変化と企業行動の中に準備されていた。

本章の構成は以下の通りである。1950年から62年頃までに「イトキン」

---

7 1980年代前半期におけるDC（デザイナー＆キャラクター）ブランドのブーム，80代後半期における海外高級ブランドのブーム，百貨店におけるショップ形式，都心部の繁華街路面での広い売場面積の直営店展開，ターゲットを絞り込んだファッション雑誌におけるパブリシティの活用など，ブランドがマーケティング・ミックスを使いこなしてアイデンティティを増殖させていくこととなる。さらにファッション傾向を分析する中で大手アパレル企業を中心として，ブランド揃えを追求していくことになる。すなわち，意識的なブランド体系の形成である。

第 2 節 「イトキンブラウス」の確立（1950-1962 年）　　**179**

ブラウスのブランドが確立する（以上第 2 節）。1963 年から 69 年頃には，イトキンは婦人カジュアルウエア・メーカーへと発展すると同時に，海外提携ブランドの導入などにより多数のブランドを展開することとなった（以上第 3 節）。

そして 1970 年代前半には，総合婦人服メーカーへと発展を遂げるとともに，ブランド軸によるショップ提案とコーディネイト販売が生まれてくる（以上第 4 節）。そして 1976 年から 82 年頃には，イトキンのブランド形成は，取扱商品の拡大，販売チャネルの変化，顧客ターゲットの拡大，コーディネイト販売とショップ販売の形成，ブランド体系の形成という特質を有することとなる（以上第 5 節）。この過程は，ブランドが製品，チャネルに従属する形式からブランドが製品，チャネルを包含する形式への転換を示すものとなる。第 6 節では，ブランドとマーケティング・ミックス，製品と小売を包括したブランドである製品・小売ブランド，ブランド体系について歴史的に検証する。

なお本章で用いた主な資料は，イトキンの社内資料，『繊研新聞』，若干の図書，2001 年 7 月 9 日のイトキン関係者に対するインタビューである[8]。

第 2 節 「イトキンブラウス」の確立（1950-1962 年）

この時期は，「イトキンブラウス」がブランドとして確立する。ブラウスの企画，小売への積極的な販売がこの時期を特徴づける。

---

[8] イトキン㈱専務取締役・橘高新平氏，秘書室部長・西口力氏，宣伝販促部・木嶋久野氏へのインタビュー，2001 年 7 月 9 日。

1. メリヤス・トリコットの卸・小売からブラウスの企画へ（1950-1955年）

1950年8月20日，大阪船場の一角に繊維2次製品卸を目的として，辻村金五は㈱糸金商店を資本金50万円で設立した。社員は1人で，建物代金を支払うと，運転資金が2-3万円しか残らなかった。「メリヤス布帛製品イトキン商店」と日よけの所に書き，メリヤスを仲間問屋から仕入れて卸売販売をしていた。1950年10月，子供服のトリコットを北関東地方の産地から仕入れ販売する。当初は，純然たる商業資本としてわずかな運転資金で商品を左から右に流して資本蓄積をしていた。そこにはブランド構築につながる要素はない。

しかし，創業者の辻村金五は，「自分で商品を考えて，作り，売ることはできないか」と考えた。㈱糸金商店は1951年春からブラウスの取り扱いを始める。写真5-1は，「イトキンブラウス」の展示会の模様である。戦前，辻村は，中国で外国婦人がブラウスを着こなしているのを見ていた。辻村の兄が名古屋でブラウスの製造・販売をする桜屋商事を興していたので，その商品を扱う一方，自社でも，51年4月に大垣工場を立ち上げて生産を開始する。「一部の洋裁店では注文を受けていたかもしれないが，船場でブラウスを販売していた店はなかった。第一，ブラウスという名に，まだなじみがなかった時代であった」。第二次大戦前に中国で外国婦人の着るブラウスを見慣れていた辻村金五にとっては目新しいものではなかった。「胸元にピンタックやレースをあしらって，よそにはない企画を工夫し」た。流行に機敏であることが，ブランドを構築する経営者にとっての不可欠な能力である。

糸金商店は，1952年には洋裁学校からデザイナーも採用した。同年，東

---

9 本段落は，イトキン［1985］70頁，大内・田島［1996］160-161頁参照。
10 イトキン［1985］71-72頁。
11 大内・田島［1996］161頁。

第2節 「イトキンブラウス」の確立（1950-1962年）　　**181**

写真5-1 「イトキン　ブラウス」の展示会

（出所）イトキン［1985］15頁。

洋レーヨン，蝶理と提携して，ナイロンブラウスを開発したが，それは爆発的な売れ行きを示し，「イトキンブラウス」の名を全国に知らしめることとなった。1951年にアメリカのデュポン社からナイロン技術を導入した東洋レーヨンが，糸金商店のブラウスに目をつけたからである[12]。

1953年4月には，藤中橋筋に第3店舗を増設し，裁断・デザイン室を作った。翌54年9月には，子供服の取り扱いをやめ，婦人物に絞り，同時にスカートの製造販売を開始する。1955年4月，糸金商事株式会社に改組，スラックスの製造販売を開始し，同年7月，「イトキン」ブランドを商標登録する[13]。

当時，大阪船場の商人は仕入れて売ることに徹しており，企画・生産機能

---

[12] イトキン［1985］72頁。
[13] イトキン［1985］80-81頁。

を合わせ持ってはいなかった。「同じものを値段では競争しない。違う品物，デザイン，感覚で勝負する」と辻村は考えていた[14]。経営者のビジョンと，企画機能に対する投資，そして流行に対する敏感さが，ブランド構築を促したのである。

2. 前売りからルートセールスへ（1956-1962年）

この時期，ブランド構築にかかわる要素は，(1)店頭卸売からルートセールスへの転換，(2)社名の「イトキン株式会社」への変更，(3)百貨店，量販店への販路開拓と販路別ブランド展開，(4)取引先および消費者に対する積極的なコミュニケーション活動の開始である。1960年12月，徳島工場を開設し[15]，自社工場をもった本格的なファッションメーカーとしての途を歩み始めた。

(1) ルートセールスへの転換

1956年11月，店舗での前売りを廃止し，ルートセールスに全面的に切り替えた。店舗には商品を置かずにサンプルだけを陳列した。前売りは店舗に座っていて現金が入り，貸し倒れの心配もないが，消極的な街の商いには限界があると考え，積極的に販路を開拓する方向へ営業体制を抜本的に転換した。1953年4月には外交販売を開始している。そして1956年2月には，大阪船場に本拠のある糸金商事㈱（1955年4月に改称，資本金500万円）が東京支店を開設している。一流のファッションが集まっている東京には進出しなければならないという辻村の考えによるものである。次いで，1959年3月福岡支店を開設，61年5月東京支店を新築移転，62年3月名古屋支店を開設，63年4月札幌支店，同年6月に広島支店を開設している。イトキン

---

[14] イトキン［1985］72頁。
[15] イトキン［1985］81頁。

は，各都市の有力な専門店に的を絞って積極的な営業活動を展開した。[16] 小売業者（当初は有力専門店）に対する積極的な営業活動と全国営業体制の構築は，消費者に対して「イトキン」ブランドを定着させるうえで不可欠なマーケティング行動であった。

(2) 「イトキン株式会社」への社名変更

1958年1月，社名を「イトキン」とカタカナに変えている。「ファッション感覚からいっても，会社のイメージ・アップにつながると思った。古い大会社なら，歴史にこだわっただろうが，発展途中の身軽な会社だからできた」と，辻村金五は述懐している。[17] 糸や生地などの素材中心の生産・流通をイメージさせる「糸金」という社名から，消費者に対するブランド構築が重要となるファッション産業の時代を見通した「イトキン」という社名に1950年代末という早い時期に転換したことは，経営者の時代認識を示す端的な事例である。

(3) 販路開拓と販路別ブランド展開

1958年3月，イトキンは百貨店との取引を開始，1960年3月には量販店との取引を開始している。量販店の店舗が増えるにつれて，イトキンの売り上げも伸びるが，百貨店と専門店向けのブランドと量販店向けブランドが競合し始めた。そこで，「イトキン」ブランドを量販店に移行し，百貨店，専門店には，新ブランドを展開することとした。1963年から，百貨店，専門店に「ファインセブン」ブランドを投入し始める。[18]

同時にこの時期，ブラウス・メーカーから本格的な婦人服メーカーに向かう一歩を踏み出す。1960年12月，婦人服の製造販売を始め，[19] 扱い商品の幅

---

16 本段落は，イトキン［1985］72-73頁，80-82頁参照。
17 イトキン［1985］73頁。
18 イトキン［1985］73-74頁。

を拡げていった。「イトキン」ブラウスを量販店に投入したことが，百貨店，専門店に向けての「高級」ブランド，婦人服取扱商品の拡大を促した。

(4) **積極的なコミュニケーション**

この時期，取引先や消費者とのコミュニケーション活動を大々的に展開した。1957年1月に第1回ファッションショーと展示会を毎日ホールで開催し，60年4月にイトキンブラウスの広告を女性週刊誌に掲載，ABCラジオスポットの広告を放送する，61年3月に関西テレビ，フジテレビ，東海放送，九州朝日放送にテレビスポットの広告を放送している[20]。この時期までには，1955年に商標登録したイトキンのブランドとその商品が，全国の百貨店，専門店，量販店に直接販売され，消費者にメディアを通じて訴求されるようになった。

第3節 マルチ・ブランドの婦人カジュアルウエア・メーカーへの発展（1963-69年）

この時期のブランドの発展に関する特徴は，(1)チャネル別（百貨店・専門店と量販店）の事業部制を敷き，チャネル別にブランドも区別したこと，(2)ライセンス・ブランドにより，デザインや設計の技術力を自社に蓄積すると同時に，マルチ・ブランド化を進め，イトキンの名声，価格帯の格上げを行なったこと，またブラウスのメーカーから婦人カジュアルウエアのメーカーへと転換をはかっていったこと，(3)百貨店や専門店の売り場のなかに特定ブランドのショップを作り始めたこと，そして(4)全国テレビ広告を行なったことにある。

---

[19] イトキン [1985] 81頁。
[20] イトキン [1985] 80-81頁。

第3節　マルチ・ブランドの婦人カジュアルウエア・メーカーへの発展（1963-69年）　　**185**

(1) チャネル別ブランド

　1963年6月，百貨店・専門店販路として第1事業部，量販店販路として第2事業部と事業部制を採用している。「イトキン」ブランドを量販店，「ファインセブン」ブランドを百貨店・専門店向けに，チャネル別にブランドを整理した。[21]

(2) 海外ブランドの展開

　1964年，辻村金五社長は，朝日放送からヨーロッパ旅行に招待された。その際，辻村社長が考えたのは，「サンプルを求めるくらいでは，同じようなものは作れない。ヨーロッパのファッション・ビジネスの内部に入る方法はないか」ということであった。この思いが，「どんな仕組みで企画を進めていくのか」を学ぶための海外提携ブランドの導入に踏み切ることにつながった。日本の既製服製造卸売業者の中では最も早い部類の海外ブランド導入であった。その実例を以下の資料5-1に示す。[22]

資料5-1　イトキンにおける海外提携ブランドの導入

1965年8月，アメリカのヒルプ社と技術提携し，アスペンスキーウエアの製造販売に関する契約を結ぶ。
1966年10月，パリのジャン・キャシャレル社とシャツ，ブラウスを主としたヨーロッパカジュアルウエアの技術提携をする。シャツ，ブラウスを中心に，スカート，スラックス，ジャケットなどを開発し，ブラウスの色使いは白一色ではなく，キャシャレル独自の明快な14色を展開している。
1966年12月，アメリカのカタリナ社とスポーツウエアの技術提携をする。
1967年10月，イギリスのスリーマ社とイングランドカジュアルウエアの技術提携。18-22歳層を対象としたスカート，スラックス，ワンピースなどのカジュアルウエアを日本で展開することとなった。
1969年5月，イタリアのアイレマ社とニットカジュアルウエアの技術提携をし，

---

[21] イトキン［1985］73-74頁。

[22] 大内・田島［1996］402-404頁。

百貨店などでショップ・イン・ショップの展開を始める。セーター，ベスト，スカート，パンタロン，ワンピース，Tシャツの組み合わせを展開する。
1969年10月，アメリカのカタリナ社と婦人用水着の技術提携。
1970年5月，パリの3大カジュアルウエア・メーカーのデナバーリー社と技術提携する。提携の内容は，①デナバーリー社の商品のパターンと現物見本の提供，②商標権ほかPR，販促に関する情報を受けるというものである。シャツ，ブラウスを中心に，スカート，スラックス，ワンピースなどヤングのためのトータル・カジュアルファッションを受ける。

（出所）イトキン株式会社『35年のあゆみ』82-84頁；『繊研新聞』1966年10月11日，1967年1月18日，1967年12月4日，1968年2月9日，1969年5月4日，12月15日。

資料5-1からもわかるように，この時期には，ブラウス単品のメーカーからマルチ・ブランドの婦人カジュアルウエア・メーカーへの脱皮を果たしている。「イトキン」は企業ブランドであると同時に，量販店向けの製品ブランドであったが，多数の製品ブランド展開をすることで，イトキンは企業ブランドとしての性格を強めた。婦人カジュアルウエア・メーカーへの脱皮を示す事例として，ライセンス事業の他に，資料5-2に示す活動があった。

資料5-2　イトキンにおける婦人カジュアルウエア・メーカーへの脱皮

1965年10月，神戸市生田区にシャロン（株）を設立し，専門店・百貨店向けにハイセンスなブラウスを開拓する。

1966年秋，イトキンは東レと提携して，「カジュアルウエア，タウンウエアねらいの本格的なコーディネイト・ファッション」を開発，全国の百貨店，専門店に販売する。ハイティーンからヤングを対象とする。帽子，セーター，ブレザー，ジャケット，ベスト，ワンピース，スカート，コート，ハイソックスなどにわたり，横編み，ジャージー，織物，ストレッチなど各種素材を網羅する。小売販売方法は，コーナー販売を実施する。

1967年，東レとイトキンは共同して「トータル・ルック」として提供される「イトキン・ヤングトータル」と「イトキン・ホームウエア」を展開する。タウンウエアとしてのワンピース，スーツ，アンサンブルなどで，量販店にてコーナー販売されている。

1969年2月，婦人服部門を別会社化する。新会社のイトキンドレスは，大阪に

第3節 マルチ・ブランドの婦人カジュアルウエア・メーカーへの発展（1963-69年）　**187**

> 営業所を置き，ワンピース，スーツ，オーバーコートなどを全国の量販店に販売する。また，新会社のジャンドールは東京都に営業所を置き，ワンピース，スーツ，オーバーコートなどを専門店，百貨店に販売する。

（出所）　イトキン株式会社『35年のあゆみ』82-83頁，『繊研新聞』1966年8月30日，67年7月26日，11月9日，69年2月6日。

(3)　百貨店売場内のショップ展開

　1968年頃から，イトキンは，「ジャン・キャシャレル」の分野で東京，大阪を中心にショップ・イン・ショップを展開し，1969年から，「アイレマ」でもショップ・イン・ショップを展開している。1つのブランドによるコーディネイトされた売り場が，百貨店や専門店で徐々に広がり始めた[23]。単品ブランドではなく，ショップとしてブランドが認知される。ブランドが製品レベルから小売レベルをも包含する形で拡張された。

(4)　全国テレビ広告

　イトキンは，1964年7月から1965年1月まで，テレビ歌謡番組「ビクターヒットパレード」のスポンサーとなり，全国に「イトキンブラウス」ブランドの認知を高めていった[24]。この番組のテレビ広告で，百貨店・専門店向けの「ファインセブン」ブランドが取り扱われたが，その際「イトキン」のブランド名が登場しており，「イトキン」という企業ブランドが「ファインセブン」という個別ブランドを支援し，それに信頼性を与えた[25]。

---

[23]『繊研新聞』1969年12月15日。
[24] イトキン[1985] 20, 24, 82頁，大内・田島[1996] 402-403頁。
[25] イトキン[1985] 24頁。アーカーは，ブランド体系の管理において，購買意思決定を促すドライバー・ブランド（Driver Brands）と，ドライバー・ブランドによる訴求を支援しそれに信頼性を与えるエンドーサー・ブランド（Endorser Brands）を提起している。Aaker[1996] pp.243-247, 陶山他訳[1997] 321-326頁。

第4節　コーディネイト・ブランドの揺籃期（1970-75年）

1970年代のイトキンは，コーディネイト・ブランド揺籃期（1970-75年）とコーディネイト・ブランドの確立期（1976-82年）という2つの時期に分けて捉えることができる。この時期区分の根拠は何か。まず，1970年2月に，販売ルート別の事業部制から分社制に転換し，各分社間，ブランド間の競争を促して，イトキン・グループ内のマルチ・ブランド化が進むと同時に，コーディネイト・ブランド化の芽が形成されていった。コーディネイト・ブランドとは，あるブランド内に多様な製品を企画・生産して取り揃え，1つの売場空間のもとに編集し，顧客にコーディネイト提案するブランドのことである。コーディネイト・ブランドは，そこに売られている個々の製品を示すと同時に，ショップないしはコーナー売場に表される小売機能としてのブランドを意味する。1970年代後半期は，1976年のセールスコーディネイト部設立，1977年2月における分社制の軌道修正・グループ企業集約化，1982年2月における企画機能のイトキン㈱のもとへの一本化という組織変革のもと，コーディネイト・ブランドが一般化する。

1960年代末に始まった海外提携ブランド（ジャン・キャシャレル，アイレマ）のコーナー展開ないしはショップ展開の芽をふまえ，1970年代前半期は，1976年以降全社的に展開されるコーディネイト・ブランド政策を準備する段階にある。この時期の特徴は，(1)スーツ，ワンピース，コートなどの婦人服関連がブラウス，ジャケット，セーター，スラックス，スカートなどの洋品関係の売上と拮抗するようになり，総合婦人服メーカーへと発展を遂げたこと，(2)専門店・百貨店販路の比重が量販店販路に比して高まったこと，(3)新規ブランド（提携も含む）によりヤング女性からミセス層へと顧客基盤を拡大するとともに，高価格帯商品の拡大を進めたこと，(4)事業部制から分社制への組織転換と新規ブランドの立ち上げを通じて，企業ブランド（イトキン）と個別ブランドというブランド体系の萌芽形態が姿を表してき

たこと，(5)単品ブランドに対してコーディネイト・ブランドが比重を高めていくことにある。この5つの論点は，相互に密接に関係を持ちながら進むことになる。

(1) 総合婦人服メーカーへの移行

1970年1月期決算における商品構成は，ブラウス45％，ニット製品（セーター，ニットドレス，ニットスーツ，各種カットソー製品，ブレザー，ジャケットなど）30％，婦人服15％，スカート・スラックス10％の比率である[26]。イトキンはヤング女性のための洋品（ブラウスなど）から出発し，次第に婦人服部門の強化を図っていった。1973年1月期には，婦人服関連50％，洋品関連50％の売上比率となる[27]。多様な服種を取り揃えたコーディネイト・ブランドが多数のブランド展開として一般化するためには，洋品と婦人服両方の充実が必要である。

(2) 専門店・百貨店販路の重視

1970年代前半に，コーディネイト・ブランド展開の主な小売販路である専門店・百貨店の比重が量販店に比して高まっていく。1967年時点では，量販店向けのウエイトが半分以上になっていた[28]。しかし，1972年1月期決算では，百貨店・専門店ルートの売上比率はおよそ60％となり[29]，1973年1月期決算ではそのウエイトは72％で，逆に量販店販路は28％となっている[30]。

---

[26] 繊研新聞社編［1970b］263頁。
[27] 『繊研新聞』1973年4月10日，11月8日。
[28] 『繊研新聞』1967年4月27日。
[29] 『繊研新聞』1972年4月6日。
[30] 『繊研新聞』1973年4月10日。

(3) ミセス層の開拓

イトキンは，洋品と比較しての婦人服関連の重視，百貨店・専門店販路の重視とも連動して，ミセス層への顧客基盤拡大と高級化を進める。1973年1月に技術提携したクリスチャン・オジャール（写真5-2）は，スーツ，コート，ワンピース，スカート，パンタロンなどを取扱い，当時のヤングミセス層への訴求をねらいとしたものである[31]。ミセス層への顧客基盤拡大と高級化は，コーディネイト・ブランドとして百貨店・専門店にショップないしは売場を確保していくうえで積極的な役割を果たす。

写真5-2　1973年2月クリスチャン・オジャール第1回発表会（日本）

（出所）　イトキン［1985］37頁。

(4) ブランド体系

1970年2月，販売ルート別，商品別，ファッション感覚別の各事業部を独立の別法人に切り替える。すなわち，従来の営業関係の別法人に加えて，新たに営業関係で9社，工場関係で7社の新会社を設立する。さらに同年4月に1社，5月に1社を追加し，親会社であるイトキン㈱を含めて合計22社という分社体制を取る。資料5-3は各社の内容を簡潔に記したものである。

---

[31] イトキン［1985］36-37頁，『繊研新聞』1973年1月27日。

資料 5-3　1970 年時点におけるイトキンの分社制

イトキン㈱。グループの親企業であり，輸出入，ファッションセンターなどを有し，グループの管理機能を担う。

イトキンシム㈱。ブラウスを中心としたカジュアルウエアの製造販売。量販店を対象とする。大阪本店。

イトキンニット㈱。ニットファッションの製造販売。量販店対象。大阪本店。

イトキンカジュアル㈱。大阪。スカート，スラックスを中心としたカジュアル衣料の製造卸。量販店販路対象。

イトキンジョイ㈱。東京。ブラウス主体のカジュアル衣料の製造販売。量販店対象。

東京イトキンニット㈱。リゾートウエアなどのニット製品を製造販売する。

イトキンヒル㈱。大阪で，有力量販店を販売対象とする（70 年 5 月 4 日）。ヤングミセスを対象としたカジュアル衣料の製造卸。

アイレマ㈱。東京。イタリアのニットメーカー，アイレマ社と技術提携し，ヤングのカジュアル・ニット製品を扱う。専門店・百貨店主体の販売。ショップ形式の販売も一部展開。

キャシャレル㈱。大阪。パリの有力カジュアルウエア・メーカー，キャシャレル社と技術提携し，「キャシャレル」のブランドで専門店・百貨店にショップ形式で展開。ヤング女性対象。

キャシャレルトーキョー㈱。東京。上記と同じ。

サモード㈱。東京。ロンドンのカジュアルウエア・メーカー，スリーマ社と技術提携した婦人服メーカー。百貨店・専門店に販売。

ジャンドール㈱。東京。専門店・百貨店販路のヤング向け婦人服の製造販売。

シャロン㈱。神戸。1965 年設立。フォーマルウエアからカジュアルウエアまでを扱う婦人服の製造卸。専門店・百貨店販路。

デナバーリー㈱。東京。パリのギラードルーディン社と技術提携したヤングカジュアルウエア・メーカー。1970 年秋冬物から専門店・百貨店に販売する。

ジャスモード㈱。大阪。消費者のファッション動向を捉えるためのイトキングループのモニターとなる小売業者。二子玉川高島屋，大阪心斎橋に直営店を運営している。

工場関係 7 社。
　合計 22 社。

（出所）　繊研新聞社編集部 [1970b] 263-265 頁。『繊研新聞』1970 年 1 月 30 日付，2 月 17 日付，2 月 18 日付。イトキン株式会社『金の城』1970 年 2 月 1 日。

製造卸，小売関係の分社の社名に着目すると，5社の社名には「イトキン」という名称が使われているが，他は「イトキン」という名称は入っていない。さらに1971年2月，営業関係5社の社名が変更された。すなわち，(大阪関係) 旧イトキンシムをシム㈱に，旧イトキンニットをミーナ㈱に，旧イトキンカジュアルをマックカジュアル㈱に，(東京関係) 旧イトキンジョイをジョイ㈱に，旧東京イトキンニットをアーダ㈱に変更した[32]。これは，イトキン㈱という親会社名と分社名（イトキンではディビジョンと呼ぶ）との峻別を明確化したことになる。

1972年6月，キャシャレル㈱をジョネ㈱に，キャシャレルトーキョー㈱をジェオレ㈱に，デナバーリー㈱をダナ㈱に社名変更した。この変更について，イトキンは以下のように説明している[33]。ジョネ㈱については，「フランスのヤングファッションの総合メーカーとして著名な〝ガストン・ジョーネ社〟と新しく提携し，従来の洋品カジュアルウエア・メーカーの性格から，婦人服を含めた総合カジュアルウエア・メーカーとして商品分野を拡大する」。このため「ブラウスを中心とした洋品カジュアルウエア・メーカーである〝キャシャレル社〟との提携は今夏物をもって解消する。……販路は全国の専門店，百貨店を対象とする」とし，社名もキャシャレルからジョネに変更した。ジェオレ㈱については，「フランスの著名な婦人カジュアルウエア総合メーカー〝ジョルジュ・レッシュ社〟と新しく提携し，ジョネ㈱と同様婦人服を含めた総合カジュアルウエア・メーカーとして商品分野を拡大し，販路も全国の専門店，百貨店を対象とする」。さらにダナ㈱については，「従前通りフランスの〝デナバーリー〟との提携による企画商品を柱とし，高級洋品カジュアルウエア・メーカーとして専門店，百貨店対象に展開を行う」。この3社の社名変更とその背景は，洋品カジュアル主体から婦人

---

[32] イトキン［1985］84頁。
[33] イトキン『金の城』1972年7月1日，2頁。

第4節　コーディネイト・ブランドの揺籃期（1970-75年）　**193**

服総合メーカーへの転換を示すものとなっている。

　イトキンという名称は事実上企業ブランドとして親会社に用いられ，その下に分社が存在し，分社はそれぞれの個別ブランドを抱えているという体制が整備される中で，企業ブランドと個別ブランドの分化の条件が準備されていったのである。

(5)　コーディネイト・ブランドの形成

　コーディネイト・ブランドの形成が重要であるのは，ブランド概念の拡張を端的に示すものだからである。たとえば，イトキンというブランドがブラウスを指し示すものと連想されるとき，ブラウスという製品に結びつくものとなり，ブランド連想が制約される。それが企業ブランドをも示すとき，企業の事業領域をブランド連想の点から縛るものとなる。

　コーディネイト・ブランドとは，あるブランド内に多様な製品をコーディネイトという観点から企画・生産して取り揃え，1つの売場空間のもとに編集したブランドのことであるが，これは，一定面積の売場を他のブランドに邪魔されず占有することを可能とし，その中に多様な服種，アクセサリーなどの品揃えを提案できる。

　コーディネイト・ブランドは，海外提携ブランドを通じて1960年代末に始まり，1970年代前半期に加速する。資料5-4は，1980年までのイトキンの海外ブランドとの技術提携を示している。提携のおおよその内容は，「各種ファッション情報，見本，パターン，生産加工技術などの導入，日本での独占販売権，輸入販売権など」である。イトキンは，1973年には「オートクチュールからカジュアルウエア，ジュニアからミッシー，フォーマルウエアからレジャーウエアなどにいたるまで幅広いファッション展開をはかる」こととなった。[34]

---

[34] 以上,『繊研新聞』1973年1月27日より引用。

資料 5-4　イトキンにおける海外企業との主な技術提携

1970年5月，パリの3大カジュアルウエア・メーカーのギラードルーディン社と技術提携をし，デナバーリー社を設立。シャツ，ブラウスを中心に，スカート，スラックス，ワンピースなどヤングのためのトータル・カジュアルファッションを提供する。百貨店，専門店でコーナー展開をする。
1973年1月，クリスチャン・オジャールと技術提携。20-30歳層を対象としたシックな婦人服で，スーツ，コート，ワンピース，スカート，パンタロンを取り扱う。
1973年1月，ジョルジュ・レッシュと技術提携。パリのカジュアルウエア・ファッション。
1973年2月，イタリアのニットメーカー，ゼマール社との提携ブランド「ZEMAR」の第1回発表会が行われる。20歳から30歳までの女性層を対象とし，丸編，横編を組み合わせた総合的なコーディネイト・ファッションであり，重衣料志向の商品である。
1973年11月，フランスのラ・ガミヌリー社および伊藤忠商事と合弁でファッション専門店経営会社「ラ・ガミヌリー」を設立。その第1号店が日本橋三越新館2Fにオープン。パリからの輸入品を主体としたレディスヤングカジュアルの専門店を開設する。
1974年2月，イトキン子会社のサモードがフランスのジャンクロード社と技術提携。「J・Cクロード」ブランド名で発表。
1978年10月，イトキン，ムーンバット，ミタケの3社は，イタリアの著名デザイナー，ピノ・ランチェッティとの間で技術提携を行う。イトキンがオートクチュール，プレタポルテ，ムーンバットが貴金属などのアクセサリー，ミタケがベルトなどの分野を担当。1979年春夏物から展開する。
1980年12月，パリの有力デザイナー，アンドレ・クレージュと日本におけるメンズ分野の独占輸入契約を結ぶ。1981年10月にはライセンス契約に切り替えられる。

（出所）　イトキン［1985］83-87頁，繊研新聞社［1970］260頁，『繊研新聞』1970年5月4日，5月24日，5月25日，5月27日，1973年1月22日，27日，8月10日，1978年10月5日，10月6日，1980年11月15日。

第5節　コーディネイト・ブランドの確立期（1976-1982年）

　分社制を集約化・廃止し企画営業部門をイトキン㈱に一本化していくこの時期は，コーディネイト・ブランドの確立期であり，ブランド体系の形成期である。1977年2月，量販店販路を中心とするカジュアルウエア部門の8社，すなわちアイレマ，シャロン，ミーナ，マキシー，シムボン，リリ，ダナ，アーダの業務を統合して，イトキンエース㈱を設立し，1970年2月以来続けてきた分社体制を転換し集約化を進めることとなった。その結果，イトキンエース㈱，ジョネ㈱，ジャンドール㈱，サモード㈱の4社体制で企画を担うこととなった。[35]

　1979年にはサモード㈱をイトキンエース㈱に吸収させ，1982年2月にはイトキン㈱のもとに，主力の婦人服製造卸売会社であるジョネ㈱，ジャンドール㈱，イトキンエース㈱の3社，販売部門のイトキン販売㈱，アクセサリーの製造卸であるイトキンアクセサリー㈱，生地およびニットの企画仕入会社であるイトキンテキスモーダ㈱（生地），イトキントリコモーダ㈱（ニット）を吸収して一本化し，イトキン㈱の上に，イトキングループの役員人事，財務，海外事業，新規事業などの担当をするイトキン総本社を設立する。[36]

　グループ企業の集約化について，創業者の辻村金五は次のように述べている。「経済が低成長で，ファッションの成長が成熟期に達している段階では，企画力だけでは十分な勝負はできません。企画力はもちろんのこと，生産，販売，販促活動，物流，売り場展開などの諸機能を強化し，可能なところは集約化，合理化して，総合的に効率的な運営を図らなくてはなりませ

---

[35]『繊研新聞』1977年2月1日。
[36]『繊研新聞』1980年4月12日，1982年2月5日，17日，3月1日。

ん」[37]。

　この時期の特質は，(1)コーディネイト・ブランドの本格展開，(2)量販店販路からの撤退，(3)商品企画における分業制の進展，(4)営業における卸売営業と小売営業の分化，(5)コーディネイト・ブランドの店頭支援機能の整備，(6)コーディネイト・ブランド時代に対応したブランド体系の6点において捉えることができる。

(1) コーディネイト・ブランドの本格展開

　イトキンは，1976年2月にセールスコーディネイト部を新設し，百貨店，専門店など各売場と連動してコーディネイト・コーナーづくりを各分社にて進めた。これは「単品販売からコーディネイト販売への売場の変化」に対応したものである。スカート，スラックス部門が1976年春夏物から新発売するニュージーンズ・ファッション分野において，コーディネイト・コーナーづくりを明らかにしていた。さらにレディスニット（セーター，ドレス，スーツなど）およびブラウスなどの分野，ニュートラッドやヨーロピアンカジュアルウエアなどの婦人服部門も，コーディネイト・コーナーの方向を強めている[38]。1970年当初，各分社は販路別，商品別に分けられていたが，各社ともコーディネイト展開に向かって扱い商品の幅を広げていった。

　イトキンは，コーディネイト・ブランドの形成に関わって，1979年10月，イトキンアクセサリー㈱を設立した。「①ファッションアクセサリーも含めた形の企画，生産，販売がトータルコーディネイトファッションの本来の姿である，②最近婦人服などでファッション専門店では売上の10％以上がファッションアクセサリーになっている店が増えているなど，婦人専門店からのニーズが高い―などに対応した」ことをその設立理由としている。ア

---

[37] 『繊研新聞』1982年3月1日。
[38] この段落については，『繊研新聞』1976年2月20日参照。

クセサリーについて,「これまでグループ各社（ジョネ, イトキンエース, ジャンドール）で企画, 生産していた窓口を新会社に一本化, その企画, 生産を強化していく」[39]。

コーディネイト・コーナーづくりは,「①ファッションの不特定多数を対象としたマスファッションから個性化時代への移行, ②単品販売からコーディネイト販売への売場の変化」に対応したものである[40]。アパレルの市場細分化が進み, 複数商品の購買を促す仕組みが働いていることを示している。

単品販売からコーディネイト販売への移行, イン・ショップ, コーナーへの転換は, 1978年1月期決算にかかわる次のような記述にも現れている。「決算の結果は量販店向けを中心に単品のボリューム商品のウエイトが高かったイトキンエースの売上高が大幅に減少し」,「百貨店, 専門店などとディフュージョン・システム, イン・ショップ, コーナー展開などで密接につながっているジョネ, ジャンドール, サモードなどは前年同期比40-50％増と飛躍的な伸びを示し」た。さらに, イトキンでは量販店の「単品ボリューム商品は皆無に等しいものになってきている」[41]。

ディフュージョン制とは「専門店が個性のある特定のブランドを限定して専門的に扱うシステム」[42]のことであるが, イトキンは1976年9月にディフュージョン第1回FA研修会をセールスコーディネイト部主催のもとで開始している[43]。イトキンは, 百貨店にイン・ショップ, コーナー展開を広め, 専門店にディフュージョン制を広めていく政策を1976, 77年に採用した[44]。

---

[39] 『繊研新聞』1979年11月15日。
[40] 『繊研新聞』1976年2月20日。
[41] この段落については, 『繊研新聞』1978年5月6日参照。
[42] 『繊研新聞』1977年4月9日。
[43] イトキン［1985］85ページ。
[44] イトキンのディフュージョン店の数は, 『日経流通新聞』1979年11月29日によれば500店であり, そのうち半分が店の一部でコーナー展開する形態を取っている。1つのショップを1ブランドで展開するのはおよそ250店である。『繊研新聞』1980年4月12

(2) 量販店販路からの撤退

コーディネイト・ブランドの強化は，チャネル政策の変更を伴う。イトキンは，単品ボリューム商品を扱う量販店販路との取引をなくしていき，専門店販路におけるディフュージョン制の開拓，百貨店におけるショップ，コーナー開拓に力を入れるようになった。[45]

その結果，1977年1月期決算では，「百貨店，専門店，量販店がそれぞれ三分の一のシェアを持っていた」が，「単品のボリューム商品販売を避け，コーディネイト・ファッションの販売を強化する中で」，1978年1月期には「専門店50％，百貨店40％，量販店10％」となった[46]。1979年1月期には，量販店との取引をほとんどなくした[47]。以後，1982年1月期には百貨店50％，専門店50％の売上比率となっている[48]。1982年1月期に百貨店売り上げ比率が高まったのは，①1980年，81年と百貨店のリフレッシュが続き百貨店での売場が拡大したこと，②「ルイ・ジョーネ」「クロード・レマ」「クリスチャン・アーダ」「ジャンドール」などの基幹ブランドが前期比10-13％の伸びを見せる一方，「クリスチャン・オジャール」「ジョルジュ・レッシュ」など個性の強いブランドが好調に推移したことにある[49]。

日によれば，1980年1月期決算では，ディフュージョン店は前年同期比約3倍の320店になっている。

[45] イトキン［1985］74頁によれば，1977年，イトキンは量販店撤退を決意する。ファッションメーカーを目指すイトキンの方針と量販店の実態とが合わなくなった。
　　また『繊研新聞』1977年4月20日によれば，イトキンは「昨年（著者注-1976年）8月以降ファッションの単品販売からトータル・コーディネイトへの移行，低成長にともなうオーバースペースなどのファッションマーケットの変化に対応して①量販店との効率的重点的取引の推進②専門店を対象とした新たなファッション販売戦略，ディフュージョン制の採用③百貨店でのイン・ショップ，コーナー展開などに乗り出し」た。
[46] 『繊研新聞』1978年5月6日。
[47] 『繊研新聞』1979年4月26日。
[48] 『繊研新聞』1982年4月17日。
[49] 『繊研新聞』1982年4月17日。また，『日経流通新聞』1981年3月26日は，イトキンは「百貨店との取引を急拡大した結果，すでに百貨店内の売り場は約千店になり，トー

第5節　コーディネイト・ブランドの確立期（1976-1982年）　**199**

(3) **商品企画における分業制の進展**

　1970年代半ば以降にショップ・ブランドが一般化し，年商100億円クラスの基幹ブランドが形成される過程で，商品企画の組織体制が整備されていった。当初は，入社後パタンナー（工業用パターンの専門職）として働いている者の中から選択してデザイナーを登用するしくみであった。しかし，年商100億円クラスの基幹ブランドが形成される過程で，機能分化が進み，「一つのブランドコンセプトの中で洋服のイメージづくり，シルエット，素材，柄，カラーなどを立案，あるいは選定する」プランナーが分化する。その際，「イメージ，シルエット，素材，カラーの選定などトータルデザインを企画する先行プランナーと，これに基づいて洋服づくりを具体化するプランナー」に分かれる。コーディネイト・ブランドは，全体コンセプトの策定者，全体コンセプトを個々の商品デザインに具体化する者，個々のデザインを具体的にパターンに落としこむ者という分業体制をつくり出した。

(4) **営業における卸売営業と小売営業の分化**

　1979年頃，イトキンの販売チャネルが専門店と百貨店に限定されると，百貨店と専門店それぞれの販路に対応した営業が形成される。主として専門店（ディフュージョン店）営業部門は，企画部門の提供する商品を前提として，小売に対する卸売を行なう。専門店営業の職務は以下の通りである。

① 担当地域内の得意先をすべて展示会に案内して，2ヶ月分の店頭売上予定分と商品発注を受ける。イトキンは，発注しなければ商品が絶対に入らぬという意識をもたせる。

　　タル・コーディネイト・ブランドを販売している専門店の店舗数と肩を並べている」と述べている。
50　イトキン株式会社専務取締役橘高新平氏，秘書室部長西口力氏，宣伝販促部木嶋久野氏へのインタビュー，2001年7月9日。
51　『繊研新聞』1981年5月2日。
52　イトキン『金の城』1979年3月，4-6頁。

② 受注した商品の納品状況を，100％納期通りに納まっているか，克明にチェックする。
③ 展示会から次の展示会までの間は，つねに担当地域内の得意先を巡回して，販促活動を行う。受注し納品した商品が売り尽くされること。
④ 担当地域内の新規得意先の開拓を心掛け，次に伸びる小売店をつかまえること。

他方，イトキンは，各地に直営専門店，百貨店内のショップ，コーナー売場をもっている。たとえば，1976年4月16日，パリの婦人服デザイナー・ブランド「クリスチャン・オジャール」は，直営第1号店舗を大阪マルビル地下1階にオープン，2号店を鈴屋・青山ベルコモンズに開設している[53]。旗艦店としての位置づけである。

ショップの仕入れおよび小売販売はイトキンが担う。この部分はショップ事業部が担当することになり，専門店営業部隊とは別組織となっている。ショップ事業部の営業部隊の主な業務は以下の通りである[54]。
① 担当数店舗のブロック長，または店長としての心構えをもち，会社の資産を管理，運営する責任をもつ。日常の業務としては，ファッション・アドバイザーを統率・指導し，売上目標の達成，商品の管理，利益目標の達成に責任をもつ。
② 展示会のおり，百貨店コーナーの場合は，得意先バイヤー，配属ファッション・アドバイザーとともに，また直営店，百貨店内ショップの場合は，店長またはベテランの販売員とともに，店頭売上予算に基づき，商品の選定，発注数量の決定，納期の確認をとる。
③ 販売員とともに，仕入れた商品をすべて売り尽くすよう努力する。

ショップとしてのコーディネイト・ブランドは，小売過程そのものをブラ

---

[53] 『繊研新聞』1976年6月11日。
[54] イトキン『金の城』1979年3月，4-6頁。

ンド内に取り込んだものとなっており，かつ百貨店販路の比率の高まりにも表されるように，ショップ事業部門のウエイトがこの時期に高まる。

(5) コーディネイト・ブランドにおける店頭支援機能

イトキンは，1976年春，セールスコーディネイト部をつくり，店のレイアウト，商品のディスプレイ，販売員の接客法などで専門店および百貨店の自社売場を支援する体制を取った。イトキンは，「得意先約50カ所を週1回のペースで巡回，店の地域性，消費者の年齢層などに合わせて，売れる店づくりをきめ細かく指導している」。「同時に巡回店の在庫内容の掌握のほか売れ筋商品をチェックしたものを毎日，『作業報告』にまとめて本社の企画，製作部門に提出」して，「小売段階の〝川下情報〟をフィードバックしている」[55]。

その後1976年6月，第1回SM（セールス・マネジャー）研修会開催，1976年10月第1回小売部門リーダー研修会開催，1977年2月第1回小売部門全国店長会開催，1979年1月第1回店頭販促指導研究会開設と続くなかで[56]，専門店，直営店，百貨店ショップおよびコーナー売場の各小売店頭において，販売技術と販売促進技術の向上を目指した仕組みづくりが行われていく。この小売店頭販売支援は，ブランドの販売力向上を通じてブランド構築を支援する役割を果たした。

(6) コーディネイト・ブランド時代に対応したブランド体系

1970年代半ばまでにイトキンは，イトキンという企業ブランドとルイ・ジョーネやジャンドールなどの個別ブランドの分化を進めていた。企業ブランドは個別ブランドの保証機能としての役割を演じる。

---

[55]『サンケイ新聞』1976年6月23日。
[56] イトキン［1985］85-86頁。

同時に1970年代末には，個別ブランドのなかで基幹ブランドと海外ブランドが戦略上重要となる。1979年2月～80年1月期において「大きな方針となっていた基幹ブランドの育成については，ジョネの『ルイ・ジョーネ』，イトキンエースの『アイレマ』などがサブブランドも含めて100億円を突破したほか，ジョネの『クロード・レマ』，イトキンエースの『クリスチャン・アーダ』，ジャンドールの『ジャンドール』なども100億円近い商いに達した」。「海外デザイナーなどキャラクター・ブランドもジョネの『クリスチャン・オジャール』『ジョルジュ・レッシュ』などが健闘，年商の約1割に達した」[57]。これらのブランドの顧客ターゲットと商品コンセプトを示したのが，資料5-5である。

「ルイ・ジョーネ」「アイレマ」「クロード・レマ」「クリスチャン・アーダ」，「ジャンドール」という年商100億円規模ないしはそれに近い基幹ブランドは，資料5-5から以下の特質を抽出することができる。

① どれも多様な服種を揃える製品横断型ブランドとなっている。
② 基幹ブランドはコーディネイト訴求がなされている。
③ ブランドごとに顧客ターゲット層が設定されており，複数の基幹ブランドで広範な顧客層をカバーしている。
④ 商品コンセプトの異なる基幹ブランドを用意することで，より多くの顧客層に訴求できるようにしている。
⑤ イトキンの基幹ブランドの価格帯は，百貨店の普及価格帯である「ボリューム」ゾーンに属するものが多い。
⑥ 基幹ブランド，すなわちイトキンのナショナル・ブランドは，ブランド体系全体の中で，売上規模，したがって利益を確保する役割を持つものと考えられる。

---

[57] 『繊研新聞』1980年4月12日。なお，『繊研新聞』1980年7月4日によれば，「クリスチャン・オジャール」は年商40億円，「ジョルジュ・レッシュ」は30億円に達している。

⑦ 販路は，専門店，百貨店であり，専門店の場合には1ブランド・1ショップという小売形態，百貨店の場合には直営イン・ショップという小売形態が取られることもある。

また，「クリスチャン・オジャール」「ジョルジュ・レッシュ」は，海外提携ブランドである。その特徴は以下の通りである。
① ナショナル・ブランドにはない商品コンセプトを提案している。
② 組合せによる着こなし，コーディネイトの要素が入っている。
③ 価格帯は，基幹ブランドより高価格，百貨店の高価格帯である「ベター」ゾーンに属する。
④ 海外提携ブランドは，イトキンのブランド体系全体の中で，商品コンセプトにおいて特徴のある高価格帯ブランドであり，イトキンの評判を高める役割を有する。

資料5-5　イトキン・グループの基幹ブランドと海外提携有力ブランド（1981年）

▶ルイ・ジョーネ
［服種］スーツ，ワンピース，コート，ジャケット，スカート，パンタロン，ブラウス，セーター，スカーフ，帽子，靴，アクセサリー。
［顧客ターゲット］女性23-40歳（ヤングアダルト〜ミッシー）。
［商品コンセプト］洗練された若々しい着こなしを追求するコーディネイト・ファッション。都会的センスを表現し，エレガンスを追求する。着やすく，どのタイプの女性にもマッチして着用範囲も広い。大多数の女性のワードローブの中心になるファッションで，年齢の幅も広い。
［小売価格］スーツ25,000円，ワンピース25,000円，ブラウス7,900円，セーター7,900円，スカート7,900円。
［販路］専門店70％，百貨店30％。

▶アイレマ
［服種］ブラウス，カット＆ソーン，セーター，スカート，ワンピース，コートなど総合トータル。
［顧客ターゲット］女性16-20歳中心。
［商品コンセプト］ヤングのカジュアル・ファッション専門ブランド。つねに話

題性を商品に反映させ，着やすく買いやすく提供している。

［小売価格］ブラウス 4,900 円，スカート 6,900 円，セーター 6,900 円，ワンピース 12,900 円。

［販路］百貨店，専門店，直営イン・ショップ。

▶クロード・レマ

［服種］ブラウス，セーター，スカート，パンツ，ドレス，スーツ，コート，ジャケット，アクセサリー。

［顧客ターゲット］女性 20-35 歳（ヤング～キャリアウーマン）。

［商品コンセプト］トータル・コーディネイトのできる，ヨーロピアン・カジュアルの本格派。つねに新しいものに挑戦し，ナウな感覚を追求している。

［小売価格］ブラウスとボトム 5,900-7,900 円，セーター 4,900-6,900 円，ドレス 17,900-19,900 円，スーツ 19,900-24,900 円，コート 26,900 円。

［販路］専門店 70％，百貨店 30％（専門店では 1 ブランド 1 ショップ，コーナーで展開）。

▶クリスチャン・アーダ

［服種］スーツ，ワンピース，コート，ジャケット，ブレザー，スカート，パンタロン，ブラウス，セーター，カット＆ソーン，スカーフ，アクセサリー。

［顧客ターゲット］女性 28-45 歳中心

［商品コンセプト］品質，デザインは高級イメージ，本物志向，オーセンティック・エレガンス。シルエットの美しさを重視しながら機能性を出し，商品によってサイズの幅を広げ，タウンウエアを中心に，ベーシックなホームウエアからセミフォーマルウエアまでコーディネイトできる。単品としても価値のある商品。

［小売価格］スーツ 28,000-39,000 円，ブラウス 7,900-14,800 円，セーター 5,900-9,900 円，スカート 7,900-14,800 円。

［販路］専門店 50％，百貨店 50％。

▶ジャンドール

［服種］ワンピース，スーツ，コート，ブラウス，スカート，ジャケット，セーター，パンタロン，服飾小物。

［顧客ターゲット］女性 29-49 歳

［商品コンセプト］女らしい優雅でシックな装い，着る人の気品と格調がオーセ

ンティックなフォルムのなかに感じられ，女性の最高の美しさを，洗練されたフェミニン感覚で表現したタウン・ファッション。

［小売価格］スーツ 26,000-49,000 円，コート 33,000-200,000 円，セーター 7,900-20,900 円，ブラウス 7,900-14,900 円，スカート 7,900-14,900 円。

［販路］専門店 65%，百貨店 35%。

▶クリスチャン・オジャール

［服種］オールアイテムによるトータル・コーディネイト。

［顧客ターゲット］女性 25-35 歳中心。

［商品コンセプト］ノンエイジのプレタポルテ。オジャール独特の個性で，特にカラー，シルエットは，オリジナリティがあり，トータルの着こなしを必要とする。

［小売価格］ブラウス 15,000-33,000 円，スカート 14,000-36,000 円，ドレス 36,000-79,000 円，コート 45,000-89,000 円。

［販路］全国の専門店。

▶ジョルジュ・レッシュ

［服種］ブラウス，セーター，ブレザー，ジャケット，スカート，パンツ，スーツ，ワンピース，コート。

［顧客ターゲット］女性 25-35 歳（ノンエイジ）。

［商品コンセプト］パリ，ジョルジュ・レッシュ社との提携商品。マニッシュ感覚のテーラード・ブレザースタイルを基本とするデイタイムウエアと，大人の雰囲気を持つフェミニン・ドレスを主とした夜の服。

［小売価格］ブレザー 29,000 円，スカート 18,000 円，ブラウス 18,000 円，スーツとコート 40,000-65,000 円，ワンピース 40,000-60,000 円，セーター 10,000 円。

［販路］専門店 100%。

（出所）チャネラー［1981］『ファッション・ブランド年鑑 '82 年版』85, 139, 144 頁。

　以上のように，年商 100 億円クラスの基幹ブランドは売上と利益に貢献し，海外提携ブランドは，高級ゾーンのブランドとしてイトキンの評判を高めるという独自の役割を果たす。しかし，1980 年代に入り，基幹ブランドおよび海外提携ブランドがショップ展開において個別ブランドの訴求を強める過程において，相対的にイトキンという企業ブランドの保証機能が弱ま

ことになる。すなわち，1970年代においては企業ブランドと個別ブランドの機能分化が生じつつも，個別ブランドは弱く，イトキンという企業ブランドの支援機能を必要不可欠としていたが，1980年代になると，トータル・コーディネイトのショップ展開が一般化する中で，取引先や顧客との関係においてイトキンという企業ブランドより個別ブランドがより重要な意味を持つようになってきた。

第6節　ブランド概念の拡張

　1982年に至るイトキンのブランド展開から大きく1960年代と70年代後半を比較すると，資料5-6のようになる。資料5-5をふまえ，(1)ブランドとマーケティング・ミックス，(2)製品と小売を包括したブランドである製品・小売ブランド，(3)ブランド体系の発展の点から，1970年代イトキンにおけるブランド概念の拡張について結論づける。

(1)　ブランドとマーケティング・ミックス

　1960年代前半までは，「イトキンのブラウス」に示されるように，「イトキン」はブラウスという製品と不即不離の関係にあり，ブランドが特定の製品に固定されている状況であった。ブランドが特定の製品カテゴリーにのみ結びついているのを，単品ブランドと呼ぶ。

　ところが，1966年のジャン・キャシャレル社，それに続く海外提携ブランドにより，1つのブランドが多様な服種，すなわち多様な製品カテゴリーを包摂して，顧客に提案され，顧客の側もそのように認識するようになる。衣料の製造方法においても，同一ブランドで，織物生地の縫製品である布帛製品と，ニット製品の両方を含むものとなる。ブランドは，特定の製品カテゴリーや特定の製造方法ないしは製造技術に依存せず，製品カテゴリーを横断した独自の世界を構築することとなった。

資料 5-6　イトキンの 1960 年代と 70 年代後半における
　　　　　　 ブランド・マーケティングの特質

	1960 年代（単品ブランド時代）	1970 年代後半（コーディネイト・ブランド時代）
取扱い製品	ブラウスなどの洋品が中心。1970 年 1 月期, ブラウス 45％, ニット製品（セーターなど）30％, 婦人服 15％, スカート, スラックス 10％（繊研新聞社編集部［1970b］260, 263 頁）。	洋品に加えて, ドレス, スーツ, コートなどの重衣料, アクセサリーも含めたトータル展開を行なう。1973 年 1 月期, 婦人服関連 50％, 洋品関連 50％の売上比率（『繊研新聞』1973 年 4 月 10 日）。
商品企画	①服種別企画。 ②デザイナーとパタンナーの分業が未成熟である。	①ブランド別のトータルの企画。 ②一人の商品企画担当責任者のもとにデザイナー, パタンナーの分業関係が形成される。
チャネル	①専門店・百貨店と量販店の両方が柱。 ②卸売営業。	①1970 年代半ばには, 専門店・百貨店と量販店の両方が主要販路であるが, 70 年代後半には, 専門店と百貨店に特化する。 ②卸売営業活動と小売事業活動。
価　格	量販店対応の低価格品から専門店・百貨店対応の高価格品に至るまでの品揃え。	1979 年 1 月期には, 量販店取引をほとんどなくし, 中価格帯から高価格帯にシフト。
コミュニケーション	①ファッションショー, 展示会, ラジオスポット広告, テレビスポット広告。 ②テレビ広告（1964 年 7 月〜 1965 年 1 月までの ABC 放送「ビクターヒットパレードのスポンサー」）。	①ブランドのショップにおける販売員の接客。 ②店のレイアウト, 商品の効果的な陳列, 消費者への効果的な接触法を販売員に指導するセールスコーディネイト部が, 1976 年 6 月に設立される。
ブランドと製品との関係	製品指示型ブランド, 単品ブランド中心。例：「イトキン・ブラウス」（ブランド名＋製品名）。	製品横断型ブランド, 多製品ブランド中心。コーディネイト・ブランド。
ブランド体系	①企業ブランドと製品ブランドが未分化である。 ②販売チャネルと価格帯を基準にしたブランド展開。普及品「イトキン」（量販店）, 高級品「イトキンファインセブン」（専門店・百貨店）。	①企業ブランドである「イトキン」と製品ブランドの区別が明瞭となる。 ②マルチ・ブランド化が進む。 ③大型ナショナル・ブランドの形成と海外ブランドの保有という役割分担が形成される。 ④顧客ターゲット, デザイン, ライフスタイルによる市場細分化。
海外提携ブランド	海外提携ブランドの積極的活用。海外ブランドの企画・生産・販売システムの学習。	海外提携ブランドの積極的活用。海外ブランドの仕組みを消化・吸収して, 自社ブランドの大型化に成功する。

（出所）　繊研新聞社［1970b］, イトキン［1985］,『繊研新聞』などをふまえて, 筆者作成。

単品ブランドから多製品ブランドへの転換は，アパレルの販売方法に即して言えば，単品ブランドからコーディネイト・ブランドへの発展である。1980年頃のイトキンは，「単品だけの販売形式がほとんどなくなっている状態」となる[58]。

商品企画体制も，1960年代は単品ブランドであるため服種別企画であった。1970年代後半にはブランド別のトータル展開になったため，199頁で述べたように，商品企画全体のプランナー，全体計画をふまえた洋服づくりのデザイナー，デザインを型紙に落とし込むパタンナーに機能分化した。

販売ルートは，コーディネイト・ブランドに適合した形態として，百貨店イン・ショップ，専門店における1ブランド1ショップ，直営店を充実させていく。価格は，1970年代後半には量販店との取引を取りやめることとなったので，都心の専門店の価格帯，百貨店のボリュームゾーンと言われる価格帯以上にシフトしていく。

1970年代後半のコミュニケーションは，小売店頭における接客サービスを重視すべく，セールスコーディネイト部が設立され，効果的な商品陳列や接客方法についての学習が進められた。

イトキンは，多製品ブランド，コーディネイト・ブランド，ショップ・ブランドに適合的なマーケティング・ミックスを開発していった。ブランドがマーケティング・ミックスの方向性を与えることとなった。

(2) **製品・小売ブランド**

アパレルは，単品ブランドにおいても，スーツなどでは体型とサイズとの適合性が重要であることや，商品選択の助言を顧客が求めることなど，接客サービスが重要な役割を果たす場合が多々ある。しかし，アパレルの場合，単品ブランドは，実際の売場において競合するブランドと並べられて売られ

---

[58] 『繊研新聞』1980年4月12日。

る。小売店舗の施設や接客サービスは，特定のブランドに専属のものではなく，競合ブランドと共有した小売サービスの提供である。たとえ，特定企業の派遣販売員が接客したとしても，外見上，特定ブランド専属の接客とはならない。

　ショップ・ブランドは，特定ブランドが他と識別されたまとまりのある売場を占有している。販売員も特定ブランドに特化する。ブランドが店舗施設と陳列，接客サービスなどの小売機能と一体的に展開される。企業側のブランド戦略は，当該ブランドにふさわしい立地，小売業態，特定フロアの特定の場所，販売サービスを含むようになる。

　顧客から見た場合においても，ブランドは製品を示すだけにとどまらず，当該ブランド専用の識別された売場，店舗レイアウト，接客サービスをも含むものと理解する。コーディネイト・ブランドは，①さまざまな服種が１つのブランドの中で品揃えされており，複数アイテムを購入してもらうようにトータル・ファッションを提案すること，②特定ブランドが一定の売場面積を占有しており他のブランドと売場において識別されていること，③販売員は特定ブランドの販売に専心していることという条件が満たされるとき，ブランドが小売サービスを含んだものへと拡張している。アパレルメーカーの製品ブランドとして出発したものが小売サービスを含んだ製品・小売ブランドへと概念的に広がったと理解できよう。

(3) ブランド体系の発展

　1970年代後半に至るイトキンのブランド体系の動態は，①企業ブランドと個別ブランドとの分化，②個別ブランドにおける基幹ブランド，海外提携ブランドの形成にある。

　第１に，企業ブランドと個別ブランドとの分化について，1960年代前半期まで「イトキン」ブランドは，事実上企業と製品の両方を示していた。そもそも実際上，企業ブランドと製品ブランドを区別する必要がなかった。1960年４月における週刊誌の広告，1960年７月におけるテレビ広告は，「イ[59]

トキンブラウス」を訴えるものであり,「イトキン」という企業の提供する「イトキンブラウス」は製品を指示している。

しかし，1960年代には，小売販路別ブランド，海外提携ブランドが導入され，企業ブランドである「イトキン」と個別ブランドが分離することとなった。このような企業ブランドと個別ブランドとの分離は，企業の意図したブランド構築活動の結果というよりも，小売販路への対応と多様な海外ブランドとの技術提携の結果，必然的に企業ブランドと識別された複数の個別ブランドを訴求することとなった。ただし個別ブランドは単独では訴求力を持たず,「イトキン」という企業ブランドの支援が必要不可欠であった。百貨店・専門店向けのブランド「ファインセブン」は「イトキン」に支援されていた。

1970年には191頁の資料5-3で見たように，①専門店・百貨店，量販店という販路，②取扱商品，③海外提携，④年齢層により分社化を進め，各分社で複数のブランド展開を実践していくことになる。イトキンという企業のもとに，企画販売，小売，製造分野の各社合わせて22社に分社化することで，企画販売系列の各分社が自らの論理に従ってマルチ・ブランド化を進めていく。親企業，各分社，各個別ブランドにおける機能上の相違は意識されていたが，各個別ブランドの役割をブランド体系全体の中に位置づけるという管理視点は，1970年に分社化した当時は弱かった。

1971年2月に各子会社から「イトキン」という名称を除き，72年6月に子会社3社の名称を変更して総合婦人服メーカーへの発展を明らかにした。その後1977年，79年子会社間の統合，82年の親会社と子会社の統合を経て，基本的にイトキン㈱に一本化された。企業ブランド「イトキン」と個別ブランド（たとえば「ルイ・ジョーネ」「アイレマ」など）との分化が明瞭になった。

---

[59] イトキン［1985］18頁。

第6節　ブランド概念の拡張　211

　第2に，年商100億円規模の基幹ブランドと数10億円規模の海外提携ブランドが，1980年頃に誕生した。203-205頁の資料5-5で見たように，イトキンは，複数の基幹ブランドと海外提携ブランドが，顧客ターゲット，商品コンセプト，小売価格，販路において独自のポジショニングを持ち，中高価格帯の婦人服市場の有力アパレルメーカーへと成長した。顧客への見え方として言えば，個別ブランドがより前面に出て，イトキンという企業ブランドは，1970年代に比べてやや後景に退いた。個別ブランドにおける基幹ブランドと海外提携ブランドの登場は，個別ブランドの水平的な編成，ブランド・ポートフォリオ・マネジメントが形を現してきたと捉えることができよう。

第6章

1960-70年代におけるワールドの
ブランド構築と小売機能の包摂
―コーディネイト・ブランドの専門店展開―

第1節　はじめに

　本章は，1970年代の株式会社ワールド（以下ワールドとする）を素材として，①コーディネイト・ブランドの形成・確立，②マルチ・ブランド化の進展，③製品・小売ブランドの形成を明らかにする。

　コーディネイションという要素が，アパレルメーカーの商品戦略の基軸に座ることとなった。企業が衣服上下の色柄や長さ，デザイン，素材のバランスを取ることを顧客に提案するようになった。このようなコーディネイションを売り物にしようとすると，小売店頭の売り方の革新が必要となる。おおよそ1960年代まで，百貨店や専門店はセーター，スカート，ブラウスなど服種別の売場編成となっており，顧客はセーターを買いたい場合にセーター売場に行くというように，目当ての服種を選び，次にその中で気に入ったアイテムを選ぶというものであった。服種別売場の中で，メーカーは「レナウン」や「ワールド」というブランド訴求を行ない，顧客が個々のブランドを認知していたとしても，それはあくまでも個々の製品レベルにおけるブランドであった。多様な服種が立体的に組み合わされて展示されていない以上，

小売店頭は単品訴求であり，コーディネイションの訴求にはなりえなかった。

1970年頃，ワールドは小売店頭レベルでニットを用いた多様な服種の組合せを提案し始める。小売店頭レベルでのコーディネイションの訴求は，一定面積のまとまった売場の占有を必要不可欠とする。アパレルメーカーと地域の中小専門店との取引を想定すると，当該専門店の当該メーカーに対する仕入依存度が一定以上の高さになることが必然的になる。アパレルメーカーは取引額の点，売場編集の点で専門店に対して交渉力を発揮しうる条件を得る。さらに，コーディネイションの訴求がブランドにより行なわれ，顧客が小売を媒介にしながらブランドに対する認知とロイヤルティを持ち始めると，それは専門店に取引上の動機づけを与える。コーディネイト・ブランドは，顧客に対する訴求であると同時に，専門店に対する取引上のパワーを行使するものであった。メーカーの専門店に対するパワーは，たとえば，納入掛率に示される取引条件，買取取引，特定メーカーの製品が一定面積の売場を占有する取引，メーカーの専門店に対する販売促進サービスの提供とその対価徴収という形で現れる。このようなコーディネイト・ブランドが1970年代に確立した。

同時にワールドは1970年代にマルチ・ブランド化を進めた。まず，ワールドが婦人ニット専業から，婦人布帛，子供服，紳士カジュアルへと総合アパレル企業に脱皮することに対応して，ブランドの多様化が進展した。そして，マルチ・ブランド化の展開は，ワールドという企業ブランドと個別ブランドとの分化を促した。最後に，個別ブランドは，1つのショップを提案し，豊富な服種と品揃えを用意するコーディネイト・ブランドと，部分的な服種のみを提案し，品揃え型専門店に供給するような単品ブランドというように，役割分担を担うようになる。このコーディネイト・ブランドは，商品企画から発注，卸売，小売に至る一連のプロセスを提案するという意味で，製品・小売ブランドと名づける。

次に，本章の主要な分析対象として，製品ブランドから製品・小売ブラン

ドへの発展を取り扱う。製品ブランドとは，製品を指示するブランドとして捉えたものである。それに対して小売ブランドとは，小売サービスをブランドとして認知したものである。通常，われわれはブランドを製品として思い浮かべる。その際には小売過程，具体的には小売空間を含む小売サービスを考えないでブランドを提案することができる。しかし，購買過程においてわれわれは小売サービスを享受して，ある製品ブランドを購入する。小売業者がこの小売サービスを提供し，顧客がそれをブランドとして認知するとき，それは小売ブランドである。㈱ワールドの所有する「コルディア」というブランドが，顧客にとって小売ショップをも意味するなら，それは小売ブランドでもある。

「セブン－イレブン」の店舗で「日清カップヌードル」というカップ麺を購入するとき，製品ブランド＝「日清カップヌードル」，小売ブランド＝「セブン－イレブン」として認知される。この場合には，製品ブランドと小売ブランドは異なる。「ユニクロ」は，製品ブランドでもあり小売ブランドでもある。この場合，消費者は「ユニクロ」を製品・小売ブランドとして認知する。製品ブランドと小売ブランドは異なる場合もあれば，同じ場合もあるが，それぞれは概念的には区別される。

　全国ブランドで，かつ製品ブランドと小売ブランドが一体のものとして顧

---

1 小売ブランドは，店舗，品揃え，個別製品レベルの階層性において以下のものを含む包括的な概念である。(1) 店舗レベルのストア・ブランド（「伊勢丹」や「ジャスコ」など），(2) 店舗に入っているショップという形態で品揃えを行うことで，他の売場と識別されるショップ・ブランド（「コルディア」や「バーバリー」など），(3) 多様な製品ないしは単品に焦点をあて，特定の小売業者ないしは小売グループでのみ取り扱うことで店舗の差別化ないしはポジショニングを明確化するプライベート・ブランドなどである。(3) は，たとえ1つのブランドのもとに多様な製品が品揃えされている場合でも，単品に焦点が当たっており，ブランドは独自の売場空間を構成要素としていない。
　本章では，単品としての小売ブランドではなく，ショップ・ブランドに焦点が当たっている。小売ブランドは，必ずしも小売業者の所有するブランドという意味ではなく，顧客が小売サービスとしてブランドを認知するか否かによって決まる。

客に認知される事態は必ずしも一般的なものではない。通常は，製品ブランド（例：日清カップヌードル）と小売ブランド（例：セブン-イレブン）は別個の独立したブランドである場合が一般的である。製品ブランドと小売ブランドが同じ名称であり，製造業者ないしは小売業者が意識的に製品ブランドと小売ブランドの統合的な開発を指向し，その結果消費者が製品と小売のブランドが統合化していると認知される時，製品・小売ブランドが成立していると理解しよう。製品・小売ブランド成立の基準は，最終的には顧客の知覚にある。製品の供給業者（ワールド）が卸売業者であり小売業者が独立した企業体であっても，製品と小売が統一的なブランドとして認知されるなら，それは製品・小売ブランドである。

　アパレル分野においては，製品・小売ブランドは，1970年代に形成され，1980年代にかけてアパレルにおける1つの支配的なブランド形態となる。具体的には，「ワールド・コーディネイト」や「ルイ・シャンタン」（ワールド），「アデンダ」（レナウン）や「ダーバン」（ダーバン），「ジョンメーヤー」（樫山），「バーバリー」（三陽商会によるライセンス生産）などを挙げることができる。1970年代の製品・小売ブランドは，メーカーによるコーディネイト提案とともに生まれてきた。コーディネイト提案とは，ブラウス，セーター，スカートなどの服種，身の回り品を組み合わせて着こなす提案のことであり，その際，メーカーおよび小売店の1つの重要な戦略として，1つのブランドでコーディネイト提案できる多様な服種を企画し，そのブランドを1つのまとまった売場で販売することが行われるようになった。

　さらに，1980年代になって急速に広がったDC（デザイナーズ＆キャラクター）ブランドは，DCメーカーが商品企画から，ファッション雑誌を活用したコミュニケーション，小売直営店展開までを含めてトータルにブランド提案を行った。

　本来製品ブランドと小売ブランドは別個のブランドとしてそれぞれ顧客とのコミュニケーションを営んできたが，両者が統合することのマーケティング戦略上の意味はどこにあるのか，この点を主として1970年代から80年代

第1節　はじめに

前半のワールドを対象として取り上げる中で明らかにしたい。合わせて，1970年代ワールドの製品・小売ブランドが，卸売業者としてのワールドと小売店との売買関係の土台の上に形成されたことによる意義と限界も明らかにする。

　製品ブランドから製品・小売ブランドへの発展の中で，ブランド・アイデンティティがいかに形成されてきたのかは，ブランドの歴史的形成の研究においては重要な論点である。ブランド・アイデンティティとは，企業が顧客に抱いて欲しいと考えているブランドについての認知であり，企業はブランドの戦略性をそのアイデンティティに表現している。しかし，ブランド・アイデンティティは，社会的諸関係における顧客とのやりとりの中で，歴史的に形成されていくものでもある。[2]

　ブランド形成の歴史的な積み重ねの中でアイデンティティが事後的に形成された側面と，ブランド開発において戦略的・意識的なアイデンティティの創造を指向する側面との絡み合いの中で，ブランドのアイデンティティは形成される。1970年代における製品・小売ブランドの歴史的形成が，1980年代におけるブランド構築（たとえばDCブランド）を準備したとも言える。1970年代における製品・小売ブランド形成の歴史的意義は，企画から小売までのトータル過程をブランドにより統一するというブランド・マーケティングの実践上の第一歩として記されることにある。

　以上をふまえて，第2節では，婦人ニットメーカーとしての基盤形成期（1959-66年）を示す。第3節では，1970年前後の時期における（1）コーデ

---

[2] ブランド・アイデンティティについては，Kapferer［2008］，Aaker［1996］，石井［1999］，陶山・梅本［2000］，木下［2001a］などを参照。カフェレールは，ブランド・アイデンティティの歴史について次のように述べている。「アイデンティティという概念は，時とともに，ブランドが独立性および固有の意味を獲得するという事実を強調する。たとえ，ブランドがたんに製品名として始まったとしても。過去の製品および広告の生きている記憶として，ブランドは色あせるのではなく，自らの能力，潜在的な力，正統性を明らかにする」（Kapferer［2008］p.175）。

ィネイト・ブランドの開発・普及，(2) マルチ・ブランド化過程を見ていく。第4節では，1970年代後半から80年代前半について，(1) 総合アパレルメーカーへの成長，(2) コーディネイト・ブランドの確立，(3) 企業ブランドと個別ブランドの分離，(4) 個別ブランド間での役割分担の形成の点を明らかにする。

第5節では，製品・小売ブランドに焦点を絞り，アパレルメーカーと専門店との売買関係のもとで，商品企画，対小売店営業，小売店に対する販売支援を統合した製品・小売ブランドの形態を示す。第6節では，ワールドに示される製品・小売ブランドの意義と限界について考察する。

本章の分析対象とする時期は，1967年から1980年代前半までである。製品・小売ブランドへと発展していく「ワールド・コーディネイト」(1980年より「コルディア」) が登場した時 (1967年) から，「コルディア」の売上がほぼ最高潮に達した1985年頃までである。この時期に，1つのブランドが製品および小売の両方を指示するというブランド形態が形成されると同時に，市場細分化の手段としてのマルチ・ブランド化が進展する。

第6節では，1970年代の製品・小売ブランドのもつ特質を整理する中でその限界を指摘し，1990年代における新たな展開との関連を示唆しておく。1980年代後半以後，中小の専門店を主要販路とするワールドは停滞を続ける。1990年代半ばに，企画・開発から，工場への商品発注，小売までをワールドのコントロールとリスクの下で展開する製販統合を取り入れ，百貨店販路で団塊ジュニア向けの「オゾック」ブランドを急成長させることになるが，この点は本章の対象外としている。

本章で用いている主な資料は，『繊研新聞』『日本繊維新聞』などの業界紙誌，ビジネス書，企業へのインタビュー，神戸のアパレル産業の歴史を取り扱った論文である。[3]

---

[3] ワールドの経営史を一部展開している論文として，川上 [1993] 53-74頁，桑原

第2節　婦人ニットメーカーとしての基盤形成期（1959-66年）

　ワールドにおけるブランド形成も，創業当初は意識的なブランド構築を意図していたわけではない。ワールドのブランド構築は，製品差別化のための商品企画機能の強化，小売業者への直接販売によりその基盤を築いた。製品を仕入れてこれを仲間卸に販売することからブランドは生まれない。むしろ，コモディティとして市況変動の波の中で事業を行なうことにつながる。商品企画機能の充実と小売への直接販売は，市況産業としてのアパレル産業を否定し，ブランド構築をめざす基礎となった。

資料6-1　㈱ワールドのあゆみ1

1959年1月　神戸市に株式会社ワールドを設立。
1962年　　　商品企画室設置。
1965年2月　東京店設置。
1966年7月期，年商9億4,600万円。

（出所）　㈱ワールド社内資料。

　資料6-1は，1966年までの㈱ワールド（以下，ワールド）の沿革である。ワールドは，1959年1月，婦人セーターの卸と小売をしていた神戸の光商会に勤務していた木口衛と畑崎広敏によって，神戸の三宮に資本金200万円で創業された。他従業員3名であった。ワールドという社名は，畑崎が社名は「デッカイ」方がいいと考えてつけた社名である。管理部門は木口が，企画・営業部門は畑崎が担当したと言われる。[4] 1966年7月期には年商9億

　　[1997] 77-119頁がある。
　4　大内順子・田島由利子「証言でつづる日本のファッション史」『繊研新聞』1992年2月12日-1994年2月9日，第203, 204回の連載（ワールドの創業者，畑崎廣敏氏へのインタビュー）。

4,600万円となっている。[5]

　ワールドのブランド構築を導いた第1の要因は，経営者の流行に対する敏感さとそれを積極的に企画に移していったことである。ワールドは当初弱小企業なので，流行しているものをすばやく真似をして企画し販売していた。[6]「最初に作ったのが，春物の半袖のセーターで」[7]ある。セーターは秋冬用という固定概念があった時代に春物を作り，ヒット商品となった。これが畑崎の自信となった。また，1959年には皇太子ご成婚で「ミッチーブーム」が巻き起こったことを利用して，美智子妃の着ていた深いVネックのドレスを薄手ニットで作り，人気を集めた。[8]

　商品企画の充実は，ワールドの戦略のかなめであった。というのも，当時，繊維・衣服の問屋数は神戸より大阪の方が多く，顧客は神戸に来ないで大阪にのみ立ち寄った。そこで，大阪にはない，ワールドでなければ買えない商品を提供するという基本方針が定まった。独自のデザインを考えると言うのではなく，流行しているものをすばやく取り入れて若干の修正を施して市場に投入するというものであった。[9]商品の企画を強化するため，全社員の2割の人を企画部門に投入し，資金も惜しまなかった。1962年には商品企画室を作っている。[10]

　「ワールド」のブランド構築にかかわる第2の要因は，創業時，問屋への仲間卸をしていたが，それをやめて小売への直接販売に切り替えていったことにある。当初は小売店への直接販売をしていく販売力がなかったため，ワールドは販路を東京，金沢，岡山，名古屋などの問屋に依存し，信用販売をしていた。[11]創業から1年半後，売り先の大手問屋2社が相次いで倒産，500万

5　㈱ワールド社内資料。
6　山川［1983］258頁。
7　大内・田島［1996］288頁。
8　大内・田島［1996］288-289頁。
9　山川［1983］258頁。
10　山川［1983］260頁。
11　大内・田島［1996］290頁。

第2節　婦人ニットメーカーとしての基盤形成期（1959-66年）　221

　円強のこげつきができた。その結果，仲間卸をやめることにし，5年間で販路を小売店に切り替えた。[12] ワールドは小売への販売と同時に，買い取り制，現金決済へと取引制度を変えていった。小売店に対して返品を認めず，現金決済を貫いていったし，また決済も手形ではなく現金とすることで，資金回収を確実なものとしていった。[13] このような厳しい取引条件を小売店に突きつけて相手にこの条件を受け入れてもらうのが，ワールドの経営者の意図であり，小売の不利な取引条件を受け入れてもらうには，ワールドの商品力が他社にないものである必要があり，それはひいてはブランド力向上を求めることになった。

　小売への直接販売と関連して，1965年には東京店を開設し，流行の先端であり市場規模の大きい東京市場にアプローチする。その結果1969年段階では，神戸，東京店の販売比率は60％対40％となった。[14]

　ブランドをつくる2つの要因について論じると，商品企画力が「ワールド」という商品ブランド兼企業ブランドを作っていく必要条件となっていることである。ブランドとして広く認知されていくためには，商品の差別化とその打ち出しが必要である。商品の差別化という点では，当初から意識的な追求がなされてきた。

　商品企画力向上は，小売店への直接販売と現金決済を採用すれば必然的に求められる。他社にない商品，消費者に喜ばれる商品を供給するからこそ，小売店は現金決済という悪い条件でもワールドと取引するのである。商品への評判，言い換えれば「ワールド」のブランド価値向上が，現金決済を小売業者に受け入れさせていくための条件なのである。

---

[12] 萩尾［1984］93頁，大内・田島［1996］290頁．
[13] 山川［1983］260-261頁，萩尾［1984］94-95頁．
[14] 『繊研新聞』1970年5月15日．

第3節 コーディネイト・ブランド,マルチ・ブランド化の形成期(1967-74年)

この時期にワールドのブランドを特徴づけるものは,(1) コーディネイト・ブランドの開発・普及,(2) マルチ・ブランド化の推進である。ワールドはこの時期,1967年7月期年商14億円,以後68年7月期から74年7月期にかけて,年商18億円,29億円,35億円,49億円,84億円,154億円,229億円と急成長を遂げている。[15] 資料6-2は,この時期のワールドの沿革である。

資料6-2 ㈱ワールドのあゆみ2

1967年 トータル・コーディネイト・ブランドの「ワールド・コーディネイト」(1980年以後コルディアと改称)の開発。
1968年8月 神戸本社ビル竣工。
1968年 16-20歳層女性を対象にしたカジュアルウエア「マックワールド」発売(神戸)。
1969年 16-20歳層女性を対象にしたカジュアルウエア「マックシスター」発売(東京)。
1969年 20-30歳女性を対象にしたカット・アンド・ソーのニット製品「ベルチカ」発売(神戸・東京)。
1972年7月 神戸商品管理センタービル竣工。
1973年秋 「ポーシャル」の発売開始。海外事業部を発足させ,自社企画,イタリアとフランスのニッターと提携した最高級のコーディネイト・ニット・ファッション。ヤング・ミセスを対象とする。
1974年秋 「そばかすメリー」ブランドで2-6歳女児のニット子供服分野に進出。東京地区にて展開。1977年秋冬物から関西など全国に展開。
1974年秋 「ルイザ・ディ・グレジー」発売開始。イタリアのミルサ社との共同

---

15 ㈱ワールド社内資料。

第3節　コーディネイト・ブランド，マルチ・ブランド化の形成期（1967-74年）　**223**

企画によるニットのコーディネイト。ヤングミセスを中心としたボリュームゾーンをねらったもの。生産加工もミルサ社が中心となる。

（出所）　㈱ワールド社内資料，繊研新聞社編集部［1970b］311-312頁，『繊研新聞』1973年6月7日，74年4月8日，5月31日，8月22日，75年9月19日，小島［1985］253-254頁。

1. コーディネイト・ブランドの開発・普及

　1967年，畑崎広敏はある業界専門紙の海外ツアーに参加し，ヨーロッパを見て，「売られているのはうちで作っているセーターと大した違いはないのに，どうしてこんなに美しく見えるのだろう」と悩んだ。そして，「街の色とニットの色がよくマッチしている」からだと気づき，「上下色をそろえた商品を作ってみよう」と思い立った。[16]

　当時，「日本にはセーターとカーディガンのセットというのはあったが，セーターとスカートのセットはなかった。ニットは単品発想で企画されていた」。そこで「ワールド・コーディネイト」のブランドを作ることを考えついた。セーター，カーディガン，スカートなどの色と色の組み合わせ，上下の丈のバランス（レングス・マッチ）を考えた企画を展開した。[17] しかし，「スタート当初は失敗続きで」，「例えば，先染めに出した糸量の計算を間違えて，コーディネイトする各製品の生産数量のバランスを欠いたり，デザインの上下組み合わせのバランスを誤ったり」した。[18]

　しかし，「せっかくいい企画をして商品ができても，小売店がばらばらに

---

[16] 大内・田島［1992-1994］第205回。
[17] 大内・田島［1992-1994］第206回。「ワールド・コーディネイト」の商品企画では，デザインの多様性と同時に，素材をまとめるということも行なった。1972年の春夏物では旭化成のピューロン（アクリル長繊維）素材を250トン用い，72年秋冬物では東亜紡織の梳毛40番手1素材で400トン使用している（繊研新聞72年5月19日）。トップ染めで，染め変えができるため，余ったものは黒に染め変えたためほとんど残らなかった（大内・田島［1992-94］第207回）。
[18] 山川［1983］264頁。

売ってしまうのでは何にもならない」。「そこでドイツからディスプレイの技術者を招き，ワールドの営業担当者にコーディネイト方法の教育を受けさせ」た。「それを小売店のディスプレイで実践させることにした」が，「〝オンリーショップ〟がないと難しい」。「〝オンリーショップ〟なら，常にワンブランドのコーディネイトが可能で」あるが，「品ぞろえ店だと，ワールドの商品ばかりにこだわっていられない」からである。[19]

オンリーショップとは，概念的には，中小小売店の1つのショップについて，すべての取扱い商品が特定メーカーの特定ブランドによって占められており，特定ブランドのコーディネイト展開が全面的になされている売場のことを言う。ところが実際には，ショップの一部，たとえば3分の1の売場が特定ブランドの占有となっている場合や，同じメーカーの複数のブランドによって1つのショップが構成されている場合も，「オンリーショップ」と言われている。

ワールドは，「今まで取り引きしていた専門店にコーディネイトの意味を説き，『トータルの着こなしを想定して企画した商品をばらばらに売られては意味がない。ぜひ企画通りに展開してほしい』と訴え」，ワールドの商品だけを扱うコーナーを出し，やがて一つの店をワールドの商品が占める「オンリーショップ」を作っていった。この「オンリーショップ」は，1970年代における松下電器の系列小売店から発想した。[20][21]

ワールドがコーディネイションとオンリーショップで差別化するには，ディスプレイの開発が必要であった。「1970年にディスプレイを専門に行うセクションを新設，それまで営業マンが素人考えで思い思いにやっていたのを，専門的に取り組むことにした。また，装工部を設け，小売店から店の改造要求があると，市場調査，競合店対策，人の流れ，ワールド商品の志向な

---

[19] 大内・田島［1996］431頁。
[20] 以上，大内・田島［1996］431頁。
[21] 山川［1983］266頁，萩尾［1984］101頁

第3節 コーディネイト・ブランド,マルチ・ブランド化の形成期(1967-74年)　**225**

どをふまえた店づくり」を行なっていった。[22]

　コーディネイト・ブランドは,単品に焦点が当たるのではなく,多様な服種および統一的なショップにより形成される。1つのショップが1つのブランドで占められるということは,ディスプレイ,販売員のサービス,品揃え,欠品のなさなどの小売オペレーションがブランドを構築する素材となることを意味している。ブランドは単品としての商品からショップとしての小売サービスまでを包摂するものとなった。[23]

2. マルチ・ブランド化の推進

　この時期にワールドは,マルチ・ブランド化を進めた。1970年時点におけるワールドのブランドは以下の資料6-3の通りである。

資料6-3　1970年時点におけるワールドのブランド

「ワールド」ワールドのベーシックな商品で横編みを主体とする。
「ワールド・コーディネイト」横編みのセーターを中心に,ブレザー,コート,スーツなど幅広い商品構成を取っている。
「マックワールド」ヤングレディを対象としたカジュアルウエア。神戸での企画。
「マックシスター」ヤングレディを対象としたカジュアルウエア。東京での企画。
「ベルチカ」スーツ,ドレス,ジャケット,コート,ブレザーなどのカット・アンド・ソー製品。

(出所)　繊研新聞社編集部[1970b]312-313頁。

　「ワールド」ブランドに加えて,1967年「ワールド・コーディネイト」の打ち出し,1968年「マックワールド」(神戸での企画)発売,1969年「マッ

---

22 萩尾[1984]103頁。
23 ワールドは,1973年に東京で初めて,小売店からの推薦により消費者をファッションショーに招待した。消費者をファッションショーに招待するのは珍しかったと言われる。大内・田島[1992-94]第206回。

クシスター」(東京企画) および「ベルチカ」発売とマルチ・ブランド化が進んでいく。

1968年には個性別商品企画およびマルチ・ブランド展開に対応するため、ブランドごとのデザイナー専門化体制を採用している。それだけ商品企画力を競争力の最重要機能と位置づけていたからである。ただし、1970年頃までは、全国一本の企画体制とはなっておらず、「神戸店はセンターライクなカジュアルニット、東京店はスーツ、ドレスを主体とした商品展開」を行なってきた。「それぞれ別個のデザインルームを持ち、東西両マーケットの微妙な嗜好、需要の変化にこたえる商品企画を推進してきた」。「東京店の場合も、デザイナー中心に18名の商品企画室専門社員を擁し、独自の商品づくりを進めてきた」。このように、ワールドの事例は、1970年前後までは商品企画体制から見て全国的な統一市場がアパレル分野において必ずしもできあがっていない実情を示していた。

1973年秋冬には、「ポーシャル」を展開する。これはキャリアウーマン、ヤングミセス対象の総合的なコーディネイト・ニット・ファッションで、コート、スーツ、ドレスなどを主力に各種セーター、スカート、パンタロンなどの総合的な商品構成である。フランス、イタリアで生産される最高級グレードの位置づけである。

1974年秋冬物からイタリアのミルサ社との共同企画によるコーディネイトニット、「ルイザ・ディ・グレジー」を発売する。企画はミルサ社とワー

---

24 繊研新聞社編集部［1970b］311-312頁。『日本繊維新聞』1973年1月24日によれば、「ワールド（畑崎広敏社長）は、すでにワールド・コーディネイト42％、ワールドロア25％、ベルチカ10％などを中心に6ブランドで展開」している。『繊研新聞』1972年5月19日によれば、「ワールドロア」はベーシックな商品であり、資料6-3の「ワールド」の名称を変更したものと推察される。
25 繊研新聞社編集部［1970b］307, 309頁。
26 『繊研新聞』1970年5月15日。
27 『繊研新聞』1973年6月7日、74年4月8日。

ルド社との共同で,生産加工はミルサ社が中心となる。ヤングミセスを中心としたボリュームゾーンを目指したものであり,ウールを主体にプリント,ジャカード,無地などの素材を使用し,ブラウス,ジャケット,スカート,パンタロンドレス,コートなどを扱う。ワールドは商品企画から生産加工,販売を担当する海外事業部を確立し,欧州での生産加工体制を強化している。[28]「ポーシャル」は高価格帯,「ルイザ・ディ・グレジー」は普及価格帯と異なるが,どちらもイタリアを中心とする欧州のニット分野でデザインと生産拠点を取り込み,ワールドのニット分野の能力向上を図ろうとした。

1970年代に入ると,個別ブランド名には「ワールド」を付与しなくなる。海外の企画,生産・加工技術の活用とも相まって,個別ブランドにおいて,顧客ターゲットとコンセプトの個別性,自立性が強まってくる。「ワールド」というブランド名が付かないことにより,多様な個別ブランドの展開が可能となった。

第4節 コーディネイト・ブランド,マルチ・ブランド化の確立期(1975-84年)

1970年代後半から80年代前半にかけて,1つのショップを1つのブランドで構成するコーディネイト・ブランドが確立し,ワールドが文字通り日本を代表するアパレルメーカーへと成長を遂げる。1976年7月期年商275億円から82年7月期1,035億円,84年7月期1,207億円へと急成長している。[29]ワールドは,「ワールド・コーディネイト」と「ルイ・シャンタン」という基幹ブランドにより,1ブランド1ショップという方式で専門店販路および百貨店販路を構築していった。

---

[28]『繊研新聞』1974年4月8日,5月31日,小島[1985]254頁。
[29] ㈱ワールド社内資料。

またこの時期には,基幹ブランドがコーディネイト・ブランドとしてワールドの屋台骨となる一方,①婦人服の品揃え型ブランドの配置,②子供服,紳士服事業への参入により,ワールドは総合アパレルメーカーへと脱皮するなど,マルチ・ブランド化政策を推進した。同時に「ワールド」という企業ブランドと個別ブランドの体系が形成されていく時期でもある。本節では,(1) ワールドが総合アパレルメーカーへと成長するプロセスを概観し,(2)「ワールド・コーディネイト」と「ルイ・シャンタン」というコーディネイト・ブランドの確立過程,(3) 企業ブランドと個別ブランドの分離,(4) 個別ブランド間での役割分担の形成を明らかにする。

1. 総合アパレルメーカーへの成長

資料6-4は1975-84年におけるワールドの沿革,資料6-5は1975-84年にかけて発売された主要な新規ブランドを掲載している。総合アパレルメーカーへの展開は,まず婦人服分野で進んだ。第2のトータル・コーディネイト・ブランド「ルイ・シャンタン」を20歳代OL向けに発売する。1976年2月には布帛分野に進出している。紳士服分野には1978年6月,「ドルチェ」ブランドにて進出する。子供服分野には,1974年秋「そばかすメリー」ブランドで2-6歳女児向けニットに進出,東京地区にて展開し,1977年秋冬物から関西など全国に展開する。1983年1月には「ミルクメリー」ブランドでベビー・トドラー分野に進出する。総合アパレル企業への展開は,他の有力企業も1960年代後半から70年代にかけて進めており,1970年代は総合アパレル企業誕生の時代であると規定することができる。

総合アパレルメーカーへの展開は,小売販路の面でも進んだ。ワールドは,地域の専門店を主要販路としていた。都心部の百貨店は実質的なテナントとして出店するコストが高く,既存の中小の専門店が百貨店に入店するのは難しかった。そこで1975年3月,㈱リザを設立し,都心部の百貨店やファッションビルに進出した。[30] ワールドは独立した専門店への卸売販売で,か

第4節　コーディネイト・ブランド，マルチ・ブランド化の確立期（1975-84年）　229

つ現金決済としていたため，専門店との関係上ワールド自らが百貨店に対してテナントとして出店したり，百貨店と委託取引をしたりすることは一般的にできなかった。そこで㈱リザという子会社の専門店を作り，そこにワールドは商品を卸すこととした。1981年4月，ワールドは高級アパレルの企画製造販売会社である㈱ノーブルグーを設立し，その子会社が秋冬物から全国の百貨店30店にて卸売販売を開始した。[31]

　1984年4月，DCアパレルの有力企業，ビギグループの創業者の一人である菊池武夫がワールドに入社し，1984年秋冬物から「タケオ・キクチ」ブランドの紳士服事業を開始した。これは，1970年代後半からの新興アパレルメーカーによるDC（デザイナー＆キャラクター）ブランドの台頭に触発されたものである。1970年代後半から1980年代に急成長したDCブランドの革新性は，①ブランド・アイデンティティの作り方，換言すればブランドによる市場細分化の切り口の斬新さ，②ブランドの要素として直営店展開を行ったこと，③ファッション雑誌を活用した点などにある。

　紳士服，靴，アクセサリーを含めて販売した「タケオ・キクチ」は，直営店展開をする点でワールドの従来のブランドとは異なっていた。1985年5月末までに，全国主要都市で13店舗の直営，「オンリーショップ」のフランチャイズチェーン（FC）店を開設している。ワールドの子会社㈱リザによるものが4店，FCおよび専門店の販売代行によるものが3店，伊勢丹のイン・ショップ1店，ファッションビルなどに開設した直営店5店という内訳である。[32]「タケオ・キクチ」における直営展開は，1990年代以後における小

---

[30] 『繊研新聞』1976年2月20日によると，1975年から76年2月にかけて，そごう百貨店の大阪，広島，神戸，岡山の各店，パルコの渋谷，札幌の各店，松坂屋百貨店の名古屋，銀座の各店，福屋（広島）に「リザサロン」として開設している。売場面積は83-120㎡で，「ワールド・コーディネイト」と「ルイ・シャンタン」のアンテナショップの役割を果たしている。
[31] 『繊研新聞』1981年5月28日，7月1日，11月9日。
[32] 『繊研新聞』1985年4月8日，6月11日。

売事業展開への萌芽として捉えることができる。

　ワールドは，婦人ニットのコーディネイト・ブランドを専門店チャネルで，1ブランド1ショップという形態で卸売販売する事業モデルを1970年代から80年代前半にかけて確立したが，婦人服布帛，紳士服，子供・ベビー服を含めた総合化，百貨店やファッションビルへの㈱リザを用いた出店，DCブランドへの取組みも進め，総合アパレルメーカーへと成長した。

資料6-4　㈱ワールドのあゆみ3

1975年3月　第2のトータル・コーディネイト・ブランド「ルイ・シャンタン」発売。
㈱リザを設立し，小売分野に進出する。
1976年2月　「ビルダジュール」ブランドで布帛分野に進出。
1977年8月　CI（企業イメージ）を導入。社章，ロゴタイプ，企業カラーを採用。
1978年1月　ワールドファッション技術研究所，㈱エスプリを設立。
1978年6月　箕面物流センター竣工。
「ドルチェ」ブランドでメンズ分野に進出。
1979年12月　ワールド研修センター竣工。
㈱ワールドファッション・エス・イーを設立し，販売員教育分野の充実をはかる。
1980年6月　パリに現地法人，ワールドフランスS.A.R.L.を設立。
1980年8月　生地開発と素材差別化のために，㈱ワールドテキスタイルを設立。
1980年11月　㈱ワールドインダストリーを設立し，縫製分野の充実をはかる。
1981年4月　㈱ノーブルグーを設立し，百貨店市場に進出する。
1981年7月　売上高1,000億円を突破する。（1,035億円）
1983年1月　「ミルクメリー」ブランドでベビー・トドラー分野に進出。
1983年4月　ワールドグループの基幹ショップ，「銀座リザ」オープン。
1984年3月　神戸市中央区のポートアイランドに本社ビル竣工。
1984年4月　「タケオ・キクチ」ブランドで，デザイナー・キャラクター分野に展開する。

（出所）　㈱ワールド社内資料。

第4節　コーディネイト・ブランド，マルチ・ブランド化の確立期（1975-84年）　　**231**

資料6-5　1975年から1984年に発売したワールドの主要ブランド

「ルイ・シャンタン」1975年春夏物から開始。20歳代のOLを対象とする通勤着を狙ったトータルニット。「オンリーショップ」展開を指向する。
「ビルダジュール」1976年秋冬物から開始。織物によるミッシー対象のトータル・コーディネイト企画。ニット専業から総合婦人服製造卸をめざす戦略的なブランド。関西地方で販売。78年春夏物から関東地方でも販売。
「ドルチェ」1978年秋冬物から開始。紳士のコーディネイト・ファッション。
「ジオ」1979年秋冬物から開始。24-35歳層を対象とした布帛ブランド。「エレガンスを基調に，シンプルでソフトなラインの中に機能性をもち，やさしさを表現したもの」。
「コルディア」1980年，「ワールド・コーディネイト」（1967年開始）よりブランド名変更。
「パセリオ」1980年，「マックワールド」（1967年より神戸店の企画として西日本中心に販売）からブランド名変更。
「ノーブルグー」1981年秋冬物から開始。81年4月，高級ファッション衣料の企画製造販売会社「ノーブルグー」を設立。81年秋から，全国の百貨店30店舗で，ヤングミセス，キャリアを対象とした高級素材の単品組み合わせファッション「ノーブルグー」を発売。過半の店舗では，百貨店側の店員による販売で，納入掛け率50％台の買い取りで，平均22-33㎡のコーナー展開である。
「タケオ・キクチ」1984年秋冬物から開始。1984年4月にデザイナーの菊池武夫を迎え入れ，デザイナー・ブランドに初めて取り組む。紳士服，靴，アクセサリーを含めて，ほぼ直営店方式で展開する。85年5月末までに13店舗で展開する。

（出所）　㈱ワールド社内資料，『繊研新聞』1975年2月20日，76年2月20日，3月17日，9月27日，11月19日，77年4月21日，78年3月18日，79年3月31日，7月3日，9月18日，11月12日，80年3月29日，7月8日，81年5月28日，7月1日，11月9日，84年3月30日，5月16日，10月4日，85年4月8日，6月11日，『日本繊維新聞』1975年4月8日，76年3月19日，78年3月18日，11月28日，81年5月28日。

2. コーディネイト・ブランドの確立

　コーディネイト・ブランドとは，アパレルや身の回り品におけるさまざまな製品カテゴリーを品揃えして1つの売場に陳列し，トータル提案を行なう

ブランドのことである。ワールドは，顧客にコーディネイト訴求をするためには，服種別売場によってそれぞればらばらに売られることをやめて，1つの店がすべて「ワールド・コーディネイト」で埋め尽くされるようにしようとした。このような1ブランド1ショップの小売店のことを「オンリーショップ」と名づけた。オンリーショップ化が始まったのは，1970年頃からと言われている[33]。写真6-1は，ワールド商品のコーディネイト展開をしている専門店ショップ（1977年）を示している。

写真6-1　東武百貨店内の「ワールド・サロン池袋店」
　　　　　（専門店によるワールド商品の取扱い）

（出所）「喜多村哲のディスプレイ診断　ワールドサロン池袋店」『ファッション販売』（商業界刊）1977年6月号。

　1967年に開始した「ワールド・コーディネイト」は，ニット商品を主力として，第2次大戦後に生まれた団塊の世代に訴求した。1980年には「コルディア」とブランド名称を変更している[34]。「ワールド・コーディネイト」

---

33 小島［1985］232頁。
34 ㈱ワールド社内資料，『繊研新聞』1979年9月18日，11月12日では，「ワールド・コーディネイト・コルディア」と表記され，『繊研新聞』1980年7月8日では「コルディ

第4節 コーディネイト・ブランド,マルチ・ブランド化の確立期(1975-84年)　233

(後の「コルディア」)は,1978年7月期決算売上225億円で750店舗での販売,1980年7月期売上300億円突破,1982年売上400億円突破,1985年7月期459億円の最高売上を計上している[35]。

「ルイ・シャンタン」は,第2のトータル・コーディネイト・ブランドとして,1975年に,20歳代OLを対象として開発されたニットを中心としたブランドである。1978年7月期決算売上は144億円,460店での展開であった[36]。1978年7月期の全社売上高は550億円で,両ブランドの合計売上高の全体売上高に占める割合は67%を占め[37],文字通り「ワールド・コーディネイト」と「ルイ・シャンタン」はワールドの屋台骨であった。

コーディネイト・ブランドを,統一性,アイデンティティをもった他から識別された独自の売場として捉えたとき,ショップ・ブランドと名づけることができる。ショップ・ブランドは,製品群と売場を1つのブランドに統合して顧客に提案するものであり,結果として製品群と売場の一体化したブランドとして顧客に認知されるものである。百貨店内のイン・ショップの場合もあれば,商店街の中の1つの専門店の場合もある。1つの専門店,百貨店やショッピング・センター内のショップがもっぱら「コルディア」を販売し,その専門店ないしはショップを「コルディア」の売場として提案し,顧客の認知を受けることから,百貨店や総合スーパーといった店舗としてのストア・ブランドとは区別される。

ショップ・ブランドにおいては,ディスプレイ,販売員のサービス,品揃え,欠品のなさなどの小売オペレーションが,メーカーの有するブランドを構築する素材となることを意味する。「ワールド・コーディネイト」は製品としてのブランドのみならず,小売としてのブランドとしても訴求され,認

ア」と記載されている。
[35] ㈱ワールド社内資料,『繊研新聞』1978年9月20日。
[36] 『繊研新聞』1978年9月20日。
[37] ㈱ワールド社内資料,『繊研新聞』1978年9月20日。

知されるようになる。

　コーディネイト・ブランドは，多様な服種，すなわち多様な製品カテゴリーが1つのブランドに包含され，しかもそれぞれの製品カテゴリーが組み合わされることで相乗効果を発揮し顧客に便益を提供する。他方，ショップ・ブランドという用語は，顧客の目から見て，1つのブランドの下で売場が統一性を有していることを示すもので，小売空間の視点から捉えられたブランド概念である。「ワールド・コーディネイト」は，1970年代において，コーディネイト・ブランド，ショップ・ブランドとして顧客に認知された。

　他の消費財およびサービス部門にも適用できるように，製品と小売の両方を同一のブランドで統一的に示すという意味で，このような形態のブランドを製品・小売ブランドと一般化して名づけることにする。製品・小売ブランドは，企業主体のブランド提案の意思と顧客の認知の両面において，ブランドが製品と小売の両要素を包含していることを要する。

　ワールドの事例においては，製品供給業者と小売業者とが別の主体である。専門店は，ワールドの商品を買い取るため，最終的には自己の責任で小売販売しなくてはならない。また㈱リザの場合も，子会社ではあるものの商品の販売リスクを担っている。したがって仕入権限は，専門店，㈱リザにある。ワールドは，専門店に対して売場作りの支援をするが，商品の所有権，品揃え権限，売場管理責任は専門店側にある。したがって専門店ごとに売場提案が異なる。以上の点で単一主体による製品と小売の統一的な提案は必ずしもできない。ワールドは，買取取引という形式と限界の中で最大限小売売場についてもブランド内部に取り込もうとしたと言えよう。

3．企業ブランドと個別ブランドの分離

　資料6-3に見るように，1970年時点では，商品ブランドに「ワールド」，「ワールド・コーディネイト」，「マックワールド」と企業名を利用していた。1970年には，企業名と個別の商品ブランドとの機能分担がなされてい

第4節 コーディネイト・ブランド，マルチ・ブランド化の確立期（1975-84年） **235**

なかった。ところが，1980年には，「ワールド・コーディネイト」を「コルディア」に，「マックワールド」を「パセリオ」[38]に変更しており，ワールドと言う企業ブランドと個別ブランドの分離が明確となった。

　ワールドは，資料1-5に見るように1970年の売上高35億円と企業規模が小さく，「ワールド」という企業名を用いて，商品ブランドをつけていた。保証機能としての企業ブランドとアイデンティティを明確化した個別ブランドというブランドの重層的な関係，すなわちブランド体系が成立していなかった。

　しかし，1970年代に，個別ブランドごとのターゲットとコンセプトの設定が進んだ。具体的に言えば，「ワールド・コーディネイト」に続く第2のコーディネイト・ブランドであり，かつ20歳代OLというヤング世代のブランドである「ルイ・シャンタン」を1975年に展開することで，個別ブランドごとのターゲットとコンセプトが明確化していった。個別ブランドの明確化は，マルチ・ブランド化と手を携えて進む。1つのブランドであれば，企業名を用いたブランド，企業ブランドと個別ブランドが混然一体とした形態であっても問題ないが，マルチ・ブランド化は必然的に個別ブランドの明確化を要求する。

　その結果，個別商品ブランドは，企業名と相対的に自立化することになり，そのプロセスを通じて企業名が企業ブランドとして自立化していく。企業ブランド自立化の帰結が，ワールドの場合，1980年における「ワールド・コーディネイト」の「コルディア」への改称，「マックワールド」の「パセリオ」への改称なのである。このように，1970年代ワールドの軌跡は，マルチ・ブランド化の加速を通じた企業ブランドと個別ブランドの分離，ブランド体系の形成・確立を示している。

---

[38] 『繊研新聞』1980年3月29日によると，1980年秋冬物から「マックワールド」のブランドを「パセリオ」に変更，東日本地区への販売も強化するとある。

4. 個別ブランド間での役割分担の形成

1970年代から80年代前半にかけて,「ワールド・コーディネイト」と「ルイ・シャンタン」という2つのコーディネイト・ブランドが大きな売上割合を占めながらも,マルチ・ブランド化が進み,ワールドの業績にも反映されることになった。多数のブランドが一定の売上規模に達する。

1976年7月期決算のブランド別売上割合を見ると,売上高423億円に対して,「ワールド・コーディネイト」40％,「ルイ・シャンタン」24％,「マックシスター」12％,「マックワールド」9％,「ポーシャル」6％,「ルイザ・ディ・グレジー」6％,「そばかすメリー」3％であった[39]。

1984年7月期決算は,売上高1207億円,「コルディア」417億円,「ルイ・シャンタン」263億円,「マックシスター」110億円,「ドルチェ」110億円,「パセリオ」67億円,「そばかすメリー」41億円,「グローブ」37億円,「ジオ」36億円,「ビルダジュール」33億円,「ジオスポーツ」31億円,「スチェッソ」30億円,海外事業部32億円である[40]。1986年7月期決算では,売上高1415億円,基幹ブランドの「コルディア」が424億円,「ルイ・シャンタン」293億円であった[41]。

ワールドの社内資料によれば,1980年代の中で,当期利益は,1984年7月期109億円,85年7月期111億円,86年7月期106億円が最も高く,専門店販路を中心とした「オンリーショップ」展開とマルチ・ブランド展開による果実が最も得られた時期であった。

「ワールド・コーディネイト」と「ルイ・シャンタン」は,ワンブランド・ワンショップを展開するフルラインのブランドで,他のブランドは,特定の品種のみを扱う単品ブランドないしは,1つのブランドでは1ショップ

---

[39]『繊研新聞』1976年9月27日。
[40]『繊研新聞』1984年9月12日。
[41]『繊研新聞』1986年10月14日。

第4節　コーディネイト・ブランド，マルチ・ブランド化の確立期（1975-84年）

を構成し得ないコーディネイト・ブランドである。このようなブランドによる役割分担が1970年代を通じて形づくられた。

「ワールド・コーディネイト」，「ルイ・シャンタン」は，1つの専門店を構成するすべての商品カテゴリーを準備しなければならない。しかも，全国各地にショップがあり，大都心と地方都市，百貨店と商店街はそれぞれ商圏特性が異なり，固定客の特性も異なる。それぞれ専門店の要求する商品が違ってくる。取扱商品カテゴリーは多様で，商品カテゴリー内の型数が多くなり，それだけ商品企画，生産体制が大規模になる。このような重装備のブランドは，多店舗での「オンリーショップ」の展開を展望できなければ困難である。[42]「オンリーショップ」とは，ワールドなど特定メーカーの商品ないしは特定ブランドの商品のみを販売する小売店のことであり，この点に関しては家電メーカーの系列小売店などに類似している。

他方，特定の商品カテゴリーだけを扱う単品ブランドや，多様な服種を扱うが，1つの専門店の売場を占有するだけの規模を持たないブランドがある。その場合，多数のメーカーから商品を仕入れる品揃え型専門店は，品揃えの一部をワールドの特定ブランドから仕入れる。上記2大ブランド以外の婦人服ブランドは基本的にこのような性格を持つ。オンリーショップを展開できるブランドと，品揃え専門店への卸売販売を担うブランドという役割分担が1970年代から80年代前半に形成され，ワールドのブランド体系を構成することになる。

---

[42] 本段落については，㈱ワールド・坂口順一氏へのインタビュー，1994年6月13日に依拠している。なお『繊研新聞』1979年7月3日も参照した。

第5節　製品・小売ブランドの形成期（1975-84年）

　ブランドが，製品を示すと同時に，売場空間，店頭ディスプレイ，店頭品揃え，接客サービスなどの小売機能をも示すとき，それを製品・小売ブランドと呼んでいる。送り手と受け手の両方が製品・小売ブランドを提案して認知するとき，それは成立する。本節では，(1) ブランドを支える商品企画，(2) 小売店に対する営業，(3) 小売子会社の設立，販売支援とその意味を捉えた上で，製品ブランドと比較した製品・小売ブランドの特質を把握する。

1. 製品・小売ブランドにおける商品企画

　ブランドを製品レベルのみで捉えた場合，商品企画は，個々の服種ごとに素材とデザインを決めるだけである。企画部門の陣容も，特定製品カテゴリーに特化するならば小規模で対応できる。中小企業として出発したワールドも，当初はセーターなど特定製品カテゴリーを扱うのみであった。
　1967年に始めた「ワールド・コーディネイト」は，多様な服種が相互に関連しあってコーディネイト提案として企画され，それらが1つの小売店を占有する形で販売される。このような製品・小売ブランドの場合，まず第1に，1つのショップを1ブランドで構成できるように，多様な服種と雑貨が用意されなければならない。また同一服種内でも多様なアイテム（素材，パターン・編み地，カラー）が用意されなければならない。次にブランドの統一性が保たれるように，服種間での素材とデザイン，各々の型数についてバランスを取らなければならない。
　したがって，製品・小売ブランドの企画には少なくとも以下の点が要求される。まず，単品の商品企画と比較して，商品企画に関連する人的資源の投入が多くならざるを得ない。ワールドにおける「コルディアやルイ・シャンタンのようなトータル・コーディネイト商品の企画は，業務の分業化が進ん

第5節　製品・小売ブランドの形成期（1975-84年）　239

でいる。素材担当，編み地担当，色染め担当といった具合に専門グループ化し，さらに，その中でも，トップ専門，ボトム専門，大物専門，小物専門といった具合に分かれている」[43]。服種とアイテム数の多さに対応して，企画の担当者数は増えざるを得ない。このような企画体制は，大手企業しか採用できない。

第2に，「トータル・コーディネイト商品の場合は，色，柄はもちろん，スタイル，トップとボトムの組み合わせなど，全体のバランスが重視されるので，チームワークを重視する」[44]ことが求められる。ブランドのアイデンティティを理解しながら，ブランドの企画全体の中で自己の職務を位置づけなければならない。

第3に，多様な服種を取り揃え販売量も大きなブランドの場合，企画から店頭販売に至るまで，単品での小回りのきく企画・販売よりも入念な準備と時間を必要とする。ワールドは，シーズン6ヶ月前の展示会で小売店側に発注の8-9割を行なわせている[45]。それだけ企画が，時間的に実シーズンより前倒しで行なわれていた。

製品ブランドと比較し，製品・小売ブランドは重量級の商品企画部門を必要とするため，アパレル製造卸企業における一定の発展段階を前提とする。

2. 製品・小売ブランドにおける対小売店営業

ワールドは，1970年代後半には日本全国に強固な専門店販路を構築した。1979年現在，ワールドが決済口座をもつ取引先専門店は全国で2,500店に及ぶ。「ワールド・コーディネイト」および「ルイ・シャンタン」によるオンリーショップは500店で，ワールドの売上の50％に達し，専門店ショ

---

[43] 山川［1983］117頁。
[44] 山川［1983］119頁。
[45] 山川［1983］85頁。

ップにおけるワールドのシェアが7-8割を占める準オンリー店を含めると，7-8割になる。[46] したがって，1970年代末から80年代前半にかけて，オンリーショップがワールドの売上の半分以上を占める主力販路となった。

　1967年当時の小売店は，コーディネイトという考え方を理解していなかった。店はスカート売場，セーター売場と製品カテゴリー別に売場が編成されていた。セーターなどそれぞれの品種について，小売店は複数の問屋から仕入れていた。消費者は，店でまず自分の興味ある服種を選択して，その中で複数のメーカーおよび多数のアイテムの中から商品を選び取るという購買行動をとっていた。そのような製品カテゴリー別の品揃えと売場編集に対して，ワールドの商品をコーディネイトという小売販売形式で小売店に置いてもらうには，営業努力とそれに伴う販売実績が必要であった。

　セーターなど単品での販売の場合，セーターでの販売に精力を傾けても，小売店の仕入高に占めるワールドの占有率には限度がある。布帛ブラウス，スカート，ジャケットなど他の服種があり，そのような服種に対する営業がないからである。婦人服小売店は，通常さまざまな服種を販売している。

　多様な服種をコーディネイトという切り口で営業することにより，小売店で販売する多様な服種に対して商品を供給することができる結果，小売店の仕入高に占めるワールド商品の比率が高まる。その典型的な例が，小売店の仕入れるすべての商品を特定メーカーにより品揃えする「オンリーショップ」展開である。この場合，小売店の特定メーカーに対する仕入依存度は100％となる。もちろん店の一部でコーナー展開する場合もあるが，その場合でもワールドが重要な仕入れ先となる。[47]

「営業マンは，小売店に少しでも多くワールド製品を買ってもらおうと，店

---

[46] 本段落は，『繊研新聞』1979年11月12日参照。

[47] 商業界『ファッション販売』1976年6月，Vol.12, 72-75頁では，「ワールド・コーディネイト」をコーナー展開で販売したが，利益が出ていない専門店の事例が掲載されている。

第5節 製品・小売ブランドの形成期 (1975-84 年) 241

が閉まるころを見はからって小売店に足を運んだ。『どうしたら売れるか，主人の相談に乗ったり，ディスプレイを手伝ったりしている間に夜中になり，ショールームで寝たこともしばしばだった』（［当時］壱貫田康・コルディア部営業部長）。営業マンが小売店にしばしば顔を出し，相談に乗ったり，ディスプレイの手伝いをしたりしていると，どうしてもワールド製品が目のつきやすいところに並べられるようになる」[48]。

　このような営業員の努力に伴って少しずつ，コーディネイト販売が広がっていった。創業者の畑崎広敏によれば，「最初から店全部が『ワールド・コーディネイト』売り場になったところは少なく，まずは半分からとか，現在のコーナー取りのような感じでスタートして徐々に面積を広げていくケースが中心で」[49]あった。当時は一流の小売店はワールドの相手をしてくれずに，2流，3流の小売店をワールドの「オンリーショップ」に組織していった。「ワールド・コーディネイト」は，1974年秋冬物から，これまでのスカーフ，ネックレスに加えて，マフラー，ベルト，帽子など各種装飾品も含めて展開するようになった[50]。

　コーディネイト・ブランドの展開は，小売店との関係で言えば，売場をすべて自社の商品で埋め尽くす，小売店の自社に対する仕入依存度を100%に高めるという戦略を実行するための手段として機能した。

　ワールドと専門店の取引形態は，買取り契約で，20日締め翌月5日払いの現金取引である。実シーズンおよそ6ヶ月前の展示会で小売店側が発注した商品は，買取り制で返品は認めない[51]。ワールドは，「6ヶ月前の商品展示会でそのシーズンに売る商品の80-90%を受注」[52]する。そして，展示会の受

---

48 萩尾［1984］101-102 頁。
49 大内・田島［1992-1994］第 207 回。
50『繊研新聞』1974 年 5 月 31 日。
51 山川［1983］85 頁，88 頁。
52 山川［1983］28 頁。

注状況に基づいて計画生産を行って卸売販売をし，小売販売リスクは小売店側が負う。この意味では投機的な生産・流通が行われていたと言える。

　各小売店の有している顧客層に応じて小売店はそれぞれ品揃えを行う。したがって，店舗の標準化を通じて，「ワールド・コーディネイト」のブランド・アイデンティティを訴えるのではないため，各個別店舗ごとに顧客のブランド・イメージは異なる。ワールドが個別店舗の顧客特性に対応することは，商品アイテム数の増加に結びつく。コーディネイト提案型ブランドであっても，ワールドは卸売事業を営んでおり，少なくとも形式上商品の仕入れ権限と販売は小売店の担当となる。消費者は，「ワールド・コーディネイト」というブランドの購買を，特定の小売店にて行なうこととなる。「ワールド・コーディネイト」は，小売店ごとに商品の品揃えがまちまちであり，個々の小売店の店舗立地や顧客特性という「個店特性」を媒介として顧客との関係を築いていったと言える[53]。

　ワールドと取引をする小売店の数は，商品力の充実とワールドの営業努力により，1978年7月期決算で，「ワールド・コーディネイト」750店，「ルイ・シャンタン」460店，各ブランド合計で2,500店に達した[54]。

　このような店舗拡大は，ワールド内におけるブランド内競合，ブランド間競合を引き起こした。同一ブランドの「オンリーショップ」どうしの競合，ワールド子会社でワールド商品の小売販売をする㈱リザと「オンリーショップ」との競合，異なるブランドの「オンリーショップ」間の競合などが進んだ[55]。1978年4月，東海地区のワールドショップ22店で結成する中京ワール

---

[53] 本段落については，㈱ワールド営業企画部取締役部長（当時）・坂口順一氏へのインタビュー，1994年6月13日を参照した。
[54] 『繊研新聞』1978年9月20日。
[55] 山川［1983］230頁。専門店側の婦人服メーカーに対する不満，たとえば利益が出ないことの不満を，矢野経済研究所『ヤノニュース』1976年10月15日，44-47頁，1976年11月5日，23-26頁，商業界『販売革新』Vol.12，1976年6月，72-76頁に記されている。

第5節　製品・小売ブランドの形成期（1975-84年）　**243**

ド会は，ワールドに対して要望書を提出している。その内容の一部は以下の通りである。「1. 中京地区でのリザサロンは一店にしてほしい。2. リザ及び中村百貨店内コーディネイトサロンのバーゲンは，専門店のバーゲンが終わってからにして頂きたい。夏ものは8月に入ってから，冬ものは2月に入ってから，バーゲン値引率は30％まで」[56]というものである。他納入掛け率の再考を求める要望など8点を記載している。

　1970年代から80年代前半にかけての売上拡大期には，ワールドは，小売店間の競合，営業員どうしの競争を通じて最大限の利益を追求する。それは必然的にワールド内におけるブランド内競合，ブランド間競合を引き起こした。

　ワールドは小売店に対して買取り契約という形式で商品を卸売販売していた。その観点から言えば，ワールドにとっての個別ブランド，「ワールド・コーディネイト」や「ルイ・シャンタン」は，製品ブランドである。しかし，事実上小売店の一定面積の売場をワールドの特定ブランドで占有し，そのブランドで小売店を顧客に訴えるときには，その小売店は「ワールド・コーディネイト」あるいは「ルイ・シャンタン」として認知される。ワールドが卸売業者であり，独立の小売店が当該ブランドの小売業者であるが，上記のブランドは，製品ブランドでありかつ小売ブランドなのである。これを本章では製品・小売ブランドと呼んでいる。

56　山川［1983］232頁。なお，『日本繊維新聞』1979年6月16日によれば，1978年6月13日，ワールドと中京ワールド会は，ワールドの小売部門リザショップが地元ワールドショップよりバーゲンを先行させたり，バーゲン値引率を高くしたりすることのないことなどについて交渉を行ない，①バーゲンは7月25日から行う，②バーゲン値引率は30％までとすることで合意した。『日本繊維新聞』1981年10月26日，28日にも，ワールドと中京ワールドとのコンフリクトとその経緯が示されている。

3. 小売店に対する販売支援

単なる製品ブランドから製品・小売ブランドへと発展する中で，小売店に対する販売支援も拡大することになる。単品としての卸売営業の場合，商品にかかわる支援が中心となるが，製品・小売ブランドの場合は，店舗改装，ディスプレイ，陳列から始まり，商品の特徴，コーディネイト提案，商品発注に対する提案に至るまで，小売サービスのあらゆる局面に関わるようになる。

ワールドの対小売店販売支援は，①セールスマーチャンダイザーと呼ぶ営業員，②セールスコーディネーター（以後コーディネーター），③装工部プランナー，④セールスアドバイザーによって担われる[57]。

営業員は，「商品の売り込みや集金業務」以外に，「自分が担当する専門店の店頭での売れ行きをつかんで，その店の品ぞろえと仕入れ量をアドバイスし，店頭情報を商品企画部内にフィードバックする」。営業員は，「一人平均5，6店の専門店を担当」し，「1つの店にまるまる1日かけて，その店の人間になり切っていろいろ手伝ったり，指導し，情報収集する[58]」。ディスプレイ，ショーウインドウの飾り付け，シーズンごとの商品の配置換え，ダイレクト・メールの宛名書き，商品の倉出しの手伝いなどを行なう。「さらに，担当する専門店の立地特性や店主の専門店経営に対する姿勢，性格まで十分頭に入れ，その店の個性を大切にしながら，経営計画づくり，販売戦略や販売促進策の策定，消費傾向や新しい消費の芽の分析などを行って，店主や店員と一緒に店の発展策を考えるといったことまで行なう。その際，ワールドの子会社のリザでの実験データや他店でのさまざまな試みや成功例などの情報をどんどん提供し，これらを参考にしながら，その店に最も適した戦略を

---

[57] 山川［1983］56-60頁。
[58] 山川［1983］56-57頁。

第5節　製品・小売ブランドの形成期（1975-84年）

店主と一緒に考えていく」。この営業部隊はワールドの社員のうち最大の人数を占める[59]。

「セールスコーディネーターは，……専門店を巡回し，ワールドの商品のブランド・イメージや商品のもつ雰囲気が店頭で正しく演出され，商品展開されているかをチェックし，指導したり，手直しする[60]」。セールスコーディネーターは人数が少ないため，通常は営業員がディスプレイなどを行なう。これは，単なる製品ブランドの卸売営業では必要としない。「ワールド・コーディネイト」や「ルイ・シャンタン」を小売ブランドとして顧客に認知させる必要性がこの職務を生みだしたのである。

「装工部プランナーは，店舗設計の専門家のグループで，得意先専門店の新規出店，改築，改装などの相談に応じて，専門店の希望，地域特性，顧客特性などあらゆる観点から分析して店舗設計を行なう[61]」。そして，「セールスアドバイザーは，得意先専門店の販売員を実践指導するのが仕事である。各店を巡回して，販売員に，ブランドの特性，そのシーズンの商品の特徴，セールスポイント，接客法，顧客管理法などを店頭で指導する[62]」。

装工部の設置と販売員指導は，店舗施設というハードと販売員サービスというソフトの両面において，小売ブランドの部面にまでブランドを拡大することとなった。このような手厚い販売支援は，高コストではあるが，製品・小売ブランドとしての価値を高める上で必要な投資であった。単品としての商品レベル，コーディネイト提案の技術，陳列の技術，接客サービス，顧客管理といった水準が他の専門店と比較して高い水準に到達することとなり，

---

[59] この段落については，山川 [1983] 56-58 頁を参照。
[60] 山川 [1983] 58-59 頁。『繊研新聞』1979年11月12日によれば，1979年時点では，1030人の社員のうち営業員が全国で350人，セールスコーディネーターが80人近くいる。セールスコーディネーターは，「ワールド・コーディネイト」，「ルイ・シャンタン」の2大ブランドを中心に配属され，1人平均10店舗ほどを担当している。
[61] 山川 [1983] 59 頁。
[62] 山川 [1983] 60 頁。

その結果,「ワールド・コーディネイト」,「ルイ・シャンタン」という基幹ブランドは製品・小売ブランドとして成長していった[63]。

ワールドは，1979年12月，山陽新幹線の新神戸駅近くに「ワールド研修センター」を設立するとともに，販売の人材育成を担う㈱ワールドファッションエス・イーを設立した[64]。この子会社は，ワールドグループ全体の人材育成を行なうが，その中でも「オンリーショップ」のファッションアドバイザー（販売員）および店長の人材育成を担っている。販売経験に即した段階別の販売員研修，店長研修，オーナー（経営者）研修を行なっている[65]。販売員など人材育成の支援を通じて，小売店の販売力，基幹ブランドの販売力を高めようとしている。ワールドは卸売業者であり，小売店頭の在庫リスクや小売店での接客販売は小売店側の領域に属するが，以上のような販売支援を通じて，小売過程に関与して，ワールドは「ワールド・コーディネイト」,「ルイ・シャンタン」という基幹ブランドを構築してきた。

4. ㈱リザにおける直営小売店の展開

ワールドは，1959年創業の2年目に取引先問屋の倒産という経験を通じて，小売店との現金取引をする卸売業者として自らの位置を律してきた。事実上1つの小売店舗がワールドの商品のみを扱うようになり，消費者の目から見て，「ワールド・コーディネイト」が製品ブランド兼小売ブランドとして認知されるようになっても，ワールドは卸売業者であった。

ワールドは，1975年2月，㈱リザを，資本金1億円，㈱ワールド75％，丸紅㈱25％の出資比率で，ワールド商品の小売店展開のために設立した[66]。

---

[63] ワールド社内資料によれば，1984年7月期決算で，ワールドは18.9％と言う高い売上高経常利益率（売上高1207億円，経常利益額228億円，単独）を達成している。
[64] ワールド社内資料。
[65] 山川［1983］60-69頁。

第5節 製品・小売ブランドの形成期（1975-84年） **247**

㈱リザは，都心部の繁華街，ファッションビル，百貨店など，独立の中小専門店にとって保証金，賃貸料の高さから出店の困難な場所に展開していった。[67] 1976年2月にかけて，そごう百貨店の大阪，広島，神戸，岡山店，パルコの渋谷，札幌店，松坂屋の名古屋，銀座店，福屋（広島），大丸神戸店，三宮センタープラザ内のリザサロン神戸本店を開設した。[68]

㈱リザの目的は，上述のごとく，まずは従来の専門店が進出しにくい都心部の一等地に㈱リザの直営店として進出し，ワールドの小売販路を拡大するとともに，小売事業として高い収益性を示すことにあった。ブランドの売上・利益計画を作成する際に，エリアごとに区分して売上・利益計画をたてる。各エリア別にどの小売業態で売上・利益を計画するかを落としこんでいった時，東京都区部などでは百貨店への出店抜きには計画が立てられない。当然百貨店内に中小小売店が参入するのは資金的に難しく，ワールドが子会社形式で参入した。[69] したがって，㈱リザは，何よりも都心部での売上と利益を確保するために展開したものである。その結果，1981年8月期決算で，売上高119億円，主要都市に65店展開，1982年8月現在では年商137億円，経常利益11.5億円，店舗数68店に達している。[70]

5. 単品ブランド，多製品ブランド，製品・小売ブランド

1960年代，㈱ワールドの商品は，ワールドというブランド名のついた単

---

[66] 『繊研新聞』1975年2月26日。
[67] ㈱ワールド営業企画部取締役部長（当時）・坂口順一氏へのインタビュー，1994年6月13日。
[68] 『繊研新聞』1976年2月20日，4月1日。
[69] ㈱ワールド営業企画部取締役部長（当時）・坂口順一氏へのインタビュー，1994年6月13日。坂口順一氏は，売上・利益計画はブランド軸→エリア軸→小売業態軸という順番でたてられること，その際，都心部での売上は㈱リザによる百貨店内出店に依存せざるを得なかったことを説明した。
[70] 山川 [1983] 71，176，179頁。

独の製品として販売されていた。ブランドは個々の製品を意味するものであった。設立当初の㈱ワールドのように，企業規模が小さい場合，たとえば婦人服ニットに限定してもあらゆる製品カテゴリーを扱うだけの資金力，企画力，営業力が備わっていない。創業間もないワールドは，セーターといった特定製品カテゴリーにおける単品ブランドとしての展開しかできなかった。商品企画と言っても，流行している商品をすばやくものまねして，競合商品より安く販売することで，小売店，ひいては消費者の愛顧を得るものであった。

　1970年代を通じて多様な製品カテゴリーを含めた小売を包含するブランドの典型として，「ワールド・コーディネイト」，「ルイ・シャンタン」のような製品・小売ブランドが成立する。この製品・小売ブランドとは，多様な製品を指示すると同時に，小売店と小売サービスをも指示する。多様な製品カテゴリーの組み合わせを1つのブランドで行なう場合，それは多製品ブランドと呼ぶことができる。

　ブランドは，単品ブランドから多製品ブランド，そして製品・小売ブランドへと概念的に発展する。製品，小売という諸関連の中でブランド概念の発展を捉えたものが，資料6-6である。単品ブランドは，特定の製品カテゴリーに限定してブランドが連想される。たとえば流行を取り入れた中価格帯のセーターというものである。ある小売店でワールドのセーターが取り扱われている場合，その小売店の信用とワールドという製品としてのブランドが相互に補完しながら，顧客の愛顧を獲得することになる。単品ブランドは特定の小売業者および小売店とは独立して存在している。顧客は小売店の信用を媒介としながら，単独の製品として存在するブランドと向き合っている。

　多製品ブランドは，特定の製品に拘束されることなく，多様な製品に共通するアイデンティティを顧客に訴える。アパレルにおいては，コーディネイト・ブランドとして現われる場合が一般的であるが，それはしばしば特定の小売業者の売場の一角を占めて，ブランドのアイデンティティを伝える。この多様な製品を1つのブランドのもとに包含していく事態は，企業のブラン

第5節　製品・小売ブランドの形成期（1975-84年）　　249

資料6-6　単品ブランド，多製品ブランド，製品・小売ブランド

	単品ブランド	多製品ブランド	製品・小売ブランド
製品との関係	単品ブランドは特定の製品カテゴリーを指示する。	多様な製品カテゴリーを含み，個々の製品カテゴリーに縛られないブランドとなる。	多様な製品カテゴリーを含み，個々の製品カテゴリーに縛られないブランドとなる。
小売との関係	単品ブランドは，小売店の品揃えの一部を構成する。	①特定の小売業者のコーナーを占める，②あるいは売場でそれぞれ製品カテゴリーごとに扱われることにより，小売業者の特定ブランドに対する仕入れ依存度を高める。	売場そのものがブランドの不可欠な構成要素となり，売場自身がブランドとして認知される。ハードのみならず，接客サービスなどのソフトもブランドの要素となる。

（出所）　著者作成。

ド戦略の立場から見れば，ブランド拡張である。

　製品・小売ブランドでは，小売のハードとソフトそのものがブランドの不可欠な構成要素となる。「コルディア」という1つのブランドが製品ブランドと小売ブランドの両方を指示するものとなる。小売店の立地，小売店舗施設と空間設計，陳列，接客サービス，付帯サービスは小売ブランドの不可欠な要素である。

　単品ブランドの小売販売においても，接客サービスが小売の決め手となりうるが，接客サービスは単品ブランドの外部に位置する。アパレルメーカーの派遣販売員が百貨店で単品ブランド（たとえば紳士服背広上下）を販売した場合でも，製品としてのブランドの外部，すなわち小売業者の接客として認知される。それは販売員が百貨店の制服を着用していることに表れている。

　多製品ブランドがコーナー展開される場合，ブランドは多様な製品を示すにとどまらず，コーナー売場というハードと接客サービスというソフトを含むようになっていく。コーナー売場は単品ブランドから製品・小売ブランドへと至る過度的な形態であると言える。製品・小売ブランドは，売場がショップとして独立しており，販売員もそのショップ専属である。その意味で

は，製品・小売ブランドは，製品ブランドとしてよりも小売ブランドとして認知される。

製品ブランド→多製品ブランド→製品・小売ブランドという発展は，単独の製品カテゴリーに根ざしたブランドから，関連する多様な製品カテゴリーを包含するブランドを経過して，製品が販売される小売過程を含むブランドへとブランド概念が拡張したことを示す。製品・小売ブランドの形成は，特定の製品カテゴリー群を取り揃えたショップという意味での小売ブランドの形成を指示するものにとどまらず，特定の製品カテゴリー群についての品揃えを独自のブランド・アイデンティティに従って行なうことを意味する。「ワールド・コーディネイト」と「ルイ・シャンタン」は，取り扱う商品カテゴリーが重複するが，製品・小売ブランドとして自立して存在する。

ワールドにおける製品・小売ブランドは，製品ブランドから小売ブランドへと拡張し，小売過程が製品とともにブランドの不可欠な構成要素となるものであった。逆に，ユニクロのように，最初は小売店として出発し，多店舗展開をする中でプライベート・ブランドを作り，結果として，同じユニクロというブランド名で製品ブランドをも指示するものへと拡張する場合もある。

製品・小売ブランドの成立は，製品ブランドと小売ブランドそれぞれの自立的な運動を否定するものではない。小売の独自な切り口によって，メーカーブランドの製品を選択して品揃えする「セレクト・ショップ」の形成は，「セレクト・ショップ」としてのブランドと，その小売店で販売されている個々の製品としてのブランドとが，相互に機能分担をしながら補強し合う関係が形成されている。製品ブランドと小売ブランドとの協働である。

しかし，ここでは，「コルディア」や「ルイ・シャンタン」のように，製品ブランドから，多製品ブランドを通じて，その小売過程への拡張としてショップ・ブランドが形成された事実を確認しておきたい。

6. ワールドの小売店取引に見る製品・小売ブランドの特質

ワールドの対専門店取引がワールドの有する製品・小売ブランドにいかなる特質を付与しているのか。まずは，ワールドと多数の専門店との取引における特徴を整理すると，①多数の中小専門店との取引，②買取り契約と小売店自身による小売販売，③展示会方式に求めることができる。そしてこのような専門店取引の特徴は，この時期のワールドにおける製品・小売ブランドに特有の性格を与えることになる。

①多数の中小専門店との取引。ワールドの取引専門店の主流は，商店街などに立地して近隣の顧客層を相手とする商圏の狭い小売商である。個々の専門店の商品の品揃えは，自店の固定客の顧客特性を踏まえたものとなり，個別店舗ごとの品揃えにばらつきが出る。ワールドは，「ワールド・コーディネイト」(「コルディア」)，「ルイ・シャンタン」において，全国的な専門店の「オンリーショップ」化(自社の単一のブランドで売場のすべてを構成する店)を進め，多店舗展開による規模の経済を実現したと言えるが，個々の店は，店舗立地，各小売店の顧客特性，小売店経営者の考え方，担当する営業員などの要素により個別的である[71]。商品の品揃えやディスプレイは，担当の営業員，セールスコーディネーターと小売店責任者(経営者ないしは店長)と個別的で長時間にわたるやり取りを通じて決まる[72]。

以上のように，「コルディア」の専門店各店は，全国共通の統一したブランドのアイデンティティを顧客に提案しているとは言えず，顧客の持つブランド・イメージは，店舗という視点で見た場合個々に異なる。それは，小売店にある在庫は，各小売店の意思決定により品揃えされること，小売店は固定客に支えられておりその固定客を想定しながら仕入が行なわれることによ

---

[71] ㈱ワールド営業企画部取締役部長（当時）・坂口順一氏へのインタビュー，1994年6月13日。

[72] 商業界『販売革新』Vol.12，1976年6月，72-76頁。

る。

　小売店における固定客の存在は，時間の経過と共に顧客年齢層が高齢化するという結果を引き起こす。狭い商圏の固定客を相手とする専門店は，たとえば「コルディア」の顧客が当初は30歳であったとしても，年数がたつにつれて，主要顧客層も40歳，50歳，60歳と高くなる傾向にある[73]。商店街自身が高齢顧客を相手とし，若い顧客層が郊外型ショッピング・センターや都心部の商業施設に移行する中で，対象顧客の新陳代謝が進まず，専門店販路の販売力が低下していくことにもなる[74]。

　中小小売店という業態特性が，1970年代から80年代前半までのワールドの製品・小売ブランドの強さを生み出した。しかし，同時に1980年代半ば以降における中小小売店の停滞が，ワールドの既存の製品・小売ブランド（「コルディア」と「ルイ・シャンタン」）の停滞と連動することとなった。

　②買取り契約と小売店自身による小売販売。取引形態が買取りで小売販売リスクを小売店がもつと言うことは，各小売店における商品買い付け，品揃えの最終的な決定権は小売店にあることを意味する。また，小売販売は各小売店が主体となって行なう。以上の点は，店舗立地と固定客が個々の店舗ごとに異なることと合わさって，たとえワールドの商品のみを扱う小売店であっても，小売販売のハードとソフト両面にわたり店舗ごとの個別性に大きく依存することを意味する。専門店を活用した卸売営業は，小売販売という点でワールドの全面的なコントロールによるブランド訴求が困難な側面を有している。

　③展示会発注。専門店は，実シーズン6ヶ月前の年6-7回ある展示会で商

---

[73] ㈱ワールド営業企画部取締役部長（当時）・坂口順一氏へのインタビュー，1994年6月13日。

[74] コルディアの売上は，1986年7月期の424億円（「リニア」ブランドを除く，『繊研新聞』1981年10月14日）をピークとして落ち込んでいき，1990年代半ばには300億円を下回るようになる。

第5節 製品・小売ブランドの形成期 (1975-84年)

品を発注し，実シーズンに商品を受け取る。ワールドは商品の80-90％程度を展示会の受注に従い生産する。6ヶ月前に受注を受け現金買取りで卸売販売するという展示会発注方式は，ワールドにとって商品在庫リスクを持たずに計画生産できるという利点を持つ。他方小売店は実シーズン6ヶ月前の発注リスクを基本的に持つ。このような展示会発注方式は，仕入れた商品の「売り減らし」を前提とする。商品の小売販売が順調に伸びている場合には，これは効率的な生産・販売方式であるが，売れ残りによる在庫ロスと人気商品の売り切れによる販売機会ロスが生じることがしばしばある。店頭在庫の消化が順調にいかない場合には，店頭におけるブランドのイメージは，鮮度低下と受け止められる恐れがある。

　ワールドは，全国の中小小売店の系列化による「オンリーショップ」展開，現金買取り契約，展示会発注方式を通じて，「ワールド・コーディネイト」，「ルイ・シャンタン」を全国各地に広げた。「オンリーショップ」形態の専門店はワールドに仕入れを全面的に依存することに伴い，ワールドの特定ブランドの製品を顧客に熱心に営業することとなる。もちろんワールドの「オンリーショップ」に多くの小売店が組織されていった第1の要因は，企画部門への投資に裏づけられたワールドの商品力にあることは疑いない。

　1970年代に，ニット，布帛両面において婦人既製服が急速に拡大していく中で，その基幹ブランドとして，日本を代表する大型の製品・小売ブランドに成長していったのが，「ワールド・コーディネイト」(「コルディア」)，「ルイ・シャンタン」であった。1970年代婦人服の成長過程において，1つの重要な小売チャネルが，中小の独立小売店であり，ワールドはこのチャネルを自己の製品・小売ブランドの販路として活用したのである。その際，店舗のほとんどすべての商品を自社の特定ブランドとすることで，製品に加えて店舗そのものがブランドの不可欠な一要素となる製品・小売ブランドへと

---

75 山川 [1983] 84頁。

ブランドそのものを発展させたのである。

　しかし，消費者の目から見れば小売過程を包摂したワールドのブランドは，内実から見れば小売の販売リスクを引き受けたものとはなっておらず，小売過程の販売情報や消費者情報を直接掌握することができていなかった。その意味で，1970年代のワールドにおける製品・小売ブランドは，不十分なものであった。企画，生産発注，製造，販売の一貫した統合システムというインフラに基礎づけられたブランドの形成は，1990年代まで待たなければならなかった。

第6節　むすびに：
　　　　1970年代における製品・小売ブランドの意義と限界

　本章では，製品ブランドから製品・小売ブランドへの移行がなにゆえアパレルで生じたのかを，㈱ワールドを素材として検討してきた。製品ブランドは，他の競合する製品ブランドとの識別，品質の保証と信頼，意味付与としての役割を果たす。その際，あくまでも製品に即して，小売店において自己のブランドを主張する。セーターであれば，小売店のセーター売場の陳列の中で「ワールド」を購入してもらうよう単独の製品ブランドとして自己主張をする。

　製品ブランドは，単品ブランドから多製品ブランドへと発展する。特定の製品カテゴリーに固着した単品ブランドは，小売店の品揃えの1つとして店頭に並ぶ。単品ブランドの顧客に対する訴求力は，商品力に全面的に依存する。多製品ブランドは，セーター，ドレス，ジャケット，コートなど多様な製品カテゴリーを含む。異なる製品カテゴリーへのブランド拡張を伴いながら単品ブランドから多製品ブランドに成長する場合もあれば，最初から多製品ブランドとして開発する場合もある。アパレルにおける多製品ブランドは，単品ブランドに比して，デザイン傾向，色使いなどブランドの主張を特定製品の枠を超えて表現し，顧客に訴えることができる。それだけブランド

第 6 節　むすびに：1970 年代における製品・小売ブランドの意義と限界　　**255**

のアイデンティティを拡張することができる。

　この多製品ブランドは，製品ブランドとしての枠を超えて製品・小売ブランドへと転化する要素を胚胎している。多様な製品のトータル展開を通じて主張するブランド・アイデンティティは，一揃いに売場で表現されて初めて顧客に伝えることができる。服種別売場にばらばらに配置されたのでは，コーディネイト・ファッションとしての表現が生かされないからである。

　この点は，家電製品など個別商品の機能に比重がかかるブランドとは異なる。「パナソニック」というブランドで，電気洗濯機，アイロン，掃除機，冷蔵庫が発売されている場合，顧客は白物家電の有力ブランドという安心と信頼性を得ることができる。しかし「パナソニック」の場合，製品間のコーディネイションと言う視点からブランド提案がなされることは一般的ではない。消費者の購買選択の順序に即して言えば，まず特定の製品カテゴリー，電気洗濯機を選び，その上で複数メーカーの多様な機種から特定のブランドおよび型番を選ぶのである。アパレルの場合は，ブランド選択を行った上で服種，特定アイテムの選択を行う購買行動が成り立つ。

　このように，多製品ブランドは，まだ概念的には小売の要素をブランドに含んではいないが，多様な製品カテゴリーによるコーディネイト提案を目指すようになるや，製品・小売ブランドへと発展せざるを得ない。

　製品・小売ブランドは，顧客の目から見て，個別製品を意味すると同時に，小売立地，店舗空間，販売サービスなど小売そのものを意味する。多製品のトータル展開は，必然的に 1 つのブランドをくくりとした店舗空間を必要とする。1 つの店舗による製品・小売ブランド展開の典型的事例が，「ワールド・コーディネイト」と「ルイ・シャンタン」なのである。

　1970 年代は，トータル・コーディネイト展開が日本のブランドにおいても一般化する時代である。婦人衣料の拡大，カジュアル衣料の拡大，ファッション雑誌の創刊[76]という流れの中でファッションの捉え方が，単品からコーディネイトへと移行したのが 1970 年代であった。このような 1970 年代の時代傾向と軌を一にして，ワールドは基幹ブランドに製品・小売ブランドを据

えて成長した。

　ワールドの製品・小売ブランドは専門店販路を主とした点に特質を有している。この点で，1970年代から80年代前半にかけてのワールドの強みであった。ワールドは卸売業者として，小売店に対して現金買取りと展示会での発注という方式で相対した。小売販売リスクを小売店に持たせ，計画生産を行なうことで，1983年7月期18.0％，1984年7月期18.9％の高い売上高経常利益率を実現することができた。[77]

　1970年代ワールドの製品・小売ブランドは，製品から出発して，卸売業者としての位置を保持しながら，コーディネイト提案が実現できる小売の組織化を中小小売店に求めた。その過程で，製品・小売ブランドとして要求される小売の標準フォーマットが，小売の立地，店舗面積，什器やレイアウト，情報システム投資というさまざまな点で整備されていくということにはならなかった。1980年代に中小専門店が疲弊するなかで「コルディア」，「ルイ・シャンタン」は伸び悩むことになる。

　専門店卸売を主販路とする製品・小売ブランドは劣勢となり，ワールドにおいても，1993年における団塊ジュニア女性向けブランド「オゾック」発売をきっかけに，小売販売リスクを自ら引き受ける小売業者としてのポジションから出発して，企画，発注，製造，販売を「一気通貫で」結びつけるビジネスモデルに切り替えていくことになる。[78]

---

[76] 1970年にヤング女性向けファッション週刊誌『アンアン』が創刊され，1971年に同じくヤング女性向けファッション雑誌『ノンノ』が創刊された。富沢［1995］575頁。

[77] ㈱ワールド社内資料。

[78] この点については，藤田・石井［2000］，神戸ビジネススクールケースシリーズ［2002］，楠木・山中［2003］，金［2006］を参照のこと。

第7章

1980年代大手アパレルメーカーの ブランド開発と商品企画
―基本システムの確立―

第1節 はじめに

　アパレルメーカーは，1980年代になると，意識的かつ戦略的な新規ブランド開発と既存ブランドの持続的な構築に取り組むことになる。1980年代新規ブランド開発は，悪戦苦闘しながら結果的にブランドが成長したというのではなく，ブランドのターゲットとコンセプトを明確にして，それをマーケティング・ミックスへと具体化していく戦略的かつ意識的な取り組みになった。そして，メーカーは，新規ブランドや既存ブランドそれぞれを自社内のブランド体系の中で占める位置をはっきりさせ，各個別ブランドを競合ブランドとの関係の中で明確にポジショニングする作業を行なうようになった。

　本章でブランド開発は商品コンセプトとポジショニングに限定して用いている。ブランドを提案するには，商品，ショップ，コミュニケーションが不可欠である。1980年代アパレルのブランド構築は，ブランド別商品企画体制により実践されている。

　したがって本章では，1980年代にブランド開発が商品コンセプト開発と

なり，他のブランドとの関係におけるポジショニングとなったこと，アパレルのショップ・ブランドはブランド別商品企画体制により運営されるようになったことを明らかにする。すなわち，ターゲットとコンセプトの明確化と，それをふまえたマーケティング・ミックスの具体化である。[1]

1980年代のブランド開発では，「スウィヴィー」と「イクシーズ」開発に見るように，商品コンセプトの提案はライフスタイル提案という形式をとる。ライフスタイルとは，「各人の活動，関心，意見に表現される生活パターン」[2]であるが，アパレルのブランドは，ライフスタイルを提案するものとなった。製品，価格，チャネル（小売），コミュニケーションはライフスタイル，すなわちブランドのコンセプトを具体化し実践する手段となる。なかでも，商品企画はブランドのコンセプトを具体化して顧客にブランドのイメージを定着させる上でのかなめの役割を果たす。

資料7-1「マーケティング戦略立案の手順」は，樫山㈱のスタッフ部門であるマーケティング部が1985年頃に作成したものである。マーケティング部門は，生活者，小売市場，競合，商品の分析をふまえて，ターゲットとコンセプトを明確化していく。その後，衣服設計・製造技術面での調整，財務面の調整をふまえて，商品戦略，流通戦略（小売チャネルと物流），促進戦略を組み立てる。ターゲットとコンセプトの策定からマーケティング・ミックスの計画に落とし込んでいくブランド開発が，1980年代に形成された。

1980年代アパレル市場のブランド展開は，年商100億円規模の大型ブランドが成長する一方，DCブランド，輸入ブランドの登場により特徴づけら[3]

---

[1] 原田［2010］は，持続的競争優位を実現する観点から見ると，ブランドが製品，流通，コミュニケーションなど多元的な差別性を有していることから，ブランド管理が全社的管理，したがってトップ・マネジメントの事項となることを示している。

[2] Kotler and Keller［2009］p.159.

[3] たとえば，『繊研新聞』1986年10月14日によれば，1986年7月期㈱ワールドの決算によれば，ワールドの「コルディア」（「リニア」を除く）は年商424億円，「ルイシャンタン」293億円であった。また，『日経産業新聞』1990年4月19日によれば，オンワー

れる。これらのブランド展開に共通する点は，百貨店および直営店で展開するショップ・ブランドである。当該ブランドのみで品揃えされるショップが展開されて，商品品揃え，接客サービス，店頭商品管理，商品の投入計画，価格設定とバーゲン設定など小売オペレーションの多くをアパレルメーカーが取り込む小売運営形式が一般化した。ショップ・ブランド化が，1980年代アパレルメーカーのブランド開発の第1の特質となっている。

資料 7-1　マーケティング戦略立案の手順

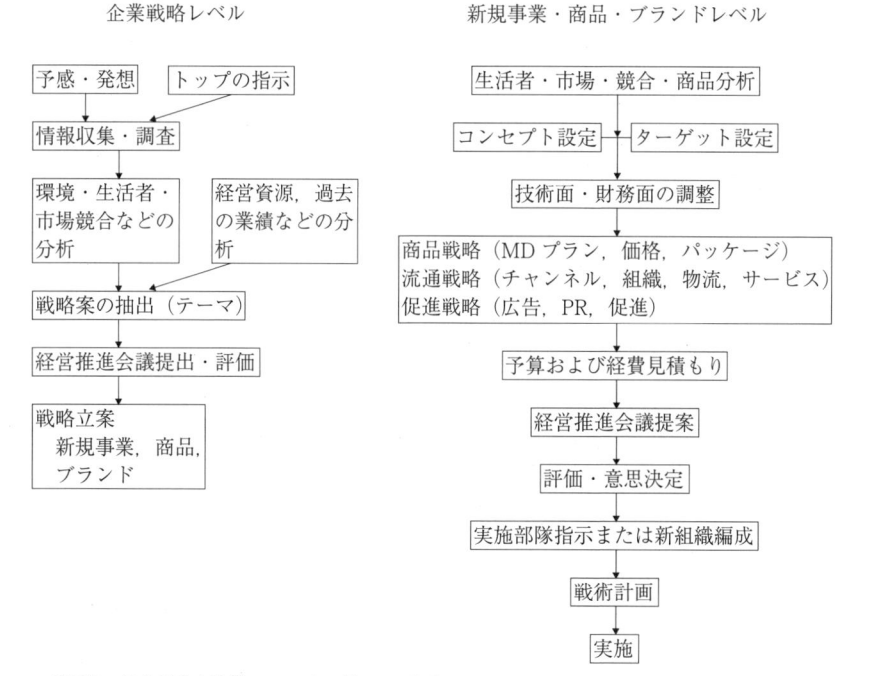

```
企業戦略レベル                      新規事業・商品・ブランドレベル

[予感・発想] [トップの指示]         [生活者・市場・競合・商品分析]
      ↓                                      ↓
[情報収集・調査]                    [コンセプト設定]←→[ターゲット設定]
      ↓                                      ↓
[環境・生活者・  [経営資源，過去    [技術面・財務面の調整]
 市場競合などの   の業績などの分      ↓
 分析]           析]                [商品戦略（MDプラン，価格，パッケージ）
      ↓                             流通戦略（チャンネル，組織，物流，サービス）
[戦略案の抽出（テーマ）]             促進戦略（広告，PR，促進）]
      ↓                                      ↓
[経営推進会議提出・評価]            [予算および経費見積もり]
      ↓                                      ↓
[戦略立案                           [経営推進会議提案]
  新規事業，商品，                          ↓
  ブランド]                         [評価・意思決定]
                                           ↓
                                    [実施部隊指示または新組織編成]
                                           ↓
                                    [戦術計画]
                                           ↓
                                    [実施]
```

（出所）　樫山㈱社内資料，1988年7月13日入手。

ド樫山の展開しているアメリカのトラディショナル衣料，「J・プレス」は紳士・婦人合わせて卸売ベースで年商182億円と，オンワード樫山で最大のブランドとなっている。

1980年代ブランド開発の第2点は，企業ブランドと個別ブランドの展開，多様な個別ブランドのブランド・ポートフォリオが形成されたことである。すなわち，個別ブランドは単独では存在せず，企業内の個別ブランド間での役割分担の中で存在する。そして，個別ブランドは競合ブランドとの関係の中で独自のポジションを持たねばならない。この点については，次の節で㈱三陽商会婦人服のブランドチャートで明らかにする。ブランド体系が遅くとも1980年代には確立したといえる。

多様な服種の組合せを1つのブランド内で提案するコーディネイト・ブランドは，同一ブランド内の多様な服種がまとまった売場，すなわち，百貨店のコーナーないしはショップの売り場を必要不可欠とし，ブランドの商品企画も，マーチャンダイザーとデザイナーとがブランドとしてのチームを組んで運営される。すなわち，ブランド別商品企画体制がとられる。当初のブランド開発が終わった後の日常のブランド管理は，商品企画体制とショップの運営管理に表現される。商品と売場は顧客とのコミュニケーションの最も重要な要素だからである。

資料7-2は，女性のファッション情報源を示している。資料7-2によれば，テレビ出演者の服装，新聞・一般雑誌，口コミ（職場等の仲間の話）もファッション情報源として重要な役割を果たしているが，アパレルの購買の場合，何よりもデパート・専門店という小売での情報が最も重要である。その意味で，百貨店販路のショップ・ブランドを展開するメーカーの場合，ブ

資料7-2　ファッションについての情報源（女性）

	デパート・専門店	新聞・一般雑誌など	専門誌の記事	テレビ番組を見る	テレビ出演者の服装	職場等の仲間の話	調査人数
未婚女性（%）	61.7%	38.9%	54.1%	18.3%	47.8%	43.4%	519人
既婚女性（%）	59.3%	48.1%	26.2%	18.8%	46.1%	14.8%	1,510人
合計（%）	59.9%	45.8%	33.3%	18.7%	46.5%	22.0%	100.0%
回答人数	1,217人	930人	677人	379人	944人	448人	2,032人

（出所）　中小企業事業団中小企業情報センター［1989］『需要動向調査報告書（衣生活関連）（その1）衣生活編　昭和63年度』41頁より作成。

ランド管理は，商品以外ではまず売場に力を注ぐことになる。

以上の点をふまえ，第2節では，1980年代アパレルメーカーにとってのブランド体系の発展，ブランドの小売機能包摂，ブランド別商品企画体制の意義をとらえる。そして第3節では，ブランド開発の典型事例として，1980年代のオンワード樫山の「スウィヴィー」，ダーバンの「イクシーズ」ブランドを取り上げ，その概要，ターゲットと商品コンセプト開発の実際を明らかにする。両事例は，1980年代ブランド開発として，ターゲットと商品コンセプトの鮮明さ，資料入手の点で適切であるとし選んだ。第4節では，三陽商会のブランド別商品企画プロセスを明らかにすることで，商品企画に表現されているブランド管理の実態を明らかにする。三陽商会は大手メーカーの1社として，商品企画体制が整備されている代表的な1企業であると評価した。

最後に第5節では，ブランド開発の2つの事例と商品企画プロセスの実態から，1980年代ブランド開発とブランド別商品企画の意義を明らかにする。なお，主な資料は，㈱オンワード樫山と㈱ダーバンへの関係者インタビュー，社内資料，業界紙誌である。

第2節　1980年代アパレルメーカーのブランド開発と商品企画

1．ブランド体系の発展

1970年代までの百貨店・専門店向け大手アパレルメーカーは，取扱い商品の総合化，海外ブランドの導入の中で，企業ブランドと分化した個別ブランドを多数展開するようになった。1970年代は，アパレル市場の発展の中で順次新しいブランドを生み出していく段階であり，競合ブランドの中における自社の個別ブランドのポジショニング，自社のブランド体系内における

各個別ブランドの役割について，戦略的かつ意識的に追求し，創造的適応をしていくようなものとは必ずしもなっていなかった。

1980年代になると，ブランド・ポジショニング・マップを作成し，その中で自社のブランド・ポートフォリオを構想していく動きが出てくる。資料7-3 は，三陽商会マーケティング部が1988年に作成した「婦人服ブランドチャート」である。三陽商会が展開している婦人服市場を図式化して，自社ブランドのポジションを確認しながら次のブランド展開を構想するという性格をもつ。

資料7-3「婦人服ブランドチャート」は，すべて百貨店・専門店向けの中高価格婦人服であり，縦軸にプレステージ（超高級品），ベター（高級品），ボリューム（中級品）という価格別分類，横軸にデザイン傾向およびブランドのタイプ別分類をとり，細かいグループ分けを行なっている。横軸の「エスタブリッシュゾーン」は，1970年代までに展開されているブランドが多く，フォーマル衣料としての性格が強い。「新プロトタイプゾーン」は，日本でも1970年代から進んだカジュアル衣料の拡大を代表するブランド群を配置している。

「キャラクターゾーン」は，1970年代後半から80年代にかけて急成長した新しいブランド群から成り立っており，ブランドごとに服の特徴を明確化している。「震源地」とは，ファッション創造において影響力を有するファッション・タイプとブランド群を示す。また，このチャートのV字型の斜線2本は，この範囲に多くのブランドが存在していることを示す。カジュアル衣料は，プレステージ価格帯が少なくボリューム価格帯が多い。エスタブリッシ・ゾーンとクリエーター・ゾーンは，プレステージやベター価格帯が中心となる。

百貨店および都市型専門店の婦人服市場は，価格別，ファッション・タイプ別，年令別に細分化されており，価格，ファッション・タイプ，年齢という3つの要素によりブランドのグループ分類ができる。「震源地」に位置するブランドは，相対的に「需要創造型ブランド」と位置づけられるのに対

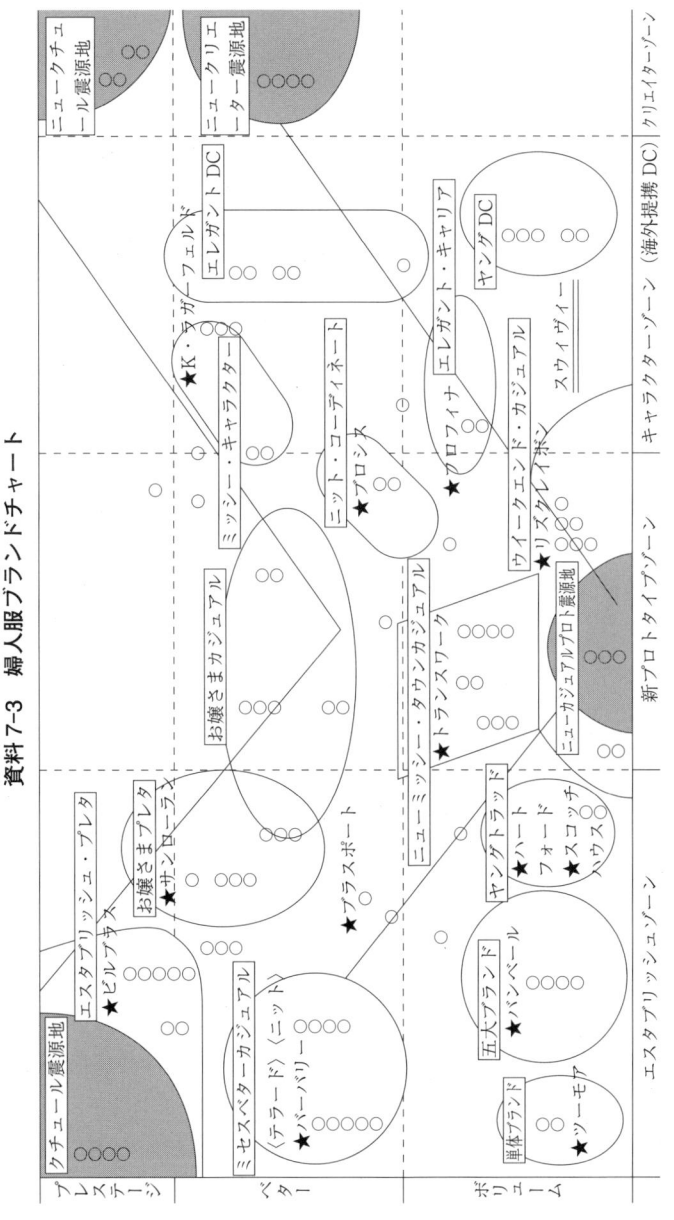

第 2 節　1980 年代アパレルメーカーのブランド開発と商品企画

資料 7-3　婦人服ブランドチャート

(注)　(1) ★印は三陽商会が 1988 年 4 月 1 日時点で展開しているブランドである。
　　(2) 原資料には三陽商会以外のブランドも実名で記されていたが、煩雑なので○印でその位置を示すにとどめた。
　　(3) なお、右下に、本章第 3 節において事例として取り扱うオンワード樫山の「スウィヴィー」が位置づけられている。
(出所)　(株)三陽商会社内資料。

し,「震源地」から離れているブランド群は,相対的に「需要適応型ブランド」ととらえることができる。

三陽商会は,このようなブランド・ポジショニング・マップの中で自社のブランドの配置を考察し,今後のブランド開発に生かしていくことができる。

2. 製品ブランドの小売機能包摂

1980年代前半における都心部百貨店のアパレル売場には,インショップが広がり,一般化する。資料7-4は,伊勢丹新宿本店3Fの婦人服売場のレイアウト(1983年10-11月調査)である。壁面にはインショップが並んでおり,中央部分の売場についても,ブランドのコーナー展開がなされている。資料7-4の出所である矢野経済研究所[1983]『首都圏有力デパート婦人服売場の徹底分析』39-41頁によれば,伊勢丹新宿本店は,1階の一部と2階,3階に婦人服および婦人服飾雑貨売場が入っている。1階には,「ワイズ」「メルローズ」「ビギ」「49AV ジュンコシマダ」「ピンクハウス」「ピンキー&ダイアン」「ニコル」などのDCブランドがインショップとして入っている。

また,「ティーンエイジャーショップ」(2F),「ヤングスポーツウエア」(2F),「ミセスのためのショップ」(3F),「ミッシースポーツウエア」(3F),「ミセス・エレガントショップ」(3F)などのテーマ別売場区分が設けられており,各売場区分の中で,ブランドのコーナー展開が行なわれている。テーマ別売場区分に比して,服種別売場は,肌着,ナイトウエア,ラウンジウエア,ブレザー,ドレス・コート,スーツ,婦人服オーダー,フォーマル衣料など一部の売場にとどまっている。以上より,伊勢丹新宿本店の婦人服売場は,ブランド別のインショップ展開,テーマ別売場のブランドのコーナー展開によって売場編集がなされている部分が大きい。[4]

インショップ売場に典型的に現れているように,アパレルのブランドは,ショップの運営機能を取り込み,消費者に対して製品レベルだけではなく,

ショップレベルでも提案を行なうようになった。具体的に言えば，ブランドは，単品としての商品力（製品と価格）提案，ビジュアル・プレゼンテーション（VP），月次別の商品提案，接客サービスという小売レベルの販売を含むものとなった。

　DC（Designers and Characters）ブランドとは，デザイナーの個性やブランドのキャラクターを前面に打ち出した特徴あるブランドのことであるが，DCブランドが1980年代前半に百貨店に導入されたとき，DCメーカーは，既存大手メーカーのナショナル・ブランドとは異なった手法を持ち込んだ。まず，派遣販売員の服装は，従来の売場では百貨店の制服を着ていたが，DCブランドの場合，販売しているブランドの服を着用して接客する。販売員が顧客にとっての見本ということとなった。販売員の外見や着こなし自身がブランド訴求の一要素となった。[5]

　第2に，DCブランドは，消化取引を採用し，インショップ展開を中心に据えることで，商品供給のオペレーションをより自社主導で行なうようになり，自社のブランドの世界を売場に体現しやすくなった。委託取引によるコーナー展開の場合は，百貨店の仕入担当者と協働して売場をつくっていくという組み立て方であるが，DCブランドは小売機能により入り込んだブランド構築を採用した。[6]

　第3に，その結果，ビジュアル・プレゼンテーションに力を入れて，ブランドの主張を打ち出すようになった。たとえば，外見上は，商品量が少なく1年通しての売上金額が取れないように見えるが，バックヤードに商品をもって，売れた分だけ補充する陳列様式を採用することで，ディスプレイによ

---

[4] 伊勢丹［1990］396-400頁も参照した。
[5] ㈱オンワード樫山・古田三郎マーケティング部部長（当時），㈱オンワードクリエイティブセンター・福岡真一営業推進室室長（当時）へのインタビュー，1996年6月12日。
[6] 本段落は，樫山株式会社・角本章元取締役副社長へのインタビュー，1996年6月10日，7月31日を参照。

266　第 7 章　1980 年代大手アパレルメーカーのブランド開発と商品企画

資料 7-4　伊勢丹新宿本店 3 階売場レイアウト

ファーサロン

レリアン

プチコアン

(キャラクタースポーツ)
ジャンポールゴルチエ　コムデギャルソン
ベリーエリス
カンサイ
ケンゾー
サンドティック
ビクティーニ
ジョルジュレルッシュ
イッセイミヤケ

(プレタクチュール)
ウンベルトジノケッティ
(レディック)

フジンプラザ
ヘルノ
バレンティノガラバーニ
ランバン
セリース
シャネル
ゲッチ

(オーキッドプラザ)
ピアスピガ
クリスチャン
ディオール
クロエ
パルマン
ミッシェルゴマ
コンプリーチェ
サンドラビース

カルバン
クライン

(レディック)
ジャンドラージュ
イエーガー

カールラガー
フェルド

(ミッシースポーツウェア)
シンプルライフ
ナップスベリー
ミックマック
ミッシェルクラン
リスクレイボーン

リンバパック
スキャパ
バーバリー
エバードーナ

(ドレス・コート)
ロガ
バーパリー
スキャパ
ラモスポーツ

キタハラメイコ
ショーツージムう
セットランド

(スーツ)東京
スタイル他

(ミセスのための
ショップ)
パンベール
ジェーンモア
東京サン
アデンタ
コレット

ブラック
フォーマル

カラーフォーマル

[ミセス[エレガント
ショップ]
ニゴザ
ソレルフォンタナ
ジョンアコレクション
アキュエコレクション
ナイガイ
キャッシャレル
キャッシュレル
プラスポート

婦人服
オーダー

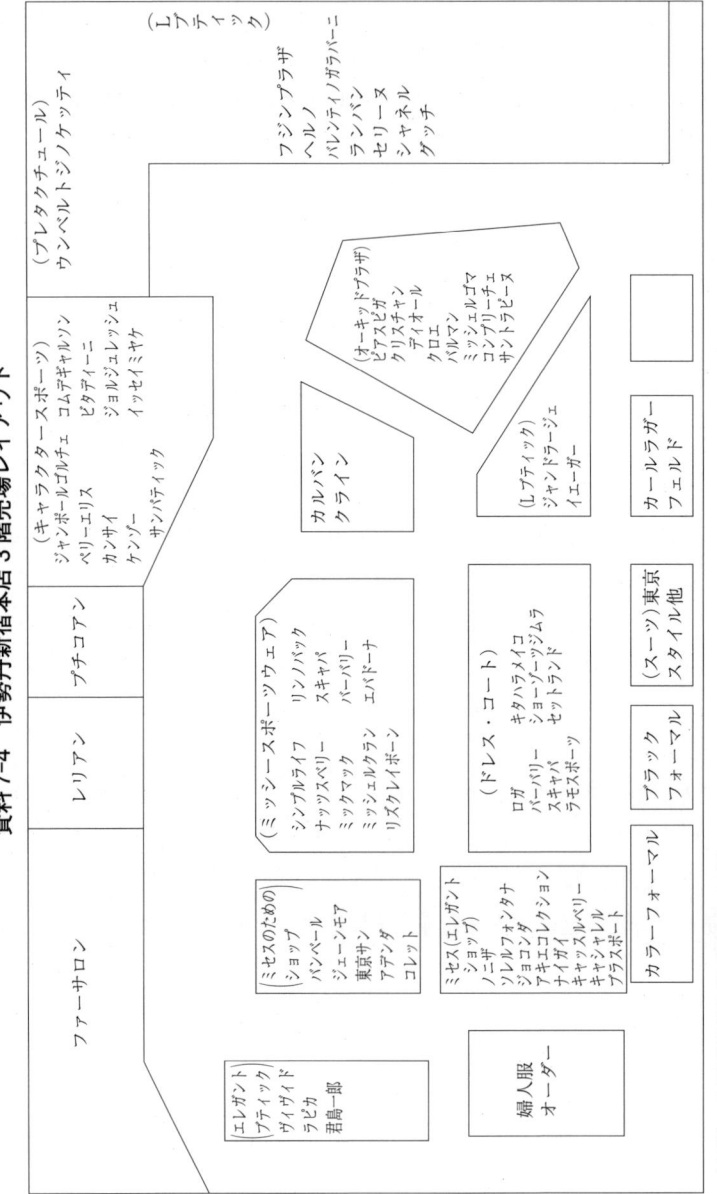

[エレガント
プチック]
ヴィヴィド
ラピカ
君島一郎

(出所) 矢野経済研究所 [1983] 41 頁。

るメッセージ重視と量の販売を両立させた。[7]

1980年代のショップ・ブランドは，消化取引の導入，ビジュアル・プレゼンテーションの重視，ショップ独自の接客販売により，ブランドのアイデンティティ提案が，小売プロセスを包摂するようになった。

3. ブランド別商品企画体制の確立

ブランドのターゲットと商品コンセプトを具体的な商品およびショップに展開していくためには，マーチャンダイザーはショップに置かれる商品すべてを管理しなければならない。商品アイテムすべてに目を通し，1年間の月次マーチャンダイジング，アイテム別計画数量を組み立てなければならない。また，チーフデザイナーも，特定の服種のみを担当するのではなく，すべての服種の素材選定，カラー，デザインにかかわらなければならない。したがって，多様な服種でコーディネイト提案を行ない，コーナー展開ないしはショップ展開をする大型ブランドは必然的に，ブランド専任のマーチャンダイザーおよびデザイナーという組織体制をとる。[8]1970年代にトータル・コーディネイト・ブランドが台頭する経過において，服種別商品企画からブランド別商品企画への転換が，1980年代に確立したと言える。その事例は，第4節三陽商会の商品企画プロセスにおいて示される。

---

7 ㈱オンワード樫山・古田三郎マーケティング部部長（当時），㈱オンワードクリエイティブセンター・福岡真一営業推進室室長（当時）へのインタビュー，1996年6月12日。
8 ブランドをショップとして導入する百貨店サイドから見ると，複数ブランドの仕入を担当するバイヤーは，商品の月別品揃え構成を自前で構成できるような状況にはなっていない，基本的な構成はメーカー側の提案に委ねられる。

第3節　ブランド開発の事例分析

　1970年代にも，ナショナル・ブランドの「ダーバン」のブランド開発（1971年発売）は，ターゲットと商品コンセプト開発から入り，製品品質の確保と製造体制の整備，百貨店などでの売場確保，コミュニケーションなどで，マーケティング・ミックスを総動員したブランド構築を行ない，短期間のうちに知名度の高い有力ブランドに育った[9]。しかし，商品コンセプト開発から計画として組み立てたブランド開発は，1970年代においては例外的な事例であって，百貨店市場や専門店市場における支配的なブランド構築手法となっていなかった。

　1970年代後半から，DCアパレルメーカーが路面店やファッション・ビルなどで直営店を展開し，ブランド展開の中に小売機能を全面的に取り込んでいきながら，ブランドの「個性」を打ち出していった。従来の大手アパレルメーカーも，樫山の事例に見られるように，1970年代後半にはライフスタイル提案を打ち出し，多様なブランドを展開していった。さらに1980年代前半には，ターゲットとコンセプトを切り口にしたブランドを多数展開し，適切に管理するというポートフォリオ・マネジメントの課題が出てきて，ターゲットとコンセプトの設計からマーケティング・ミックスの統合的活用というマーケティング技術が，大手アパレルメーカーに一般化することになる。

　本章では，その典型事例として，オンワード樫山の「スウィヴィー」と，ダーバンの「イクシーズ」の「ブランド開発」事例を取り上げる。

---

　[9]　ダーバン［1980］参照。

1. 樫山の「スゥイヴィー」ブランド開発

樫山㈱（1988年9月よりオンワード樫山株式会社）は，1980年代において紳士服，婦人服，子供服，呉服などを扱う総合アパレルメーカーであるが，第二次大戦後は紳士服から事業を開始している。「スゥイヴィー」は，1980年代に入って急成長した DC ブランドへの対抗という観点から，20歳代未婚女性を顧客対象として 1985 年秋に発売されたブランドである。写真7-1 は，1987 年の会社案内に示されている「スゥイヴィー」のイメージである。なお，2009 年秋冬をもって「スゥイヴィー」ブランドは廃止となっている。

写真 7-1 「スゥイヴィー」ブランド

（出所）樫山株式会社［1987］「OUR COMPANY IS」。

発売当初，企画は 3 人の社内デザイナーを起用，ショップ作りや総合的な演出は社外スタッフを活用する。商品からショップ展開に至るトータルの提案を行なう。「スゥイヴィー」は，1985 年 10 月には百貨店 20，専門店 20 の

---

10 樫山［1976］64-71 頁。
11『日経流通新聞』1985 年 10 月 21 日。
12 ㈱オンワードホールディングスへの電話インタビュー，2010 年 9 月 8 日による。

ショップを展開している。このようなショップ展開は，メーカーである樫山の派遣店員により運営されている[13]。「スウィヴィー」は，製品，価格設定，小売販路開拓，ショップを通じた派遣店員と顧客とのコミュニケーション，派遣店員による小売販売管理というマーケティング・ミックスを総合的に動員している。

　DC アパレル各社は，1980 年から 1984 年にかけて売上高・利益とも急増させており，トップのビギ・グループ各社を合算すると，1984 年 2 月，3 月決算時点で売上高 408 億円，経常利益 87 億円にも達した[14]。DC アパレルメーカーは 10 歳代後半から 20 歳代の若者市場を主要対象とし，以下のようなマーケティングを展開した。①デザイナーの個性やブランドのキャラクターを訴求する商品企画，②ブランドの「商品コンセプト」を小売店段階においても貫徹させるための直営店やフランチャイズ店の開発，③ファッション雑誌への記事掲載およびテレビ番組への衣装提供の 3 点である[15]。DC アパレルメーカーの革新性は，デザイナーの「個性」やライフスタイルによる「ブランド」の差別化を，企画・生産・販売の総体において一貫して追求したことにある[16]。他方，オンワード樫山は歴史的には紳士服から事業を開始し婦人服をも含めて総合アパレルメーカーに脱皮した企業であり，20 歳代婦人服の DC ブランドには参入していなかった。

　若者市場を中心とした DC ブランドの急成長，婦人服若者市場に対する浸透度の低さという 2 つの要因に促迫されて，大手のオンワード樫山は，第 1

---

[13] 本段落は，『繊研新聞』1985 年 4 月 6 日，10 月 16 日，『日経流通新聞』1985 年 10 月 21 日を参照。『日経流通新聞』1985 年 10 月 21 日によれば，「今秋から百貨店のインショップ（店内店舗）を中心に婦人服の大型ブランド『スウィヴィー』を発売，これに伴い販売員が 210 人増え 4,900 人となった」と指摘されている。

[14] 小島 [1985] 27, 119, 122, 124 頁。

[15] 坂口 [1989] 23-34 頁。

[16] DC アパレルは，しばしば生地問屋を通さず機屋にまで遡って素材を調達し，大手百貨店や専門店の販路確保が困難であったために自ら直営専門店を設立したことにより，リスクは高いが高収益をも確保しうる体制を構築した。坂口 [1989] 34-37 頁。

第 3 節　ブランド開発の事例分析　271

に，ライフスタイルを対象顧客層の現実生活から抽出して「商品コンセプト」に集約し，それを軸にして商品企画を展開すること，②従来の百貨店経路に加えて専門店経路をも開拓することを基本方針にして，「スウィヴィー」を 1985 年秋に発売した。[17] これは，20 歳代前半未婚女性向けの百貨店・専門店の普及価格帯ブランドであるが，大手企業が，急成長する DC アパレル若者市場に参入した戦略的なブランドであった。売上高は，1987 年 3 月から 88 年 2 月期で 52 億円（小売販売額）[18] であり，2～3 年で中規模のブランドに成長している。

そもそもアパレルは流行が激しく模倣が容易であるため，中小資本を中心として売れ筋商品に追随してすばやく生産し販売しつくすという商品開発の手法が長らく採用されてきた。そのような歴史の中で，単に流行に追随するだけではなく，①自社の経営資源や過去の業績の分析，②消費者，小売店，競争業者の分析をふまえて，競合ブランドとの差別化を消費者に明確に訴求することをめざして，まずはスタッフ部門であるマーケティング部が中心となってコンセプト開発を行なったという意味において，「スウィヴィー」の事例は画期的である。[19]

生活者・市場・競合・商品分析をふまえた商品コンセプトの設定は，売上・利益目標を媒介にしてその後の全マーケティング諸活動を統括し規定するものとなっている。それゆえ，生活者・市場・競合・商品分析が商品コンセプトに含まれる過程を跡づけ，① DC アパレルメーカーへの対抗，②消費者を「スウィヴィー」に観念的に組織化していく内的な論理を企画過程の分析によって明らかにしたい。

---

[17] 樫山㈱マーケティング部，古田三郎氏へのインタビュー，1988 年 7 月 13 日。1988 年 2 月期時点での「スウィヴィー」の百貨店と専門店の販路別構成比は 6：4 であり，百貨店販路を主とするオンワード樫山の中では専門店比率がかなり高い。
[18] 樫山㈱マーケティング部，古田三郎氏へのインタビュー，1988 年 7 月 13 日。
[19] 樫山㈱マーケティング部，古田三郎氏へのインタビュー，1988 年 7 月 13 日。

資料 7-5 「スウィヴィー」ブランド企画書の目次

X—ブランド企画（案）	
○マーケット・フォーメーション	○展開計画
1 対象生活者像	1 ターゲットとコンセプトの設定
2 市場動向	2 商品戦略
3 競合分析	3 流通計画
4 商品分析	4 促進計画
	5 売上・利益目標
	6 展開スケジュール

（出所）　樫山株式会社社内資料，1985年1月29日。

　資料7-5は，経営推進会議に提案された「スウィヴィー」ブランドの企画書の目次である。以下，企画書に依拠しながら目次に沿って，「ターゲットとコンセプトの設定」まで跡づけるが，まず「ターゲットとコンセプト」の内容を提示しておく。
　ターゲット：「おしゃれに対する関心が高く，更に購買力の高い20歳代前半のOL。なかでも専門的・技術的職業に携わる女性たちは，『自立する女』の代表的存在といえ，他への影響力を秘めた人たちである」。
　コンセプト：「Simple, Sporty, Sophisticatedを不変の要素とする。今という時代を感じさせる（ライト・ソフト・気楽・繊細など）ファッションをさりげなく着こなすことにより自分を表現するためのブランド」[20]。

(1) 対象生活者像

　ここでは，消費者調査，公刊諸資料，直接観察を用いて，20〜24歳層の未婚有職女性の生活像を抽出している。それは，ファッション，旅行，グルメなど現代消費生活の典型をなすと喧伝される東京中心の購買力のある女性

---
[20] 樫山㈱社内資料。

層に焦点をあてて構成されている。調査項目は，以下の通りである。
① 20歳代女性の年齢別人口構成，未婚者割合，就業者割合，主な職業別割合。
② 働く目的。20〜22歳，23〜25歳，26〜29歳層による比較。
③ 価値観によるクラスター分類。20〜24歳，25〜29歳層による比較。
④ 価値意識の方向（20〜24歳層）。
⑤ 1週間あたりのOLの行動回数（ショッピング，友人とのおしゃべり，デートの回数）。これから本格的に始めたいこと。
⑥ 年収と小遣い，支出の傾向，買物の仕方の特徴。この点を企画書は以下のように把握している。「年収は25歳以上が多いが，小遣いでは20〜24歳層が高く，購買力は若いOLの方が高い。未婚者が多いことから年収のなかで比較的，自分の自由裁量で使える部分が多い。」
⑦ 商品知識の情報源。よくみる週刊誌。

以上の調査内容から，企画書は，20〜24歳層の若いOLの生活像を次のように捉えている。

「以上のことから，20歳代それも前半の若いOLたちの平均的プロフィールは，時代のファッションをさりげなく着こなし／インテリアに強い興味をもち，味に敏感で／心にいつもリゾート地をもっているなど，快適な空間をトータルに追求している生活者達である。また，自分の先行する意識をなだめるイミテーションギャルであり，仕事後のトワイライトに浮かび上がる，変身願望のギャルでもある」。

ここに構成された対象生活者像は，20歳代前半の未婚有職女性の現実生活そのものというよりも，商品コンセプトを形成していく過程で「理念型」として構成された生活像である。引用箇所冒頭で，「20歳代それも前半の若いOLたちの平均的プロフィール」と述べているが，決して提示された生活像が「平均的」であるとはいえない。むしろ，それは，東京を中心とする，比較的可処分所得の高い，そしてファッションなどに高い支出を行なう「都心の働いている女性」に焦点をあてながら，それをいっそう純化したもので

ある。都会における消費生活の一断面をとらえた生活像は、アパレル企業にとって収益を生み出しうる生活像であり、企画者はこれを「平均的」生活像として読みかえる。このような「理念型」としての生活像に向けての商品コンセプト形成が企画書の中で貫かれている。

(2) **市場動向**

百貨店と専門店の動向を調査している。新たに専門店市場をも開拓するため、企画者は専門店チェーン（鈴屋、三峰、マミーナなど）の仕入担当者から大手アパレルメーカーに対する苦言を聴取したうえで、専門店のメーカーに対する要求を満足させる「ブランド開発」の必要性を一貫して主張している。すなわち、商品展開が「自分達の都合」や「ディーラーニーズ」を優先し受動的になっている、メーカーは商品を通じて消費者に「新しい生活や経験」を提案し需要を喚起してほしい、以上が専門店のメーカーに対する要望であり、マーケターはこの要望に答える「ブランド開発」を志向する。企画担当者は、「新しい生活や経験」を、アパレル製品、価格、小売、コミュニケーション・ミックスを用いて表現し購買に結びつけようとする。

(3) **競合分析**

企画書は、「スウィヴィー」が競合相手となると判断したキャラクター系ブランド、大手アパレルメーカーの対抗ブランドを取り上げ[21]、それぞれの販路構成、売上高、価格帯、ニット比率などを整理することによって、この新規ブランドの販路構成、価格帯、売上・利益目標などの基準を得ている。「ニットを含めたトータルアイテムで、百貨店では、インショップまたはコ

---

21 樫山の企画書では、キャラクター系アパレルとして、ニコルの「スクープ」、ファイブフォックスの「コムサ・デ・モード」、ジャヴァ・グループの「ロートレ・アモン」、ビギ・グループの「ディ・グレース」、大手アパレルメーカー系ブランドとして、三陽商会の「AS YOU WERE」、イトキンの「クロード・クロス」が挙げられている。

ーナー展開を推し進めている」としている。

　調査をふまえての結論は以下の通りである。「競合ブランドのすぐれた点は意識して，なおかつ，コンセプトの面で単にカジュアルといったものではない，顧客側の生活や心理に根ざした新しい切り口と，マスコミを通じてパブリシティで一気に人気を獲得する仕掛けで参入していくべきであろう」。DCアパレルとの競争関係の中で，「顧客側の生活や心理」を具体的な商品において表現した「ブランド開発」の意義と重要性を述べている。

(4) 商品分析

　企画書は，DCアパレルを意識しながら，ここで商品コンセプトを明確化する作業を行なっている。第1に，顧客対象である20歳代前半の女性と，10歳代後半の女性との比較を図式化している。後者が，「皆と同じ，ユニフォーム的」と特徴づけられているのに対し，前者は「人と違ったもの，オリジナリティ」を求める階層として把握されている。

　第2に，ファッション雑誌の読者1000人調査の結果を援用して，「ヤングキャリアが求めているものは，シンプルで，上品な，大人っぽいファッション感覚である」と結論づけ，「商品に求める価値」(V)を次のように公式化している。

$$V = \frac{F}{C}$$

F（機能性・汎用性）——シンプル・長く着られる・組合せしやすい
C（コスト）

　第3に，デザイナーズ・ブランドとキャラクター・ブランドとの比較を行ない，「スウィヴィー」を後者として位置づけている。企画書は，デザイナーズ・ブランドを「生活者のファッション自分流という考え方が広がるなかで，自分の主張にこだわるデザイナー・ファッションの限界が生じてきたともいえる」と判定し，キャラクター・ブランドの重要なポイントを次のように列挙した。「ターゲットをマイナーに絞り，ベーシックな普通のファッシ

ョンを上品に趣味よくつくり，作り手のキャラクターを明確に打ち出し，お客様が主役で自分流の着こなしを考えられるといった条件を備え，結果としてメジャーに売っていくことである。したがって，コマーシャルベースにしっかり乗るゾーンといえる」。

　以上，商品コンセプトを明確化する作業を行なっているが，その特質は以下の点にある。まず，「スウィヴィー」が市場規模の大きい20歳代女性向けの百貨店と専門店の普及価格帯に属することから，その価格帯に見合う大量販売の実現が必要不可欠となる。「結果としてメジャーに売っていく」，「コマーシャルベースにしっかり乗る」という記述からも明らかなように，この点が商品コンセプト形成の出発点となる。

　では，どのような手法で大量販売を実現するのか。1つは，「ターゲットの絞りこみ」，「キャラクターの明確化」である。これは一見大量販売と矛盾するが，商品コンセプトの明確化は，結果として顧客層を広げることへとつながっていく。逆に商品コンセプトが不明確であれば，商品コンセプトをよりうまく消費者に伝えている競合ブランドに顧客を取られることとなる。

　大量販売を実現するいま1つの手法は，「コーディネイトによる自分流の着こなし」である。企画書は，20歳代女性はデザイナーの押しつけファッションでは拒否反応を示す，「シンプルで，長く着られ，組合せしやすい服を自分流に着こなす」と把握している。企業の衣服組合せ提案は，消費者に複数のアイテムを同一ブランド内で購入することを狙ったものであるが，消費者は自身の選択を通じて組合せの着こなしを実現していく。企業は，組合せ販売により，消費者の個別性に対応しながら大量販売に結びつけようとする。

　最後に，このような商品コンセプトの開発手法は，デザイナーが自分の勘や主張にもとづいて商品企画を担い開発する手法の否定のうえに成立している。商品コンセプトが売上・利益目標を最終基準に置きながら「ブランド開発」の全体プロセスを統括する点で，キャラクター・ブランドはデザイナーズ・ブランドよりも徹底している。キャラクター・ブランドにおいては，デ

ザイナーもこの商品コンセプトのもとに従属した存在となる。実際，商品コンセプトは，具体的な企画・生産・販売諸活動においては各職務に方向性を与える管理基準として機能する。

2. ダーバンの「イクシーズ」ブランド開発

紳士服の製造卸売企業として，㈱レナウンニシキが，1970年7月24日付に，資本金2億円，㈱レナウン30％，ニシキ㈱30％，伊藤忠商事㈱20％，㈱レナウンルック10％，三菱レイヨン㈱10％の出資比率で設立された[22]。1969年秋には紳士服事業への参入を考えていたレナウンは，メリヤス主体の製造卸であり紳士服の事業経験がなかった。紳士服は，素材の性質や加工法，販売に至るまでメリヤス事業とは異なっており，自前で初めから取りかかるのは困難であると判断し，既存の紳士服メーカーとの提携が検討された。レナウンは，ニシキを紳士服製造について高く評価し，レナウンとニシキが主体となって新会社レナウンニシキを設立した[23]。1971年8月に「ダーバン」ブランド製品を発売し，72年1月に社名を㈱ダーバンに変更している[24]。

1971年には，「大卒，都会人，35歳」というターゲットの絞りこみと俳優アラン・ドロンの起用で後に紳士服の有力ブランドとなる「ダーバン」を発売し，以後一貫して紳士服を製造販売している[25]。「ダーバン」以後，1975年に30歳代サラリーマンのカジュアルウエアとしての「インターメッツオ」，1980年に男子大学生を対象とした「イクシーズ」，1987年に20歳代後半のサラリーマンを対象とした「ナブラッド」，1989年に40歳代管理職層を対

---

[22] ダーバン［1980］21-22頁。
[23] 以上の経緯は，ダーバン［1980］18-19頁。
[24] ダーバン『1987年12月期有価証券報告書』1頁。
[25] ダーバン［1991］11頁。

象とした「スプマンテ」と，男子大学生から40歳代管理職層に至るまで年齢別ライフステージに対応した一連のブランドを展開している[26]。

そのなかにあって，「イクシーズ」は1980年8月より男子大学生をターゲットとして展開され，1980年代後半には男性若者市場において大型ブランドとしての地歩を確保していた[27]。その後，2008年，「イクシーズ」は百貨店から撤退して廃止となっている[28]。

1980年9月下旬，一号店である伊勢丹新宿店の新館5階の「イクシーズ」ショップは，横に広い25坪であり，コート，ジャンパー，セーター，シャツ，ジーンズなどのアウターウエア，靴下，肌着，タオル，ネクタイ，スニーカー，鞄，帽子などの小物類，ボールペンや文具をトータルに品揃えしている。売場中央にスクーターが置かれており，全体を黒で塗られている[29]。品揃え，価格設定，ショップのディスプレイなどが「イクシーズ」のコンセプトにより統一されている。写真7-2は，1981年9月にオープンしたPARCO PART3（東京都渋谷区）での「イクシーズ」直営店の様子である。

---

[26] ダーバン［1991］12-15頁，19-20頁，㈱ダーバン『1989年12月期有価証券報告書』1頁。㈱ダーバンの1989年12月期全売上高691億円，そのなかで「ダーバン」367億円，「インターメッツォ」130億円，「イクシーズ」103億円，「ナブラッド」19億円，「スプマンテ」1.6億円となっている。㈱ダーバン，1990年5月12日付資料。

[27] 前の注記に示すとおり，「イクシーズ」の1989年12月期売上は103億円である。㈱ダーバン，1988年11月29日付資料によれば，「イクシーズ」の売上推移は，1985年12月期73億円，86年75億円，87年79億円であり，1988年6月末現在で，百貨店205店，専門店155店にて展開している。なお1987年12月期㈱ダーバン全社の販路別売上構成比は，百貨店69％，専門店24％と，百貨店が主力販路となっている。

ただし，「イクシーズ」の売上のピークは，1980年代後半から90年までである。アパレル，家具，鞄，靴，自転車，時計，化粧品など12社の参加企業にまで広がったが，ブランド管理が複数企業に及ぶことなど困難な点がある。「異業種横断ブランド」の難しさの1つの事例と言われる。「異業種横断ブランド『Will』なぜ不発」『日経産業新聞』2001年10月25日参照。

[28] ㈱レナウンへの電話インタビュー，2010年9月8日。

[29] この段落は，藤田雄之助「プロが見た"イクシーズ"売場の品揃え分析」『ファッション販売』1980年11月号，104頁を参照。

第3節　ブランド開発の事例分析　**279**

写真7-2　「イクシーズ」直営店オープン

（出所）　ダーバン［1991］35頁。

　「イクシーズ」の商品コンセプトの内容を分析することにより，㈱ダーバンは，アパレル関連商品が男子大学生にとってどのような使用価値内容を持つものと想定して「イクシーズ」を展開しているのか，これを明らかにしたい。[30]

　㈱ダーバンは，1970年代末頃，男子大学生を対象とした新規ブランドの開発に着手する。その商品コンセプトの内容は以下の通りである。

① 「男子大学生をコア・ターゲットとしたヤングにクオリティ・ライフスタイル全般を提案する」[31]。男子大学生の人口規模は，1981年から1991年の間に約22％増えていくことをふまえた。男子大学生の経済力，消費力の観点からも，アルバイトなどの点で有望であり，収入もほとんど可処分所得となるとの結論を得た。[32]

② 「伝統が培った物性＝Authentic，近代的なテクノロジーが生み出した

---

[30]「イクシーズ」ブランド開発過程については，㈱ダーバン企画統括部，河毛誠氏へのインタビュー，1988年7月13日の他，ダーバン社内資料，ダーバン［1991］，今岡［1981］，目羅［1986］を参考にした。

[31] 目羅［1986］701頁。目羅正彦氏は1986年当時㈱ダーバンマーケティング室室長であった。

[32] 目羅［1986］702頁。

機能性＝High-Technology，美的感性を満足させる美しい表現＝Contemporary（今日的な表現）」の3要素を商品内容とする[33]。世界の男性ファッションの潮流はこの3つの要素に集約することができ，新ブランドにはこのすべてが必要と企画者は判断した。

③ 「この3要素を兼ね備えた衣料品のヤング層への訴求は，彼らの好みでいかようにも組み合わせられるベーシックなコンポーネントの提供を基調にする。というのも，彼らは○○ルックといったメーカー押しつけ型の訴求では拒否反応を示す，1人1人が着方の創造力を満足させるものでなければ受け付けない」[34]と，企画者は判断したからである。これは，「1980年代はもはや衣料品から帰納していく時代ではなく，ライフスタイル全般から演繹して衣料品も位置づける時代，ライフスタイル全般をコーディネイトする時代になる」[35]という時代認識によるものである。

④ ここから，「ブランドを衣料品だけで構成するのは不十分であり，他の生活商品も取り揃えなければならない」[36]というブランドの品揃えに対する新しい考え方が出てきた。1988年現在，展開されている商品群は，衣料品の他，靴，バッグ，時計，ベルト，文房具，筆記具．化粧品，トイレタリー，自転車，家具，室内装飾品，寝装品，タオル，食器等である[37]。

⑤ 「最も需要が大きく，しかも商品の寿命に継続性のある商品」＝「ベーシック商品」として量を売り，「シーズンごとの話題を提供する商品」＝「ニュース商品」としてブランドを活性化させるという製品計画を採

---

33 今岡［1981］94-95頁，㈱ダーバン社内資料。
34 今岡［1981］99頁。
35 目羅［1986］705頁。
36 今岡［1981］99頁。
37 ㈱ダーバン社内資料。

用している[38]。これは、「ベーシック商品」のコーディネイトによる自分流の着こなしを基本とし大量生産を追求しつつ、商品素材における多様性を「ニュース商品」によって満足させるという製品計画のあり方である。

⑥ 「イクシーズ」は、百貨店での普及価格帯に属する中価格ブランドであり、いわゆる「中流階層」に焦点をあてた大量生産品という特質を持っている。企画者は価格設定の考え方を次のような公式で示す。

$$\frac{Q(品質)+I(情報)}{P(価格)}=V(価値)[39]$$

消費者欲望の喚起・組織化を通じて売上高・利益を拡大しようとすれば、価格の安さを訴求するのではなく、その価格に対応するQ＋Iを商品に賦与しなければならないということである。

百貨店や専門店の普及価格帯に属する「イクシーズ」は、男子大学生をどのように把握し、そのうえでどのように大量生産＝大量販売に結びつけるのか。まず、男子大学生は「ライフスタイル全般をコーディネイトする」世代であるという認識から、衣料品もライフスタイルを構成する一要素にすぎない、したがって種々の生活商品も「イクシーズ」ブランドとして取り揃え、その中からライフスタイルに応じて自由に選択するという品揃えの考え方が出てくる。そして、「好みでいかようにも組み合わせられるベーシックなコンポーネントの提案」[40]という商品コンセプトは、個々人が消費生活における創造性を発揮するという形式をとりながらも、結果として大量販売の実現に結びつく。

商品コンセプトは、商品およびショップで具体化しなければならない。

---

[38] 目羅［1986］707-708頁。
[39] 目羅［1986］709-710頁。
[40] 今岡［1981］99頁。

282　第7章　1980年代大手アパレルメーカーのブランド開発と商品企画

資料7-6　1980年9月上旬の伊勢丹新宿店新館5階の「イクシーズ」ショップ

売場は横に広い25坪で，前後左右に通り抜けられる。

正面の左右に小さなショーウインドウがあり，トータル陳列をしている。右側は，シャツ，セーター，パンツのコーディネイションと鞄，靴，文具が置いている。左側は，ブレザーとシャツの着こなしを提示している。

中央にスクーターが1台置いている。

左の壁面：上段，中段がラムウールのセーター，下段がシャツ，その下にスラックスが並ぶ。

ラム・セーター7,800円（カラー24色），シャツ（綿素材）4,800-7,800円。スラックス，ウール1万円未満，デニムの薄手とコーデュロイ7,300-7,800円。

右の壁面：ジーンズと綿物ニット，裏パイルのトレーナー4,800円，ポロシャツ6,800円。

正面：文具品，ノートA5版600円，A4版800円，ボールペン2,500-6,000円，ブレザー25,000円，ジャンパー12,000円前後，鞄4,800-7,000円，傘とネクタイ4,800円，タオル1,400円，カラーTシャツ2,200円，靴22,000円。

冬物：半コート型でキルト物15,000円，革68,000円。

（出所）　藤田雄之助［1980］「プロが見た〝イクシーズ〟売場の品揃え分析」『ファッション販売』11月号，104頁。

「イクシーズ」の第1号ショップは資料7-6の通りである。アパレル，鞄，靴，文具，雑貨と幅広い製品カテゴリーのトータル展開をしており，ショップとしてのブランド提案がなされている。

第4節　三陽商会のブランド別商品企画

　製品ブランドが小売機能を包摂して製品・小売ブランドとなり，ショップ・ブランドとして提案されるようになると，商品企画もショップで展開されるすべての商品を総合的に行なうようになる。なかには商品仕入れもありうるが，ショップの品揃え全体を企画しなければならない。そのためには，

商品企画体制も，服種別ではなく，多様な服種を含んだブランドを軸として編成されなければならない。以下では，多様な服種を含むショップ・ブランドを念頭に置きながら，その商品企画を検討する。なお，三陽商会の商品企画については，㈱三陽商会マーケティング部情報開発室・長谷川功室長へのインタビュー，1988年7月14日と，㈱三陽商会情報開発室・園田茂雄氏へのインタビュー，1991年6月11日に負うところが大きい。

1. 1980年代末三陽商会の組織と企画・製造・販売

　三陽商会は，1990年現在，①紳士服事業部，②婦人子供服事業部，③バーバリー事業企画部，④専門店事業部，⑤海外事業部と，5つの事業部で構成されている。①と②は百貨店向けブランド，③はイギリスのバーバリー社とのライセンス・ブランド，④は専門店向けのブランド，⑤は輸出など海外事業展開を担当する。各事業部において商品企画の手法が異なるので，ここでは，婦人子供服事業部の婦人服を取り上げる。そこで，婦人子供服事業部における百貨店向け婦人服の企画・生産・販売にかかわる部署のみを取り上げ，それを模式的に組織図として表すと，資料7-7になる。

資料7-7　三陽商会における婦人服（婦人子供服事業部）の企画・設計・生産管理・販売にかかわる組織（模式図，1990年度）

婦人子供服事業部
婦人企画部（マーチャンダイザー）
デザイン室（デザイナー）
婦人営業部（商品コントローラー，営業）
情報開発室（ファッション情報面における企画部門の支援）
技術部（設計，品質の確保，生産効率の確保）
生産管理部（素材の納期管理，経製工場の管理）
流通部（物流）
マーケティング部
販売促進室（展示会の開催，店舗設計）

| 宣伝広報室（宣伝，広報） |

（出所）　㈱三陽商会マーケティング部情報開発室長谷川功室長，1988年7月14日インタビュー，㈱三陽商会『1989年12月期有価証券報告書』10頁より作成。

　商品企画を担うマーチャンダイザー（以後MDと略記する）とデザイナーはブランド別に配属され，MDはブランドの売上げ・利益責任を有している。営業部門は1991年時点では，ブランド別に組織されておらず，百貨店担当別であった。ブランド別管理は商品企画部門において貫かれていた。
　また，資料7-8は，三陽商会と素材供給業者・縫製工場，小売店との関係においてアパレルの流通を図式化したものである。アパレルメーカーの活動は，(1) 商品企画，(2) 設計・生産管理（製造），(3) 卸の3つの機能を軸にしている。以下では，資料7-7と資料7-8を参照しながら，このそれぞれがどのような内容をもつものか，後の商品企画プロセスの分析に必要な限りで概観する。

資料7-8　三陽商会におけるアパレルの流通

原糸・紡績メーカー → 商社・生地問屋 → 三陽商会 → 百貨店・専門店・輸出・その他

織布・染色・加工業者　　協力工場　　系列工場

（出所）　㈱三陽商会マーケティング部情報開発室・長谷川功室長，1988年7月14日インタビューより作成。

(1) 商品企画

　商品企画機能は婦人企画部およびデザイン室によって担われており，両部門は，ブランド専任制に基づいて組織化されている。企画部には，ブランドごとにマーチャンダイザー（MD），アシスタントMDの2名が配属されている。三陽商会においては，このMDが，商品の発注・仕入れの権限，担当ブランドの売上・利益責任をも含めて，商品企画全体に責任を持ってい

る。デザイナーは，ブランドごとに通常2～4名，大型ブランドで7～8名配属される。

　この商品企画機能については後に詳細に展開するが，商品企画にかかわって素材供給業者との関係について見ると，三陽商会は，生地問屋や総合商社を経由して，または，原糸・紡績メーカーから直接に，原材料を購入する。アパレルメーカーは基本的に素材開発を行なっていないので，MDは，取引先から提供される素材見本，海外や国内の各種素材展示会を通じて素材情報を収集し，自分の担当するブランドの素材を選択していく。その場合，アパレルメーカーは，素材による差別化を図るため，しばしば自社のみの別注対応を生地問屋などに依頼する。この素材の選択，素材の価格交渉，素材数量（生産数量）の設定，素材発注，素材の納期指定は，すべて商品企画部門の業務である。

　素材は，素材自身が流行の対象となっているという意味においても，新素材の開発という意味でも，アパレルメーカーによる製品差別化の重要な要素となっている。[41] すなわち，アパレルの需要創造は，原糸・紡績・染色・加工段階における新素材の開発力に依存している，言い換えれば，素材開発がファッションの原動力の一要素になっている。

(2) 設計・生産管理（製造）

　商品企画と密接不可分な関係にある衣服設計は，三陽商会においては技術

---

[41] 素材における差別化は，おおまかには，①合繊など原糸段階，原綿・紡績段階における差別化，②プリントなど染色段階における差別化，③減量加工（「繊維の表面組織の一部を溶解除去し，織編物または縫製品の風合いを改良する加工」繊維総合辞典編集委員会［2002］『繊維総合辞典』繊研新聞社，213頁），難燃加工などの後加工における差別化に分けられる。たとえば，合繊メーカーは，ポリエステル長繊維に代表されるように，断面の異形化，異収縮混繊，繊維の極細化などの要素技術を粗み合わせて原糸の差別化を追求しており，1980年代末には，その技術開発の成果が「新合繊」として結実し，それが流行するに至っている。これについては，「特集技術開発の結晶〝新合繊〟」日本化学繊維協会『化繊月報』1990年4月号，6-38頁参照。

部の職務である。技術部は，①素材の物性試験（染色堅牢度，伸縮度，強度など）を行ない，用いられる素材の品質上の問題点を点検する，②縫製が難しいデザインや素材の場合，サンプルを作成し，設計および縫製上の問題点を解決すること，③パターン（型紙）作成，グレーディング（オリジナルのパターンをもとにサイズ展開を行なうこと），マーキング（要尺算出），④工場で生産されたアパレル製品の品質検査など品質の確保，⑤工業生産における効率的可縫性の検証などの生産効率の確保など，衣服の設計・品質・生産効率にかかわるすべての業務を担当する。そして，商品企画内容が決まり，企画部門が製品を発注すれば，生産管理部は，技術部が作成するパターンや縫製仕様書その他の生産加工情報を縫製工場に送る。そして，原材料が素材供給業者から縫製工場に届けられ，そこで衣服が生産されていく。

　延反・型入れ・裁断から縫製を経て包装に至る一連の製造過程は，自家工場（生産関連会社の工場）および下請工場において行なわれる。[42]この縫製工場の管理は，三陽商会では生産管理部および技術部に委ねられている。生産管理部は，商品企画部門からの依頼を受けて，①各工場への生産の割り振り，②縫製工賃の交渉・決定，③表地などの資材が指定された納期までに工場に届くよう注意を払い，原材料の納期を素材供給業者に守らせること，④アパレル製品の納期管理などを行う。技術部は，各縫製工場の製品が指定された通り仕上がっているかなどの品質管理を行なう。こうして，生産された製品は商品センターに格納され，各小売店に配送される。この商品の物流業務に携わるのが流通部である。[43]

---

[42] 三陽商会の場合，長年取引関係があり技術力のある縫製企業に資本参加して自社の系列会社としたものが，1991年には11社15工場あり，下請はおよそ400工場に達している。この系列会社の生産比率は，1990年現在でおよそ1/3である。一般的に，自家工場分の生産においても，縫製工程やまとめ作業について外注に出すこともしばしばであり，自家工場生産分についても，100%自家工場で生産が行なわれているとは限らない。㈱三陽商会情報開発室・園田茂雄氏へのインタビュー，1991年6月11日。

[43] 倉庫機能および配送機能の強化は，入荷から出荷までのリードタイムを短縮することに

(3) 卸

　アパレル商品の販売は，三陽商会においては，主に百貨店や専門店など小売店との直接取引に依存している。三陽商会における商品企画の前提条件になっているのが，百貨店を中心とした自社の売場の確保であり，その売場確保が一定の売上・利益の確保を担保している。三陽商会は，都心部百貨店との取引を，買取り制ではなく委託販売制によって行なっている。[44] したがって，三陽商会は，返品のリスクを背負うことにはなるが，同時に百貨店との取引関係において，価格決定権，各百貨店への商品の配分権，月別マーチャンダイジングの決定権など店舗での商品展開にかかわる重要な権限を握ることに成功し，返品というリスクを利益機会に転化しえた。この意味するところは，販売員の派遣も含め，実質上百貨店の売場がアパレルメーカーである三陽商会の売場となっているということである。三陽商会の販売機能は，店頭での商品展開，販売員の派遣，売場設計など小売業務の領域にまで入り込んでいる。このような小売機能の実質的な包摂が，流行性と季節性ゆえに市場変化が激しいアパレル産業において，見込み生産でありながらも売上を確保しうる1つの要因になっているのである。[45]

　　よって，全国各地の得意先からの配送の迅速化・小口化の要求に対応し，販売機会損失の削減や店頭消化率の向上をもたらす。物流は，多品種小ロット・短サイクルの要求されるアパレルメーカーにとって戦略的な重要性を持つものとなっている。

44　㈱三陽商会情報開発室・園田茂雄氏へのインタビュー，1991年6月11日より。
　　流通の「多段階制」，「返品制」が繊維・アパレル産業において広範に存在する「合理的な」根拠を分析したものとして，倉澤[1991]を参照のこと。氏は，日本における流通の「多段階制」，「返品制」は「前近代的取引慣行」であるという批判に対して，それらが存在する経済的に合理的な根拠があると反論する。アパレルの企画・生産・販売に関するさまざまな「清報」の収集・所有主体（このばあいはアパレルメーカー）が，リスクを負担すると同時に，そのことによって逆に利益を獲得する1つの手法として，氏は「返品制」を理解する。すなわち，アパレルメーカーは，ファッション情報，顧客情報などさまざまな「情報」を収集・加工し，商品企画と生産の組織化を通じてその「情報」を利益機会に転化する能力を持っている。したがって，「情報」収集力の高くない小売店が売れ残りのリスクを負担するのではなく，アパレルメーカーが「返品制」を通じてリスクを負担するのには，合理的な根拠があるとしている。

以上のことから，営業部門は，①商品の消化率が最大になるように，各小売店（百貨店）への商品供給をコントロールすること，②派遣販売員および売場の管理，③顧客情報および販売情報の集約とそれの企画部門へのフィードバック，④小売店とのさまざまな交渉などの業務を担当する。営業は，マーチャンダイジング計画に即して小売店での販売活動を統括すると同時に，顧客の反応を企画にフィードバックする。派遣販売員は，百貨店を主要な販路とする三陽商会にとっては，売上の維持・拡大，顧客情報の収集の観点からは必要不可欠な販売力となっている。[46]

 以上，三陽商会における組織間の分業関係に留意しながら，(1)商品企画，(2)設計・生産管理，(3)卸の各機能を見てきた。では，三陽商会の商品企画は，企画・設計・製造・物流・販売という一連の過程のなかでどのような位置を占め，それぞれとどのように関連しているのか。

2. 三陽商会のブランド別商品企画

 アパレル産業における商品企画とは，既存ブランドにおけるシーズンごとの商品開発を指すが，この商品企画は，1980年代から1991年当時，春夏物，秋冬物と大きく年間2回に分けることができる。ここでは，三陽商会における秋冬物8月店頭展開を事例として追跡する。

 三陽商会における商品企画プロセスの概略を示すと資料7-9のようにな

---

[45] 大手アパレルメーカーが総じて激しい市場環境の変化のなかで売上を維持しうるのは，服種別，アイテム別，デザイン傾向別，価格帯別に多数のブランドを展開し，ある市場での不振を他の市場での好調によって相殺し全体として成長を持続しうるようなしくみを構築しているからでもある。

[46] ㈱三陽商会『1989年12月期有価証券報告書』8頁によれば，非在籍の販売員（嘱託および臨時）の期中平均人員は，3,878名にも達しているが，同時期の従業員数は1,890名である。したがって，このように多数にのぼる販売員の管理・監督は営業部門の重要な職務となる。

る。この表に見るように,商品企画はおよそ1年前から始まる。まず,商品企画に必要不可欠な情報の収集・分析,すなわち,前期秋冬物の売上・在

資料7-9　三陽商会における商品企画プロセス(秋冬物)

Ⅰ　商品企画原案の作成および決定（前年10月から2月）
　① 前期自社業績の分析と反省,前期市場動向の分析
　　カラー,素材,デザイン傾向に関する情報収集とその利用
　② 商品企画原案の作成（前年11月）
　　シーズン・テーマの検討
　　素材,カラー,デザインの方向性の設定
　　素材の枡見本（9～10月）素材の見本反（11月）
　　販売計画の作成
　③ デザイン,サンプルの作成（前年12月頃から）
　④ 商品企画原案検討会（販売戦略の練り直し）
　⑤ 商品企画原案決定（1月末から2月にかけて）
　　MDマップの作成（商品アイテム,デザイン,素材,価格,サイズ展開）
　　店舗別販売計画
Ⅱ　原案具体化から商品企画決定（2月～5月上旬）
　① 営業に対する原案説明会
　② 主要得意先打ち合わせ―――①と②より商品数量を決定していく。
　③ MDマップによる商品企画構成の決定
　④ MDマップによる営業への企画説明・検討
　⑤ MDマップによる全国得意先打合せ
　⑥ 見本検討会（3月）
　　2～3月頃には一部原材料発注,製品発注を行う。
　　商品原価がおおよそ設定されるので,小売価格もこの時期に決定される。
　⑦ 対営業見本検討会―営業・販売員のサンプル検討
　　販売ノウハウを営業員に周知徹底させる。
　⑧ 商品企画決定（5月上旬）―商品企画全容に対する営業本部長の承認を求める。
Ⅲ　展示会（5月中旬から6月中旬）―本社および各支店における総合展示会
Ⅳ　企画の補充・修正（展示会後の社内外の意見に基づく企画内容の補充）
　　具体的な宣伝・販促計画の決定
Ⅴ　シーズン・インによる店頭展開（8月）

（出所）㈱三陽商会情報開発室・園田茂雄氏へのインタビュー（1991年6月11日）より作成。

庫・粗利益の把握と分析，他社の動向や売筋情報など市場動向の収集と分析，カラー・素材・デザイン情報の収集・分析などを行なう。このファッション情報の収集・分析は，MDが個別に行なうが，三陽商会では，情報開発室が，ファッション情報・顧客情報の収集・分析・加工を担当し，それらを各企画部門に提供する業務を担っている。このような情報開発室の支援をも受けながら，各ブランドのMDは，素材，カラー，デザインの方向性を設定していく。その時には，素材の枡見本が9〜10月頃，見本反が11月頃に取引先の生地問屋などを経由して入ってきている。

また，その際販売計画も作成するが，この販売計画の手順はおよそ以下の通りである。ブランドごとに，小売店舗ごとの前年度販売額を基準にして，店舗ごとに目標小売販売予算が作成される。各ブランドの前売り予算が決まると，それに対応したアパレルメーカーから小売店への納入予算がおおよそ決まり，さらに，アパレルメーカーが工場から製品を仕入れる際の仕入れ予算が決まる。こうして，各ブランドおよび小売店舗ごとに売上・粗利益が目標として設定される。この予算は，半期に1度の予算会議の場で11月頃に次年度後期の7月〜12月分予算として決定される。

共通テーマ，素材・カラー・デザインの大枠，販売計画が，11月頃に作成されるが，それをふまえて，12月頃からデザイナーは本格的にデザイン画の作成にとりかかる。新しいデザインや素材を用いる場合には，サンプルを作成して素材とデザインとの適合性を追求していく。こうして，商品構成案は，素材（見本），デザイン，価格，サイズ展開として一覧表にまとめられたMDマップに作成されていく。このMDマップは，およそ月別に構成され，さらに定番的なベーシック商品とシーズンごとの流行を取り入れたトレンド商品という形で構成される。[47]このMDマップと販売計画の作成が，1

---

[47] 企画部門は，このような商品企画手法を通じて，定番商品による量産化の追求とトレンド商品による需要創造とを組み合わせて，持続的な成長を確保しようとする。

月末から2月にかけて商品企画原案としてまとめられる。

　企画原案の決定を受けて，2〜4月にかけて原案を具体化し商品企画を固めていく。まず，営業に対する原案説明会，主要得意先打合せがある。MDが，企画原案を営業および主要得意先に説明し，その反応を見ながら，商品数量を決定していく。これは単に営業の意見を聞くというにとどまらず，企画過程に参画しているという意識を営業部門に持たせることによって，販売における動機づけを営業部門に与えるという役割を果たしている。また，企画部門は，主要得意先と企画の早い段階から協議することにより，企画原案についての主要得意先の理解を得る。

　その後，MDを中心として，素材，デザイン，小売価格などの商品内容を細部にわたり詰めていき，MDマップにおける商品構成を固めていく。その過程で，技術部，生産管理部に依頼して，見本検討会用のサンプルを作成する。そして，3月下旬から4月上旬にかけて，今度はできあがったサンプルに基づいて検討会が行なわれる。これにより，主力商品をどれにするかなど細部にわたる商品構成を決定していく。そして，営業および販売員に対する見本検討会を別に開き，営業員などの反応を聞くと同時に，企画部門は営業などに対して，商品企画のねらいや販売ノウハウを伝授する。こうして，5月上旬には商品企画全容が決まり，それに対する営業本部長の承認を受けることになる。

　各部門は，5月中旬から6月中旬にかけて本社および各支店で順次開かれる展示会に向けて動いていく。まずは展示会用のサンプルの作成である。三陽商会では，1990年時点で初期の試作段階でのサンプル，完成度を高めるための2次サンプル，展示会などプロモーション用のサンプルすべて合わせて年間およそ12万着作成している。この展示会は，商品企画部門が商品企画業務を進めていく際の目標となっているという意味でも，商品が百貨店や専門店など取引先の眼に触れるという意味でも業界の雑誌社や新聞社を招いて記事として取り上げられる恰好の機会という意味でも，アパレルメーカーにとって最も重要な活動である。

ブランドの商品コンセプトと商品としての具体的提案を営業部門，取引先バイヤーに十分理解してもらうことも，MDの職務である。自社営業部門および取引先バイヤーがショップの販売員を指導し，さらに消費者への接客にも生きてくるという点でも，企画部門が商品内容を営業部門，取引先バイヤー，さらには販売促進部門や宣伝広報部門に対して説明し理解を得ることは，ブランド構築の重要なプロセスとなる。

展示会後，社内外の意見に基づき企画内容の補充・修正を行なうこともある。というのも，市場動向は，実シーズンの何ヵ月も前から読み切れるものではなく，企画と現実の購買動向との間にはずれが生じる。ファッションの変化が激しい婦人服の場合はとりわけその傾向が強く，あらかじめすべて企画内容を決定しておくと，それだけリスクが高くなる。そこで，たとえば予算の10％ないしは15％ぐらいは残しておき，実シーズンに近づけて市場動向が読み取りやすくなってから，追加発注をしたり，新しい企画を出したりする。[48]

展示会後，具体的な宣伝・販促計画が決定され実施に移されていく。資料7-2「ファッションについての情報源（女性）」で見るように，アパレルの場合，デパート・専門店という小売店頭情報，新聞・一般雑誌・専門雑誌，テレビ出演者の服装が女性のファッション情報源として重要な役割を果たすので，店頭ディスプレイと商品陳列，ファッション雑誌でのブランドや商品の紹介，テレビ番組への衣装提供などで，商品のねらいとブランド構築について，企画部門と販売促進室・宣伝広報室との意思疎通が大事である。

三陽商会のばあい，ブランドの売上・利益責任はMDが担っており，商品展開後も，MDは，毎月担当するブランドの売上，在庫，粗利益を把握しなければならない。それに対して，営業部門は，店舗・フロアごとの自分の

---

[48] ㈱三陽商会情報開発室・園田茂雄氏，1991年6月11日インタビュー。園田氏によれば，企画担当者が予算の10-15％ほど残しておき，直近の販売動向をつかんでから追加の企画を行なう方が概して成績がよくなるとのことであった。

販売担当区域についての売上・在庫状況の把握，派遣販売員の管理，店頭での販売活動などを職務とする。また，営業部門の商品コントローラーは，展開週を区切って割り当てられた一定量の商品を，担当する店舗間で最も効率よく配分して，在庫を最小化するよう努力し，売筋商品については，商品が品切れにならないよう迅速に補充する職務を担っている。

　以上，三陽商会における商品企画プロセスと各職能の役割分担を見てきた。商品MDは，ブランドを継続するに足る売上と利益を挙げなければならない。また，都心部百貨店の売り場はショップないしはコーナー展開が多いので，各売場も，メーカーにとっても百貨店にとっても継続できる売上を挙げなければならない。百貨店売場をめぐり，代替的なブランドが多数ある中で，百貨店の基準とする売上を突破しなければ，売場見直しの時に取扱い商品から外されてしまう。自社内のブランド間競争と他社の競合ブランドとの競争という二重の競争にさらされる中，言い換えれば，企業内のブランドのスクラップ・アンド・ビルドと百貨店内のブランドの入れ替えの中，商品企画部門はブランドが生き残っていくだけの実績を挙げる強制力を絶えず受けている。商品MDは，企業の提案するブランドのターゲットと商品コンセプトを掲げ，ベーシック商品とトレンド商品の組合せにより商品コンセプトを体現する商品作りと売場作りを実現しながら，トレンドの変化をブランド内に取り込むという微妙な舵取りをするなかで，ブランドを生き残らせ成長させようとする。このようなブランド・マネジメントが1980年代におおよそ確立したといえよう。

第5節　むすびに

　ブランドの立ち上げにかかわる「スウィヴィー」と「イクシーズ」の事例は，以下の点で共通点がある。まずターゲットの絞り込み，商品コンセプトの明確化という点である。企業は，「理念型」としての生活像を提案するこ

とで，顧客との関係で見たブランドの商品コンセプト，競争関係の中でのブランドのポジショニングを際立たせる。ブランド開発とはターゲットと商品コンセプトの開発であり，競合関係の中でのポジショニングをはっきりさせることである。

次に，商品コンセプトの具体化に関する共通点である。両事例の商品政策は，単品訴求ではなく，製品の「組合せ」によるライフスタイルを提案している。「スウィヴィー」は20歳代前半のOLの「Simple, Sporty, Sophisticated」を不変の要素とし，「イクシーズ」は，男子大学生の生活に「Quality Life」を提供するということが，ライフスタイル提案の内容となっている。このような商品コンセプトの下で，多様な服種，多様な製品カテゴリーの組合せにより，自身の選択による着こなしや使いこなし，多様な使用場面を提案している。マーケターは，消費者の「主体的な選択」という要素を商品計画の中に入れている。

価格政策は，2つの事例とも，顧客価値（V）＝便益／コストを機軸にしている。「スウィヴィー」の場合，便益は「機能性・汎用性」によって代表され，それは「シンプル・長く着られる・組合せしやすい」という内容を示している。「イクシーズ」の場合，便益はQ（品質）＋I（情報）と読みかえられ，「I（情報）には〝使い方〟やイメージなどが入っている」とされる。[49]コスト，端的に言って価格が一定の場合，便益の向上は顧客価値を高めることになる。両事例とも便益向上に焦点を当てたブランドを提案している。

「スウィヴィー」と「イクシーズ」の対小売政策の眼目は，ショップ展開と小売機能の包摂にある。「スウィヴィー」は，1985年秋冬物より販売開始したが，同年11月には，百貨店20店，専門店20店でショップ展開を進めている。[50]「イクシーズ」の一号店は1980年8月の伊勢丹新宿店内のショップで

---

[49] 目羅［1986］709頁。

第5節 むすびに 295

あり，アパレル，ネクタイ，靴，鞄，帽子などのトータル展開を行なった。メーカーはショップの展開により，派遣販売員，単品の組合せ提案などの店頭ディスプレイ，店頭商品の管理などの点で小売機能に深く関与する。

　ターゲットおよび商品コンセプトの明確化とライフスタイル提案，顧客価値指向，ショップ展開による小売機能の包摂が，自社のブランド構築において戦略的に行なわれるようになったが，それは1980年代アパレルメーカーのブランド構築を規定するものであった。

　製品ブランドの小売機能包摂，すなわち製品・小売ブランドの生成は，それにふさわしいブランド管理体制を伴わなければならない。多様な服種を統一的なショップに展開し，しかも数十店舗を運営していくために，特定ブランド専任のMDとデザイナーが商品企画を担当し，商品コントローラーがブランド別に各店舗への商品供給を管理して商品の消化率を高める。ショップ・ブランドの運営を可能にするブランド管理がブランド別商品企画と商品供給により行なわれている。

---

[50] 『日経流通新聞』1985年11月18日。

結章

ブランド構築と小売機能の包摂

第1節　アパレルメーカー5社に見るブランド構築の論理

　本書は，1970年代有力アパレルメーカー5社，樫山，レナウン，三陽商会，イトキン，ワールドのブランド構築と小売機能の包摂を取り上げた。この5社に見るブランド構築の論理とプロセスはどのようなものであるか。序章に示したブランド構築の分析枠組みに基本的に対応させて論じていく。
　まず，5社とも，アパレル業界においてブランドが普及するより以前の1950年代から60年代初頭に商標登録を行なうなどブランド化を積極的に進め，商品企画を重視するとともに，小売業者への直接販売に注力したことである。本書で取り上げた5社は1950年代から60年代前半という時期に，他社に先駆けて，ブランド化，商品企画への投資，小売への直接販売に乗り出した。この点は，1960年代後半から70年代にかけて，アパレルメーカーが小売機能の包摂を進める際の出発点に当たる。
　各社は，1960年代までにデザインとパターンの技術を蓄積してきた。第1章にも述べているように，1960年代に海外からの設計・製造技術を学習し，紳士服や紳士・婦人コートの品質水準を百貨店での販売にふさわしい品

質水準に高めた。

　紳士服やコートなどの既製服は第二次大戦後大量販売されるようになった。したがって衣服製造卸の小売業への直接販売も1950年代から60年代にかけて形成された。糸や生地などの繊維品は，相場によって取引されていたので，仲間取引が活発に行われていたが，衣料品の既製服化が進み，衣服製造卸や小売業者が台頭する。衣服の生産・流通の発展の中で，衣服は仲間取引よりも小売への直接販売が主流になってくる。[1]

　本書で取り上げている5社は，衣服製造卸売業者による小売への直接販売を重視した。樫山，三陽商会は百貨店販路を重視し，レナウンは東京，大阪都心部の百貨店販路に加え，1950年代後半から全国的な一般小売店向け販売網を作っていった。イトキンも，1950年代半ば，店舗に商品を置いて小売店が仕入に来るのを待つ形から，営業員による販路開拓を積極化した。ワールドも，創業間もない時期に，取引先大手問屋2社の倒産で大きな損害を被り，その後販路を小売店に切り替えている。

　小売業者への販売の重視は，消費財を販売している製造卸売業者にとって必然的にブランドによる製品差別化，品質の重視へと結びつく。各社は，ブランドの育成，製品差別化と品質重視，東京，大阪を中心とする大都市の小売市場への注力という点で，歴史的発展を共有している。

　第2に，ブランドを梃子にした小売業者への直接販売は，大量販売，マス・マーケットの創造を進めた。樫山，三陽商会，イトキンは，1950年代から70年代にかけて，東京，大阪，福岡，札幌，仙台，名古屋，広島など

1　全日本既製服製造工業組合連合会［1963］40-41，70-71頁によると，1962年1～12月，連合会所属の紳士既製服および被服関連組合の組合員480社の販売先別販売額比率は，一般小売店47.9％，百貨店22.4％，月賦店13.8％，仲間卸15.9％である。また婦人服・子供服の組合（東京，大阪，名古屋）所属の組合員257社の販売先別販売額比率は，一般小売店43.5％，百貨店24.3％，月賦店9.0％，仲間卸23.2％である。1960年代前半には，衣服製造卸売業者は小売業者への販売が主であって，仲間取引は従であることがわかる。

といった大都市に販売拠点を作っていった (1章4節の3, 5章2節の2)。レナウンは, 1956年6月の札幌, 仙台, 名古屋, 広島, 福岡に販売会社を設立し, 1959年には全国にレナウン・チェーンストアを結成し, 「暮しの肌着」を主力商品として小売店を開拓していった (3章資料3-1)。ワールドの全国展開を示す典型的な証拠は, 1975年3月に㈱リザを設立して, 各地の都心部百貨店やファッションビルに出店したことである (6章4節の1)。5社は例外なく, ブランドを梃子にして, 全国の都心部に販路を広げていった。

　大量販売の論理, マス・マーケットの創造の論理は, 1970年代から80年代にかけて構築されたコーナー展開・ショップ展開の各社基幹ブランドにも貫かれている。たとえば樫山婦人服の基幹ブランドである「ジョンメーヤー」は, 1977年当時全国98店舗の百貨店にて販売されている[2]。レナウンの婦人服基幹ブランド「アデンダ」は, 1979年12月期概算売上高130億円, 紳士・婦人服「シンプルライフ」は概算で75億円となっている[3]。三陽商会の婦人服基幹ブランド「バンベール」は1982年12月売上95億円である[4]。イトキンの基幹ブランド「ルイ・ジョーネ」「アイレマ」は, 1980年1月期, サブブランドを含めて売上高100億円を突破した[5]。ワールドは1984年7月期決算で, 売上高1207億円, 「コルディア」417億円, 「ルイ・シャンタン」263億円となっている[6]。コーナー展開・ショップ展開のブランドは, 多様な服種とパターンを企画しなければならず, 商品企画への投資に見合った大量販売が必要不可欠である。

　第3に, ブランドと製品との関係において, 特定の服種と結びついたブラ

---

[2] 『繊研新聞』1977年7月29日。
[3] 『繊研新聞』1980年7月2日。
[4] ㈱矢野経済研究所 [1983] 120頁。
[5] 『繊研新聞』1980年4月12日。
[6] 『繊研新聞』1984年9月12日。

ンドが1950年代から60年代前半にかけて支配的であったのが，多様な服種を含んだ多製品ブランドが，コーディネイト・ブランドという形態をとって，1960年代後半から広がっていく。ブランドが特定の製品に従属するのではなく，多様な製品カテゴリーを含んだブランド提案がなされるようになった。

　当初は，特定の服種と結びついてブランドがつけられた。「オンワード」は紳士服，「レナウン」は肌着や靴下，「サンヨー」はレインコート，「イトキン」はブラウス，「ワールド」はニット製品という具合である。しかし，1960年代後半から，ニット衣料を含めたカジュアル衣料のコーディネイト提案が行なわれるようになった。海外ブランドは多様な服種によるコーディネイト提案をすることが多く，海外ブランドが日本に入ってくるなかで，ブランドによるコーディネイト提案が1960年代後半から70年代前半にかけて広がってくる。スーツと白ワイシャツなど上下の取りそろえられた制服に近い着こなしとは異なった衣服消費が，カジュアル衣料の普及とともに広がる。

　第4に，ブランドと小売との関係において，製品ブランドの小売機能包摂，すなわち製品・小売ブランド化が5社のいずれにも進んでいった。製品レベルから小売までの統合的なブランド提案が1970年代に進むことになった。製造業者ブランドと小売業者ブランド，あるいはナショナル・ブランドとプライベート・ブランドの絶対的な区別に疑問を呈するような事態が進む。アパレルメーカーのブランド・マーケティングは，商品の月次展開，小売価格設定，商品の投入・撤収，バーゲン展開時期などの小売要素を取り込んで初めて完成したとも言える。というのもアパレルの販売は，接客サービスでの商品説明と試着による販売力が大きいこと，当初の小売価格で販売できるかどうかの変動性が高いことのゆえに，小売店頭でのディスプレイと販売サービスがブランドの販売の不可欠な要素となってくるからである。

　コート，ブラウスといった単品レベルのブランドから多様な服種を含む多製品ブランドへの発展，そして多製品ブランド化を背景にして，その総合的

な品揃えを1つのショップに編集することによるブランド提案が発展する。これをショップ・ブランドと名づけている。ショップ・ブランドとして展開する際，アパレルメーカーは，商品の月次展開，小売価格設定，商品の投入・撤収，バーゲン展開時期などの小売機能に関与するようになる。この点は，百貨店との委託取引や百貨店への販売員派遣の場合であれ，メーカーと独立の専門店とにおける1ブランド1ショップでの買取取引の場合であれ，程度の差はあれ，5社に共通に見られる特徴である。ただし，その関与の仕方，店頭在庫リスクの負担は，委託取引の場合と買取取引の場合で異なる。

　多製品ブランド，コーディネイト・ブランド，ショップ・ブランドの進展は，消費者のアパレル購買方法を変える。総合的な品揃えがショップとしての売場に実現され，1つのブランドで包摂されるような小売販売方法が普及するなか，消費者の購買選択が変化する。服種別売場を選択して，次に特定の製品ブランドを選択するという購買行動から，最初にショップとしてのブランドを選び，次にその中から特定のアイテムを選ぶ形式へと変化する。消費者は，自分にとってふさわしいブランドの売場の中から特定アイテムを選択する方法を，服種別売場での商品アイテムの選択よりも好んだということになる。ショップとしてのブランド売場の方が，多様な製品カテゴリ一総体を用いて，消費者にブランド・アイデンティティをより強く訴えることができる。

　第5に，企業内のブランド間の関係性，言い換えればブランド体系が形成されてくる。多様な服種取扱いという形での総合アパレルメーカーへの脱皮，紳士，婦人，子供という顧客ターゲット層の拡大，顧客ターゲット別のブランドが多数展開されるなか，ブランドごとのポジショニングが，競争相手ブランドとの関係，同一企業内のブランド間の関係のなかで形成されてくる。それは同時に，個別ブランドと企業ブランドの分化を促す。

　樫山は，資料2-6の通り，1977年にはマインドとクラスターにより多数の個別ブランドを分類すると同時に，「オンワード」は樫山と結びついた企業ブランドという位置づけを明確にしていく。レナウンは，資料3-4，3-5

に見る通り，1950年代までは，「レナウン（企業名）＋普通名詞」，1960年代前半には「レナウン（企業名）＋製品ブランド」を利用していたが，1960年代後半以後，企業ブランドと多数の個別製品ブランドは別個のものとなる。ただし，レナウン［1983］23頁の「アーノルドパーマー」の紙媒体広告を見ると，紙面左側「アーノルドパーマー」の下に「レナウン」とある。これは，個別ブランドが企業ブランドによって支援されていることを示すものであり，1970年代には「レナウン」という企業名は個別ブランドの普及にとって重要な役割を果たしたといえる。

　三陽商会も，「サンヨーレインコート」（1951年商標登録）と「企業名＋普通名詞」を用いていたが，1960年代後半から海外提携ブランドの導入もあり，個別ブランドを販売するようになり，「サンヨー」という企業ブランドと多数の個別ブランドが形成される。イトキンは，「イトキンのブラウス」と屋外広告を出しているように，「企業名＋普通名詞」を用いていた。その後，資料5-1, 5-4, 5-5に見るように，1960年代半ば以降に海外提携ブランドおよびナショナル・ブランドを多数売り出し，企業ブランドと個別ブランドの分化が進んだ。ただし，1970年代には，イトキンという企業名は，個別ブランドの販売に対して支援機能を果たしており，個別ブランドが単独で顧客に向き合ったわけではなかった。ワールドは，資料6-3に見るとおり，1970年時点では企業名でありながら同時に製品ブランドとしても用いられている。その後，資料6-4, 6-5に示すように，多様な個別ブランドが発売されるが，ワールドの主力ブランドである「ワールド・コーディネイト」は1970年代にはその名称のまま使われていた。1980年になって最終的に「コルディア」と改称され，企業名と個別ブランドが完全に分化した。

7　イトキン［1985］11頁。

8　イトキン㈱専務取締役橘高新平氏，秘書室部長西口力氏，宣伝販促部木嶋久野氏へのインタビュー，2001年7月9日。ただし，1980年代以後になると，イトキンという企業名は消費者に対する個別ブランドの小売販売にとって1970年代ほど重要ではなくなる。

第1節　アパレルメーカー5社に見るブランド構築の論理　303

　企業ブランドと個別ブランドが分化することで，市場の変化に創造的に適応したブランドのスクラップ・アンド・ビルドを行ない，ブランド・ポートフォリオの管理体制の基礎を得ることができた。[9]

　第6に，第7章で見たように，1980年代には組織的に支援された戦略的なブランド開発が確認された。ブランド開発の数多くの実践は，各章で見たようにすでに1970年代までに存在していたが，自社内の既存ブランド，競合ブランド，流通業者の動向を踏まえながら，顧客を分析して新しい市場を切り取る戦略的なブランド開発が実践されるようになった。戦略的なブランド開発は，マルチ・ブランド化，ブランド体系の管理を進めることとなる。ブランド体系を意識的に管理しようとすれば，市場の変化に創造的に適応するブランドのスクラップ・アンド・ビルドが必要である。

　第7の点は，必ずしも各章で意識的に取り上げてはいないが，本書で取り上げた5社は，ショップ・ブランドとして多様な服種や雑貨を取り揃えた売上規模の大きい基幹ブランドを保有する一方，特定の服種を取り扱う単品ブランドも展開していた。百貨店売場においても服種別売場があり，その売場では単品ごとにブランドを揃える。[10]また，品揃え型専門店は服種ごとに複数の仕入先からブランドを取りそろえる。このように単品ブランドも小売市場において一定の需要がある。[11]

---

[9] 1980年代になるが，マルチ・ブランド化およびブランドのスクラップ・アンド・ビルド政策の実例を樫山においてみると，1983年時点で30ブランド，1988年時点で42ブランド展開しており，ブランド数は増加しているが，その間に名前の消えたブランド数は9，新しく開発されたブランド数は21にのぼっている。㈱オンワード樫山（1988年当時）社内資料より。

[10] 資料7-4「伊勢丹新宿本店3階売場レイアウト」に見るように，ドレス，コート，スーツという服種別売場がある。

[11] とはいえ，日本のアパレル小売店舗におけるブランドと服種の関係を歴史的に見ると，服種別売場展開からショップ・ブランド別売場展開へと変わっていった。伊勢丹新宿本店の1966年のフロア構成は，1階が鞄，紳士スポーツ，紳士セーター，ワイシャツ，紳士靴下，紳士装身具，ネクタイ，紳士・婦人靴，スカーフ・ハンドバッグ，ハンカチ・アクセサリーなど，2階が婦人肌着・ナイティ，ブラウス・セーター・婦人洋品叙

1983年時点における単品ブランドの例として，樫山は，コート関連の「マデュソン」，婦人フォーマルウエアの「ノア・ローブ」，レナウンは，女性下着関連（ランジェリー，ファンデーション，ナイトウエア）の「バサレット」，イトキンは，「イトキン・ブラウス」，女性水着の「ニース・マリン」を挙げることができる[12]。三陽商会は，資料4-3，4-5に見る通り，「サンヨーコート」をはじめとして，1972年発売の高級婦人レインコート「キャラット」，1974年発売のドレス「ボワール」，1975年発売の紳士スーツ「ミスター・サンヨー」，1978年発売のドレス「ロジーナ」，1981年発売の横編ニット「フィアット」が単品ブランドと言える。ただしワールドは，ニット製品の販売から始まり，1970年代には婦人ニットを中心としたコーディネイト・ブランドの販売を主力としてきた歴史的経緯のなかで，単品ブランド訴求は強くなかったが[13]，ニット製品中心の単品ブランドもある[14]。

　小売事業者に卸売販売する通常のメーカー・ブランドは，小売過程にかかわる投資をそれほど必要としないので，資金負担が軽くなる。小売過程への関与が少ない単品ブランドの存在も見られることには留意しておかなければならない。三陽商会はコートから事業を始め，樫山は紳士服スーツから始めたという歴史的特性のゆえに，単品ブランドが強く，イトキンやワールドは

事服，男児服，ティーンエイジャーショップ，肌着・靴・子供用品，ベビー用品，カジュアルショップなど，3階が婦人スーツ，紳士服イージーオーダー，タローショップ，ジュニアショップ，ファインドレス，婦人服地，婦人服オーダー，ラシーヌショップ，オートクチュールバルマン，シルクショップ，ユニフォームスクール，キャンパスショップ，カジュアル・紳士服スーツなどである（伊勢丹［1990］568頁）。基本的に服種別ないしは製品カテゴリー別売場であり，ショップにおいても，「タローショップ」の商品製作は，伊勢丹商品研究室が担当した（伊勢丹［1990］220頁）。1980年代になると，資料7-4「伊勢丹新宿本店3階売場レイアウト」（1983年）に見るように，ブランド別売場編成に切り替わった。

12 チャネラー［1983］19-23，61-63，84-89頁。
13 チャネラー［1983］290-291頁参照。
14 『日経流通新聞』1999年11月11日9面の記事では，「ビシェス」と「ヴィータ」はセーターなどニット製品中心の単品ブランドであるとの記載がある。

婦人ブラウスやニットなど中衣料から出発したためにコーディネイト・ブランドが強いという特徴がある。とはいえ、アパレルメーカーの主力ブランドは、1970年代以後の海外提携ブランドにおいて典型的に見られるように、ショップ・ブランドとなっていった。

第2節　アパレルメーカー5社の個別性

　5社は、①取扱い商品の歴史性、②主要小売販路と取引様式の点からそれぞれ個別性を有している。まず、取扱い商品の相違は、商品管理に対する考え方を規定する面がある。たとえば、樫山は紳士服スーツから第二次大戦後事業を始めており、1着ずつ管理して販売するという考え方が強かった。[15]他方、レナウンは、肌着、靴下、セーターなどから事業を始めており、箱でまとめて納品するというスタイルであり、単品管理を行なう形にはなっていなかったと推測できる。

　また、取扱い商品の歴史性は、コーディネイト・ブランドへの取組にも影響する。イトキンはブラウス、ワールドは婦人セーターから事業を始めており、ブラウスやセーターは、コーディネイト販売の格好の対象となる製品であり、コーディネイト・ブランドのコーナー展開やショップ展開に結びつきやすかった。レナウンも、早くからセーターに取り組んでいたため、1960年代後半には「イエイエ」ブランドで、上下の組合せ提案を行なっている。他方、樫山は紳士服スーツ、三陽商会は婦人コートから事業を始めており、重衣料として単品訴求をする性格の強い商品領域であり、したがって、コーディネイト・ブランドの訴求は1970年代に入って、百貨店側の要請に対応

---

[15] ㈱オンワード樫山・古田三郎マーケティング部部長（当時）、㈱オンワードクリエイティブセンター・福岡真一営業推進室室長（当時）へのインタビュー、1996年6月12日。

する形で始まっている。

　次に，主要小売販路という点でも各社の特徴がある。資料1-11に見るように，樫山，三陽商会は，百貨店販路主体である。レナウンは百貨店販路が主力であるが，専門店，スーパーの比重も26％，18％と無視できない。イトキンは，百貨店，専門店の比重が半々である。ワールドは専門店の比重が100％とされている。ただし，子会社の㈱リザを通じて百貨店販路にも実質的に進出している（6章5節の4参照）。

　百貨店との取引では，委託取引，返品条件付き買取取引という形態が取られることが多い。[16] 委託取引の場合，店頭での最終的な商品管理責任は百貨店が担っているが，百貨店店頭の商品所有権は納入業者側にある。派遣販売員の導入による接客販売と店頭商品管理，そして商品供給の意思決定，店頭プレゼンテーション，小売価格決定は，アパレルメーカーに委ねられる部分が大きく，メーカーが小売機能および小売販売の機会とリスクを取り込む。その典型的な事例は樫山であった。樫山は，店頭で商品が消費者に渡ってはじめて売上計上するという保守的かつ実需要に対応した会計運用をしており，委託取引の字義通りの取引形態であった。[17] 樫山は小売販売に意識の向いた事業展開をしていた。

　しかし，「フォロワー（レナウンなどの後発組）は倉庫から百貨店に卸した段階で売上げとして計算」する。[18] これは，返品条件付き買取取引という形態である。両者の合意した範囲内であれば，納入業者に責任はなくとも，期末の売れ残り商品を返品できるという契約である。この取引形態は，百貨店に納めた段階で売上計上できるという利点をメーカーは有するが，期末に返

---

[16] 百貨店返品制の静態分析および動態分析について体系的かつ詳細に分析したものとして，江尻［2003］を参照のこと。

[17] 江尻［1979］は，有力アパレル卸と百貨店との間に，委託取引，派遣店員制度が結ばれることによって，アパレル卸は，価格決定権，商品供給権，売場管理権を担うようになったこと，委託取引を通じてアパレル卸が成長してきたことを論じている。

[18] 「オンワード樫山　リスク経営40年の光と影」『激流』1996年7月44頁。

品があると売上減，商品在庫増となり，納入業者にとって商品管理上問題がある。このように，現実の取引形態は，メーカーにより多様であるが，本書では委託取引と買取取引との比較，それがブランド構築に及ぼす影響に限定して述べている。

　委託取引を採用し始めると，メーカーは販売員を派遣して接客サービスと店頭商品管理という小売機能を担うことが必然的となる。店頭商品の所有権はメーカーにあり，店頭在庫の売れ残りリスクをメーカーが事実上直接負担しなければならないからである。このメーカーによる小売機能の実践は，自社のブランドを顧客に直接訴求することとなる。服種別売場の中で1つのブランドを販売する形式から，売場面積の広がったコーナーやショップで特定のブランドが販売されるようになると，売場空間がブランドの1要素となり，アパレルメーカーの提案する小売機能の領域が広がる。委託取引が定着してメーカーにとって売上・利益成果が出始めると，委託取引は製品ブランドの小売機能包摂の制度的なインフラとなった。

　他方，ワールドと専門店との取引は買取契約であった。概念的には，商品の発注権限，店頭ディスプレイ，店頭在庫管理，接客，在庫リスク負担は小売店が担う。メーカー側の小売機能行使は限定されており，メーカーの営業による働きかけで，メーカーの意図する商品構成，ディスプレイ，接客サービスを小売に取り入れてもらうという間接的なものである。買取契約という限界の中で，ワールドは1小売店の売場をワールドの「コルディア」ないしは「ルイシャンタン」の専属とする販売形式を進め，6章5節の3で示すような営業員やその他の小売店販売支援を用いて，当該ブランドにふさわしい売場を作っていった。その意味では，買取契約という枠組みの中で，可能な限り小売機能の包摂を進めていったといえよう。[19]

---

[19] 歴史的に見ると，アパレル中小小売店が低迷する中で，買取契約と言う形式の卸売事業モデルは，1990年代半ば以降，消化取引や歩率家賃という取引形態によって直接小売を掌握する製造小売事業モデルへと切り替えられていく。メーカーがより直接的に小売

百貨店における委託取引は，アパレルメーカーの製品ブランドによる小売機能包摂の制度的条件を提供したことになる。委託取引は店頭で売れないかぎりメーカーの売上にならないので，メーカーは店頭での販売に傾注する。その結果，接客，商品管理，店頭プレゼンテーション，小売価格決定，バーゲンの展開などの小売機能に深く関与する。委託取引に伴う商品在庫への投資や，派遣販売員など販売経費を負担できるだけの売上が，委託取引によるショップ展開により見込める場合，メーカーは委託取引を採用する経済的動機が与えられる。委託取引は，製品・小売ブランド成立の制度的条件となった。

第3節　アパレルメーカー5社に見るブランド構築の現代的意義

1980年代までのアパレル産業のブランド構築は，消費者の認識レベルで捉えられたブランド・エクイティ論，コミュニケーション戦略として捉えられたブランド・アイデンティティ論に対して，基本的な素材を提供できるぐらいまでの進展を遂げていた。第7章で見た樫山とダーバンの事例によると，マーケティング実務者は，ターゲットと商品コンセプトの設定，商品や売場における商品コンセプトの具体化，消費者側でのブランド認知とブランド・イメージへの定着に向けたマーケティングを実践していたと言える。企業と消費者を含む社会的な関係において創造されるブランド・アイデンティティ，消費者の知識としてのブランド・エクイティが，第7章の事例において見出すことができる。

　第1に，ブランドの歴史的生成・発展を明らかにすることで，1990年前

過程を包摂するような事業モデルに切り替わっていく。藤田・石井［2000］，神戸ビジネススクールケースシリーズ［2002］，楠木・山中［2003］，金［2006］を参照のこと。

第 3 節　アパレルメーカー 5 社に見るブランド構築の現代的意義　**309**

後からのブランド論およびブランド・マネジメント研究の現実的背景を知るとともに，ブランドの歴史的生成プロセス，ブランドの発展の論理を捉えることができる。ブランド・アイデンティティとブランド・エクイティの生成は，理論的発見よりも以前に始まっていた。

　ブランド・エクイティやブランド・アイデンティティ研究，ブランド・マネジメント研究は，1990 年頃から急速に進むことになる。Aaker［1991］のブランド・エクイティに関する著作，Kapferer［1994］（フランス語原版は 1992 年出版）のブランド・アイデンティティ論，Keller［1993］の顧客ベースの知識構造，ブランド認知とブランド・イメージなどが，論文，著書として出版される。このような研究は，1980 年代までに進展したマーケティング環境の変化とブランドの発展を背景にしている。1 つは，企業の合併・買収を通じたブランドの売買が盛んになり，実物資産を越えるブランドの無形資産の評価が問題になり，消費者に蓄積されたブランド・エクイティの分析が行なわれたことにある。次に短期的な経営成果を求め販売促進に流れる圧力に抗して，ブランド・エクイティを生み出す出発点として，ブランド・アイデンティティの構造を明らかにしようとした。

　本書では，消費者のブランド認知やブランド・イメージについての分析をしていないが，資料 1-10「紳士服，婦人服ブランドの知名度（1976 年）」によると，東京，大阪，名古屋圏の上場企業に勤める男女（主婦も含む）は，有力ブランドを認知している。その後 1980 年代に入ると，資料 7-4「伊勢丹本店 3F 売場レイアウト」に見るように，ブランド別売場が支配的となっているので，少なくとも顧客は個々のブランド認知とブランド・イメージを有していると考えて間違いなかろう。また，第 7 章の樫山とダーバンのブラ

---

20 Shocker, Srivastava and Ruekert［1994］によれば，1980 年代後半以降，ブランド・マネジメントは，①競争のグローバリゼーションと市場開放の進展，②技術変化，③流通業者のパワー増大とチャネルの進化，④投資家の期待とブランド・エクイティの重視，⑤消費者市場の変化という環境変化のなかで行なわれている。

ンド開発で見たように，企業が商品コンセプトを明確化して提案し，一定の売上規模を実現していることから，消費者が何らかのブランド認知とイメージを有していることが読み取れる。

第2に，ブランド体系が歴史的に形成されてきたことが，本書から明らかになった。単品ブランドから多製品ブランドへの発展は，1950-70年代アパレルメーカー5社の事例において示されている。

Kapferer［2008］は，ブランド・アーキテクチュアーの1つの類型として，ブランドと製品との関係性にかかわり，製品ブランド，それと類似したライン・ブランド，レンジ・ブランドを位置づけている（pp.351-362）。製品ブランドとは，ブランドが1つの製品（製品ライン）のみに与えられている形態である。ライン・ブランドとは，使用機能の点で密接に関連し補完的な製品群をも取り込んだものを指す。レンジ・ブランドとは，同じような便益にかかわる多様な製品群を1つの約束事により販売するものである。アパレルの事例は，1つのブランド・コンセプトに基づいたレンジ・ブランドができてきたことを示している。

Aaker［1996］は，ブランド体系の管理やブランドのレバレッジ効果を展開している。そこでは，「ブランドの集合をブランド体系と見なすことは，効果的で効率的な個別ブランド化戦略をつくり上げるのに役立つ。ブランドは孤立して存在するのではなく，体系のなかで他のブランドと関係を持っている」(p.266，邦訳351頁)。樫山が資料2-6「クラスターとマインドによる樫山のブランド分類」（1977年）のような分類をすることは，マーケターが個別ブランド間の関係と個別ブランドのポジショニングを意識していることを示す。[21]

また資料7-3「婦人服ブランドチャート」は三陽商会マーケティング部が

---

[21] もちろん，総合企画室のようなスタッフ部門で作成することと，各ブランド部門ごとにポジショニングを意識して，商品企画や営業が組み立てられることは別であり，現場レベルにブランド体系の認識があるかどうかは本書では明らかになっていない。

1988年に作成したものであるが，このチャートは，百貨店・都市型専門店アパレルの価格帯とデザイン傾向において，三陽商会の個別ブランドをも含めたブランドのポジショニングを図示している。これは，三陽商会婦人服の個別ブランド間の関係性を踏まえたブランド体系を認識するための作業である。このように，1970年代後半から80年代にかけての有力アパレルメーカーは，ブランド体系の認識と管理への意識を有していたと言える。

　本書で取り上げた事例5社は，ブランド体系がおおよそ1970年代に形成されたことを示している。自社の個別ブランド間の関係性は，資料2-6「クラスターとマインドによる樫山のブランド分類」（1977年），資料7-3「婦人服ブランドチャート」によって示されている。ブランド軸による市場細分化を進めるなかで，ブランド体系は個別ブランド間の関係を意識したマルチ・ブランド展開を必然的に伴う。

　マルチ・製品ブランドはブランド内に多様な服種や雑貨を含み，特定の製品カテゴリーに縛られないものであり，1970年代には，海外提携ブランドの普及，そしてカジュアル衣料と手を携えて広がったコーディネイト・ブランドの普及のなかで，多製品ブランド化が進んだ。ブランド体系の管理，特定製品カテゴリーを越えたブランド・アイデンティティは，1990年前後におけるブランド論とブランド・マネジメントの理論展開に先んじて実践的に普及していたと言える。

　第3に，本書の5社の事例は，商品企画から小売展開までをブランド軸で管理し顧客に提案するマーケティングの形成と普及を示している。樫山と百貨店との委託取引，ワールドと専門店との買取取引は取引様式が異なり，メーカーの小売機能の行使内容が異なるが，あるショップが1つのブランドにより品揃えされるというショップ・ブランドを形成していったことは共通している。商品企画から小売に至るプロセスをショップ・ブランドとして管理するしくみが1980年代以後一般化するが，そのショップ・ブランドの歴史的形成が本書で示された。

　ブランド軸による事業の管理とは，まずブランド別商品企画体制のことで

ある。ブランド別の商品企画担当者（MD）がおり，ブランド専任のデザイナーが存在する。このようなブランド別商品企画体制は，1980年代の三陽商会において確認することができた。次に，ブランドが一定面積の小売店頭を占有し，統一的な売場提案がなされることであり，この点は1970年代後半には，5社の事例において確認することができた。

　ブランド別商品企画とブランド別ショップ体制は，ブランドが製品から小売展開までを管理するしくみであり，製品ブランドの小売機能包摂，製品・小売ブランドの形成ともとらえることができる。それは1990年代以降においてもアパレルメーカーのブランド構築の典型例となっている。都心百貨店に加えて，都心の駅ビルやファッションビル，郊外型ショッピングセンターにおいても，アパレルメーカーの展開するブランドがショップとして提案されているのは周知のことである。アパレルメーカーはどの商業集積施設に入るのかを意思決定するのであり，ショップの内装，店頭ディスプレイ，商品展開計画と店頭在庫管理，価格設定，接客サービス，バーゲンの意思決定などの小売機能はアパレルメーカーに委ねられる。

　このような製品・小売ブランドが貫徹するためのアパレルメーカーと小売事業者（ディベロッパー・商業施設管理運営事業者）との取引形態は，委託取引から消化取引，さらには賃貸借へと進化することになる。2章2節の3で述べたように，委託取引は，最終消費者に売れた分だけ百貨店が仕入れたことになる取引様式である。百貨店店頭在庫はアパレルメーカーに属しているが，百貨店が仕入係で検品をした商品については，損傷・減失のリスクは百貨店が負担する。

　小売側からとらえた消化仕入は売上仕入とも呼ぶ。岡野［2008］によれば，「売上仕入とは，納入業者が百貨店の名称及び営業統制の下，百貨店の店舗の一部に商品を搬入・管理して，消費者に対する商品販売も行なうという仕入形態である」（7頁）。商品が消費者に売れた時点で納入業者→百貨店→消費者へと商品の所有権が同時に移転する。また，店頭商品の管理責任は納入業者が負う。[22]

第3節　アパレルメーカー5社に見るブランド構築の現代的意義　**313**

　百貨店の売上高に占める売上仕入の割合は 1980 年代から 2000 年代にかけて急速に高まった。日本百貨店協会［1998］213 頁によれば，売上仕入の百貨店売上高に占める割合は，1955 年には 11.8％であったのが，1985 年には 28.5％，1997 年には 39.6％に達している。また，『繊研新聞』1999 年 1 月 4 日付 1 面の記事によれば，「百貨店の消化［売上］仕入れは全仕入れの過半数を超えた」。

　個別の百貨店で見ると，高島屋は，2003 年時点の売上仕入が 65％に達しており[23]，三越は，1998 年頃の売上げの 55％が売上仕入であり[24]，2006 年には売上げの 60％を売上仕入が占めている[25]。またアパレルメーカーの三陽商会は，百貨店向けの売上仕入と直営店を合わせた割合（単体ベース）が 2003 年 12 月期で 50.1％と前年同期末に比べ 11.8％上昇している[26]。

　百貨店でショップ展開をしているブランドを中心に，売上仕入方式が一般化した理由は，第 1 に，「どの時期に，何を売るのかを徹底することができる」，「商品の出し入れは原則自由になる」[27]からである。委託仕入の場合，商品の滅失や盗難などの管理責任を百貨店が担うこともあり，百貨店における商品の仕入予算枠がある。また百貨店のバイヤーとともに売場を作っていくため，売場編集と商品の展開週の設定は百貨店と調整しなければならない。その意味で，商品の売れ行きに応じた機動的な商品の投入と引き取りができない側面があった[28]。

22　委託仕入，売上仕入の理解については，岡野［2008］に加えて，公正取引委員会事務局調査部［1952］『デパートの不公正競争方法に関する調査』43-44 頁参照。岡野［2008］は，百貨店における売上仕入契約書を検討し，売上仕入の経済的特徴や法的性質を明らかにしている。
23　『日経流通新聞』2003 年 4 月 29 日，7 面。
24　『繊研新聞』1999 年 1 月 4 日，1 面。
25　『繊研新聞』2007 年 1 月 11 日，2 面，三越社長，石塚邦雄氏へのインタビューより。
26　『日経流通新聞』2004 年 3 月 2 日，34 面。
27　『繊研新聞』1998 年 4 月 18 日，1 面。
28　樫山㈱・角本章元取締役副社長へのインタビュー，1996 年 6 月 10 日，7 月 31 日。

売上仕入になり，商品の管理責任も含めてアパレルメーカーが小売機能を担うようになると，商品の入出庫の検印を受ければ，商品の出し入れの自由度が高まり，売場のフェイス，アイテム数，展開週を含めた販売計画，週次の販売実績をふまえた週ごとの販売計画修正が機動的に行なえるようになる。販売計画における仮説，販売実績による検証，修正というサイクルを毎週行なうことで実需に対応するには，委託仕入よりも売上仕入の方が望ましいことになる。アパレルメーカー側から言うと，消化取引は委託取引よりも，小売の運営を取り込んだブランド構築であった。

とはいえ，納入業者は「百貨店の名称及び営業統制の下」で売場を運営するのであり，不動産賃借とは異なり借地借家法の適用を受けない。百貨店の営業方針の変更などにより，早期の契約終了もありうる[29]。一定の規約期間の店舗継続を実現し，ショップ・ブランドを持続的にある立地で展開しうる形態は，賃貸借による出店である。ショッピングセンターなどに賃貸借にて出店する場合，什器および店装コストに加えて保証金がかかるなど初期費用がかかるが，10年など一定の期間ショップを運営することが可能となり[30]，文字通り製造小売事業としての運営を徹底することができる。

1980年代以降，百貨店では，ハコ型に区切られたブランド別のショップが広がった。さらに駅ビルやファッションビル，さらにはショッピングセンターにてブランド別のショップが広がっている。メーカー起点のショップ・ブランドの淵源は，委託取引と派遣販売員による百貨店自社商品売場の管理にある。樫山に典型的に見られるように，メーカー（納入業者）が自社のブランドをつけて，委託取引という条件と引き換えに百貨店店頭に商品を供給し，派遣販売員により自ら販売することで，小売機能を取り込んだ。その過程の中で「オンワード」というブランドが消費者に認知されることになる。

---

[29] 岡野［2008］8頁。
[30] 神部［2003］21-23頁。

第4節　本書から導かれる歴史的な帰結

　アパレルメーカーが小売機能を包摂するプロセスのなかで，ブランドは製品から小売までを提案するようになった。ブランドは，最終顧客に向けてチャネルを組織化し，価格プレミアムと数量プレミアムを実現するような販売を指向した。[31]したがってブランドは，販売概念を含んでいる。しかし，ブランドは必ずしも小売概念を含んでいるとは限らない。製造業者の製品ブランドは，多様な小売事業者において販売されており，多様な製造業者ブランドの1つとして店に置かれている。製品ブランドと小売事業ブランドが補い合って販売される。

　特定の製品ブランドが一定面積の売場内に排他的に陳列され，メーカーの派遣する販売員により販売されることで，製品ブランドは小売機能を包摂する。製品ブランドの小売機能包摂は，アパレル以外の製品領域にも見られる。たとえば，スポーツ用品関連（「ナイキ」「アディダス」「アシックス」など），乗用車（「レクサス」「メルセデス・ベンツ」），身の回り品（「ルイヴィトン」など）を例に挙げることができる。製品ブランドの小売機能包摂という特殊なブランドの形態は，1980年以後において一定の広がりを有している。

　製品ブランドが小売要素を取り込んだ場合，それだけブランド・アイデンティティを具体的に表現する手段が増えることになる。製品レベルだけではなく，製品が置かれた小売空間，製品の組合せ，接客サービスなど小売レベルで消費者にブランド・アイデンティティの具体的表現形態を提示できる。製品ブランドと小売事業ブランドとに峻別することでは，ブランド・アイデ

---

[31] 田村［2001］は，マーケティング・モードの取引戦略として，最終顧客志向，ブランド化，流通組織化を挙げている。

ンティティの具体的提示は限界があり，製品ブランドが小売を取り込んで，製品と小売の両方をアイデンティティの表現要素とすることで，ブランドの差別化の手段が多くなる[32]。製造小売事業モデルにおいて，製品から小売までをブランド・アイデンティティに含めたブランドが形成される。また逆に製品レベルのブランドと小売レベルのブランドが独立して機能する論理も，製造業者と商業者の社会的分業により与えられている。この製品レベルのブランドと小売レベルのブランドとの独立性と相互作用，統合などの態様の解明が現代のブランド論に与えられた課題である。

　また，小売業者が小売事業ブランドを育成する過程において，製品に関与する事態が1990年代以後広がっているが，この点については本書では取り扱われていない。小売ブランドの製品開発機能の吸収という事態が進んでいる。「ユニクロ」「無印良品」「ニトリ」などは小売事業者が製品開発に取り組み，1990年代以後急成長した。アパレル事業においては，アパレル小売業はアパレルメーカーと比較すると，1990年代から2000年代にかけて日本での成長性が高い。アパレル小売事業ブランドが商品企画や生産管理，物流を取り込み，ブランド構築において製品レベルを包摂するようになっている。小売ブランドの生産機能包摂と呼べるような事態であり，小売業者起点の製品・小売ブランドの成立とも呼ぶべきものである。このように，企業は，製品から小売展開に至る業務プロセスの個々と全体を管理してブランド構築に結び付け，製品から小売に至る様々な要素をブランド・アイデンティティの表現手段とするような状況が，1990年代以後進展している。

　生産者と商業者の社会的分業が固定的であった状況が変化し，生産者が小売機能に関与し，また商業者が製品開発機能に関与する中で，製品ブランドと小売ブランドが明確に分化している状況から，あるブランドが製品と小売

---

[32] 原田［2010］は，ブランドの競争優位の構造を，ブランドの蓄積性と多元的差別性に求めている。製品レベルから小売レベルまでをブランドの差別化の手段として動員することができることは，ブランドの競争優位を高めることとなる。

第 4 節　本書から導かれる歴史的な帰結　**317**

の両要素を活用してブランドの価値を提案していくようになった。この点の総合的な解明は今後の課題である。

[参考文献一覧]

〈学術書・学術論文〉

Aaker, David A. [1991] *Managing Brand Equity*, Free Press. (陶山計介・中田善啓・尾崎久仁博・小林哲訳 [1994]『ブランド・エクイティ戦略』ダイヤモンド社。)

Aaker, David A. [1996] *Building Strong Brands*, Free Press. (陶山計介・小林哲・梅本春夫・石垣智徳訳 [1997]『ブランド優位の戦略』ダイヤモンド社。)

Bain, Joe S. [1968] *Industrial Organization, Second Edition*, John Wiley & Sons. (宮澤健一監訳 [1970]『産業組織論上・下』丸善。)

Braverman, Harry [1974] *Labor and Monopoly Capital*, Monthly Review Press. (富沢賢治訳 [1978]『労働と独占資本』岩波書店。)

Chandler, Alfred D. [1977], *The Visible Hand: The Managerial Revolution in American Business*, the Belknap Press of Harvard University Press. (鳥羽欽一郎・小林袈裟治訳 [1979]『経営者の時代 上・下』東洋経済新報社。)

Kapferer, Jean-Noel [1992] *Strategic Brand Management: New Approaches to Creating and Evaluating Brand Equity*, The Free Press.

Kapferer, Jean-Noel [2008] *The New Strategic Brand Management: Creating and Sustaining Brand Equity Long Term, 4th Edition*, Kogan Page.

Keller, Kevin Lane [1993] Conceptualizing, Measuring, and Managing Customer-Based Brand Equity, *Journal of Marketing* Vol.57, January, pp.1-22.

Keller, Kevin Lane [1998] *Strategic Brand Management: Building, Measuring, and Managing Brand Equity*, Prentice Hall. (恩蔵直人・亀井昭宏訳 [2000]『戦略的ブランド・マネジメント』東急エージェンシー。)

Kotler, Philip and Kevin Lane Keller [2009], *Marketing Management 13th edition*, Pearson Education.

Shocker, A. D., R. K. Srivastava, and R. W. Ruekert [1994] Challenges and Opportunities Facing Brand Management : An Introduction to the Special Issue, *Journal of Marketing Research*, Vol.31 (May), pp.149-158.

Tedlow, Richard S. [1990], *New and Improved: The Story of Mass Marketing in America*, Basic Books. (近藤文男監訳 [1993]『マス・マーケティング史』ミネルヴァ書房。)

石井淳蔵 [1999]『ブランド 価値の創造』岩波新書。

石井晋 [2004a]「アパレル産業と消費社会―1950-1970年代の歴史」社会経済史学会『社会経済史学』70巻3号。

石井晋 [2004b]「転換期のアパレル産業―1970-80年代の歴史―」経営史学会『経営史

学』第 39 巻第 3 号,1-29 頁。
石原武政 [1996]「生産と販売―新たな分業関係の模索」石原武政・石井淳蔵編著『製販統合―変わる日本の商システム』日本経済新聞社。
江尻弘 [1979]『返品制―この不思議な日本の商法』日本経済新聞社。
江尻弘 [2003]『百貨店返品制の研究』中央経済社。
遠藤明子 [2001]「アパレル産業における SPA の展開―業態としての独自性―」『六甲台論集―経営学編―』第 48 巻第 1 号,21-28 頁。
岡部孝好 [2000]「消化仕入れの取引デザイン」森山書店『會計』第 158 巻第 4 号,471-486 頁。
岡野純司 [2008]「大規模小売業者・納入業者間の売上仕入契約―百貨店の事例を素材として―」『判例タイムズ』1262,5-17 頁。
小山田道弥 [1984]『日本のファッション産業―取引構造とブランド戦略―』ダイヤモンド社。
鍛島康子 [2006]『アパレル産業の成立:その要因と企業経営の分析』東京図書出版会。
片平秀貴 [1999]『新版パワー・ブランドの本質』ダイヤモンド社。
加藤司 [1998]「アパレル産業における『製販統合』の理念と現実」阪市立大学経営学会『季刊経済研究』Vol.21 No.2,97-117 頁。
加藤司 [2003]「『商業的需給調整メカニズム』について」大阪市立大学経営学会『経営研究』第 53 巻第 4 号,91-107 頁。
加藤司 [2006]『日本的流通システムの動態』千倉書房。
金井勇 [1954]「百貨店の取引実態とその問題点」公正取引委員会『公正取引』1954 年 7 月,31-33 頁。
川上勉 [1993]「神戸のアパレル産業発展の経緯と展望」神戸都市問題研究所『都市政策』73 号,53-74 頁。
神部亮子 [2003]「産業トレンド アパレル企業の直営店展開」『第一生命経済研レポート』6 (12),2003 年 3 月,21-23 頁。
菊池兵吾 [1966]「百貨店取引の変化と独禁法」公正取引委員会『公正取引』1966 年 9 月,28-31 頁。
木下明浩 [1990]「1980 年代日本におけるアパレル産業のマーケティング (1) (2) ―『ブランド開発』の分析―」京都大学経済学会『経済論叢』第 146 巻第 2 号,第 5・6 号,67-85 頁,37-54 頁。
木下明浩 [1997]「樫山のブランド構築とチャネル管理の発展」近藤文男・中野安編著『日米の流通イノベーション』中央経済社,115-135 頁。
木下明浩 [2001a]「衣服製造卸売業の日本的展開とマーケティング」マーケティング史研究会編『日本流通産業史―日本的マーケティングの展開』同文舘出版,187-217 頁。
木下明浩 [2001b]「高度成長期における衣服製造卸売業者のブランド形成―イトキンとワールドの事例」京都大学マーケティング研究会編『マス・マーケティングの発展・革新』同文舘出版,30-46 頁。

木下明浩［2001c］「ブランド・マネジメントの課題と展望―使用価値と価値の創造」青木俊昭・近藤文男・陶山計介編著『21世紀のマーケティング戦略』ミネルヴァ書房，113-144頁。

木下明浩［2003］「ブランド概念の拡張―1970年代イトキンの事例―」京都大学経済学会『経済論叢』第171巻第3号，1-20頁。

木下明浩［2004a］「製品ブランドから製品・小売ブランドへの転換―1970年代ワールドの事例」立命館大学経営学会『立命館経営学』第43巻第2号，113-137頁。

木下明浩［2004b］「衣料品―コモディティからブランドへの転換」石原武政・矢作敏行編著『日本の流通100年』有斐閣，133-172頁。

木下明浩［2005］「製品ブランドから製品・小売ブランドへの発展―1960-70年代レナウン・グループの事例―」立命館大学経営学会『立命館経営学』第43巻第6号，35-58頁。

木下明浩［2006］「三陽商会におけるブランドの発展」『立命館経営学』（立命館大学経営学会）第44巻第5号，2006年1月，93-119頁。

木下明浩［2009a］「アパレル業界の生産・販売体制の革新」崔相鐵・石井淳蔵編著『流通チャネルの再編』中央経済社，2009年，257-284頁。

木下明浩［2009b］「日本におけるアパレル産業の成立―マーケティング史の視点から―」立命館大学経営学会『立命館経営学』第48巻第4号，191-215頁。

木下明浩［2010］「オンワードのマーケティング―ブランド構築と小売機能の包摂―」マーケティング史研究会『日本企業のマーケティング』同文舘出版，113-135頁。

橘川武郎・髙岡美佳［1997］「戦後日本の生活様式の変化と流通へのインパクト」東京大学社会科学研究所紀要『社会科学研究』第48巻第5号，111-151頁。

金顕哲［2006］「ワールド　新業態ブランドHusHusHの誕生」『一橋ビジネスレビュー』54巻1号，2006年夏号，112-127頁。

楠木建・山中章司［2003］「ワールド」一橋イノベーション研究センター編『一橋ビジネスレビュー』51巻3号，134-153頁。

倉澤資成［1991］「流通の「多段階性」と「返品性」：繊維・アパレル産業」三輪芳朗・西村清彦編『日本の流通』東京大学出版会，189-223頁。

桑原哲也［1997］「日本におけるファッションアパレル産業の形成」神戸大学経営学部『研究年報 XL Ⅲ』77-119頁。

康賢淑［1998a］「戦後日本のアパレル産業の構造分析」京都大学経済学会『経済論叢』第161巻第4号，86-109頁。

康賢淑［1998b］「日本アパレル上位企業の分析―消費と連動するプロセスの創成―」京都大学経済学会『経済論叢』第162巻第3号，25-50頁。

神戸ビジネススクールケースシリーズ［2002］『株式会社ワールド』。

小林哲［1999］「ブランド・ベース・マーケティング―隠れたマーケティング・システムの効果―」大阪市立大学経営学会『経営研究』Vol.49, No.4, 113-133頁。

小原博［1987］『マーケティング生成史論』税務経理協会。

小原博［1994］『日本マーケティング史―現代流通の史的構図』中央経済社.
小原博［2005］『日本流通マーケティング史 現代流通の史的諸相』中央経済社.
近藤文男［1988］『成立期マーケティングの研究』中央経済社.
佐藤肇［1974］『日本の流通機構』有斐閣.
陶山計介・梅本春夫［2000］『日本型ブランド優位戦略』ダイヤモンド社.
髙岡美佳［1997］「戦後復興期の日本の百貨店と委託仕入―日本的取引慣行の形成過程」『経営史学』32巻1号, 1-35頁.
髙岡美佳［2000］「アパレル リスク適応戦略をめぐる明暗」宇田川勝・橘川武郎・新宅純二郎『日本の企業間競争』有斐閣, 152-173頁.
高柳美香［1997］「我が国における百貨店の成立とショーウインドーの導入」経営史学会『経営史学』第31巻第4号, 32-48頁.
多田應幹［2003a］「百貨店とアパレルメーカーの取引慣行―消化仕入を中心にして―」日本流通学会『流通』2003年8月, 58-64頁.
多田應幹［2003b］「百貨店の取引慣行の形成メカニズムの研究―隠れた資源としての「派遣店員制」―」千葉商科大学政策研究科『CUC Policy Studies Review』No.3, 23-33頁.
田村正紀［2001］『流通原理』千倉書房.
崔容熏［1999］「オンワード樫山における委託取引方式と追加生産方式の戦略的補完性」近藤文男・若林靖永編著『日本企業のマス・マーケティング史』同文舘, 130-152頁.
崔容熏［2001］「市場不確実性縮減の論理」京都大学マーケティング研究会編『マス・マーケティングの発展・革新』同文舘出版, 67-91頁.
崔容熏・松尾隆［2002］「アパレル産業にみる市場リスクの戦略的回避」『赤門マネジメント・レビュー』（東京大学大学院経済学研究科赤門マネジメント・レビュー編集委員会）第1巻3号, 1-31頁.
崔容熏［2006a］「QRシステムによる柔軟なサプライチェーンの構築―日本のアパレル産業を対象に―」日本マーケティング協会『マーケティング・ジャーナル』101, 56-75頁.
崔容熏［2006b］「日本アパレル産業におけるSCMの進展と阻害要因に関する実証研究」『地域公共政策研究』第12号, 1-12頁.
塚田朋子［2005］『ファッション・ブランドの起源：ポワレとシャネルとマーケティング』雄山閣.
富沢木実［1995］「アパレル産業」産業学会編『戦後日本産業史』東洋経済新報社, 569-595頁.
中込省三［1975］『日本の衣服産業―衣料品の生産と流通』東洋経済新報社.
中込省三［1977］『アパレル産業への離陸―繊維産業の終焉』東洋経済新報社.
日経流通新聞社編［1991］『これからどうなる商慣行』日本経済新聞社.
西村順二［2009］「製造卸による小売業展開における競争構造の変化―SPAの源流」石井淳蔵・向山雅夫編著『小売業の業態革新』中央経済社, 257-282頁.

根本重之［1995］『プライベート・ブランド―NB と PB の競争戦略』中央経済社．
原田将［2010］『ブランド管理論』白桃書房．
林周二［1962］『流通革命』中公新書．
藤田健・石井淳蔵［2000］「ワールドにおける生産と販売の革新」神戸大学経済経営学会『国民経済雑誌』第 182 巻第 1 号．
南知惠子［2003］「ファッション・ビジネスの論理―ZARA に見るスピードの経済―」日本商業学会『流通研究』第 6 巻第 1 号，31-42 頁．
南知惠子［2009］「ザラの SPA 戦略とグローバル化」向山雅夫・崔相鐵編著『小売企業の国際展開』中央経済社，181-204 頁．
三輪芳朗［1991］『日本の取引慣行』有斐閣．
森島武雄［1987］「クイックレスポンスをめざすアパレル業界」『中小企業金融公庫月報』1987 年 10 月，18-33 頁．
李雪［2009］「アメリカにおける SPA モデルの生成と発展―ギャップの事例研究―」『早稲田商学』第 420・421 合併号，127-169 頁．
若林靖永［2003］『顧客志向のマス・マーケティング』同文舘出版．

〈実務書・調査報告書・業界史・社史・その他〉
赤澤基精［1990］『レナウン　ファッションの未来戦略』日本能率協会．
アパレル産業システム化対策委員会システム化調査分科会［1980］『アパレル産業における商品企画の在り方について』．
伊勢丹［1986］『新世紀への翔き―伊勢丹 100 年のあゆみ』．
伊勢丹［1990］『伊勢丹百年史―三代小菅丹治の足跡をたどって』．
イトキン株式会社［1985］『イトキン 35 年のあゆみ』．
イトキン株式会社社内報『金の城』．
今井和也［1995］『テレビ CM の青春時代』中公新書．
今岡和彦［1981］「ダーバンの挑戦」『Voice』1981 年 4 月号，90―108 頁．
うらべまこと［1980］『レナウン：「楽しさの経営」を貫く』朝日ソノラマ．
遠入昇［1987］『アパレル』日本経済新聞社．
大内順子・田島由利子［1992-1994］「証言でつづる日本のファッション史」『繊研新聞』1992 年 2 月 12 日-1994 年 2 月 9 日．
大内順子・田島由利子［1996］『20 世紀日本のファッション　トップ 68 人の証言でつづる』源流社．
大阪市経済局［1977］『市内繊維卸売業のマーケティング活動に関する調査報告書』．
大阪市経済局［1980］『大阪市内繊維卸売業の取引行動と商品企画に関する調査報告書』．
小田喜代治［1985］『東京紳士服の歩み』東京紳士服工業組合．
「オンワード樫山　リスク経営 40 年の光と影」『激流』1996 年 7 月，42-47 頁．
樫山株式会社『有価証券報告書総覧』．
樫山純三［1976］『走れオンワード―事業と競馬に賭けた 50 年』日本経済新聞社．

樫山純三［1981］「私の履歴書」『私の履歴書—経済人16』日本経済新聞社．
河合正嘉［1982］「流通・消費革命-5-デパート不滅論」毎日新聞社『エコノミスト』1982年3月2日，80-87頁．
神部亮子［2003］「産業トレンド アパレル企業の直営店展開」『第一生命経済研レポート』6 (12)，2003年3月，21-23頁．
久門富佐子他［1958］「生活研究会のページ 婦人既製服の再検討」『婦人公論』1958年7月，342-349頁．
公正取引委員会［1952］『デパートの不公正競争方法に関する調査』．
小島健輔［1985］『ワールドVSビギ』商業界．
小島健輔［1998］『ファッション・ビジネスはこう変わる』こう書房．
坂口昌章［1989］『ポストDC時代のファッション産業』日本経済新聞社．
三陽商会［1988］『会社の概要 昭和63年度新入社員のために』．
三陽商会［2004］『SANYO DNA 三陽商会60年史』．
三陽商会『有価証券報告書総覧』．
JIS衣料サイズ推進協議会監修・日本繊維新聞社編集［1980］『解説・既製衣料品サイズのすべて』．
椎塚武［1987］『アパレル産業DCブランド新時代』ビジネス社．
商業界『ファッション販売』．
白木屋［1957］『白木屋三百年史』．
繊維総合辞典編集委員会［2002］『繊維総合辞典』繊研新聞社．
『繊研新聞』．
繊研新聞社編集部［1969］『繊維卸商はどう変る』繊研新聞社．
繊研新聞社編集部［1970a］『続繊維卸商はどう変る 新時代を担う製造卸』繊研新聞社．
繊研新聞社編集部［1970b］『ファッション・ビジネスへの挑戦（上）』繊研新聞社．
全日本既製服製造工業組合連合会［1963,65,65,66,67,68］『既製服製造卸業 昭和37,38,39,40,41,42年1月～12月における生産数量・経営実態調査報告書』．
総理府統計局『家計調査年報』．
大丸［1967］『大丸二百五拾年史』．
高島屋［1968］『高島屋135年史』．
高島屋［1982］『高島屋150年史』．
ダーバン［1980］『TEN YEARS OF D'URBAN』．
ダーバン［1991］『TWENTY YEARS OF D'URBAN』．
ダーバン［2000］『D'URBANIEN66号：創立30周年記念特別号（歴史編）』．
千村典生［1971］『図説ファッション・ビジネス—繊維・衣料産業の現状と未来—』鎌倉書房．
チャネラー［1980,1981,1983］『ファッション・ブランド年鑑1981年版，1982年版，1984年版』．
CHOYA［1986］『CHOYA一世紀の歩み』．

通商産業省『通商白書』．
通商産業省企業局編［1964］『消費財の流通機構』．
通商産業省生活産業局編［1974］『70年代の繊維産業—繊維工業審議会／産業構造審議会繊維部会答申・資料』コンピュータ・エージ社．
通商産業省生活産業局編［1975］『繊維製品価格形成要因分析調査報告書』．
通商産業省生活産業局編・アパレル・ワーキング・グループ報告［1977］『明日のアパレル産業—その現状と　課題を探る』日本繊維新聞社．
通商産業省産業政策局編［1977］『卸売活動の現状と展望』日本繊維新聞社．
通商産業省・繊維工業審議会・産業構造審議会［1983］『今後の繊維産業のあり方について（中間とりまとめ）』．
通商産業省生活産業局［1987］『繊維需給表』．
通商産業省生活産業局繊維製品課［1991］『ファッション大国への道—人材の育成・テキスタイルデザインの向上・ファッションタウンの構築—』通商産業調査会．
東海繊維経済新聞社編［1975］『岐阜既製服産業発展史』岐阜既製服産業連合会．
東京スタイル［2000］『東京スタイル50年史』．
東京都経済局［1957］『既製服・婦人子供服の実態分析』．
東京都経済局［1965］『神田・日本橋地区の既製服・婦人子供服製造卸売業の地位と機能—東京都主要産業実態調査』．
東京婦人子供服製造卸協同組合［1960］『東京婦人子供服業界三十年史』．
東京婦人子供服工業組合［1982］『東京プレタポルテ50年史』．
東京ニット卸商業組合［1991］『東京ニット卸商業組合30年史』．
東京洋服商工同業組合神田區部編纂［1940］『東京洋服商工同胞組合沿革史』．
東洋紡績株式会社社史編集室［1986］『百年史東洋紡（上）（下）』．
東レ株式会社社史編纂委員会編［1977］『東レ50年史』．
東レ株式会社商品企画部［1983］『東レ・現代流行推移関連年表第4集1983年度版』．
東レ株式会社［1997］『東レ70年史』．
十和株式会社［1981］『十和30年史』．
鍋田光男［1976］「わが国の既製服産業」日本化学繊維協会『化繊月報』1976年5月号，43-54頁．
日経産業新聞編［1993］『逆風に挑むファッション・ビジネス』日本経済新聞社．
日本化学繊維協会［1974］『日本化学繊維産業史』．
日本経済新聞社企画調査部［1973］『繊維二次製品銘柄調査』．
日本経済新聞社企画調査部［1976］『繊維二次製品銘柄調査』．
日本経済新聞社［1979］『流通会社年鑑—1980年版—』．
日本経済新聞社［1980］『流通会社年鑑—1981年版—』．
『日本経済新聞』．
日本繊維協議会・日本繊維産業史刊行委員会［1958a］『日本繊維産業史　総論編』．
日本繊維協議会・日本繊維産業史刊行委員会［1958b］『日本繊維産業史　各論編』．

日本繊維協議会『繊維年鑑』（昭和36年版より46年版まで）．
日本繊維新聞社『繊維年鑑』（昭和47年版より49年版，1981年版）．
日本繊維経済研究所［1980］『日本の専門店チェーン1980年版：下巻衣料品編』．
『日本繊維新聞』．
日本繊維新聞社編［1979］『翔べ アパレル―成長企業の秘密』日本繊維新聞社．
日本繊維新聞社編［1979］『翔べ アパレル（Ⅱ）』日本繊維新聞社．
日本繊維新聞社編集部［1988］『THE SEN-I '88』日本繊維新聞社．
日本毛織［1997］『日本毛織百年史』．
日本百貨店協会［1998］『日本百貨店協会創立50周年記念誌　百貨店のあゆみ』．
日本羊毛振興会［1961］『市場調査報告No.9　1961年第1回消費者実態調査―紳士服類の所有・購入・購入意向について―』．1967年5月まで第7回紳士服消費者実態調査を行う．1964年5月から1967年5月まで，第1回から第4回までの婦人服消費者実態調査を行う．
日本羊毛紡績会［1970］『羊毛工業統計資料集-1970年版-』．
萩尾千里［1984］『ワールド情報頭脳集団』オーエス出版社．
秦郷次郎［2003］『私的ブランド論：ルイ・ヴィトンと出会って』日本経済新聞社．
尾西毛織工業協同組合編纂委員会［1992］『毛織のメッカ尾西　尾西毛織工業九十年のあゆみ』．
平岩芳和［1974］『婦人子供服産業発展史　ツルシからプレタポルテまで』東京婦人子供服工業組合．
福島克之［1975］『帝人の歩み10』．
福島克之［1977］『帝人の歩み11』．
福助［1984］『フクスケ100年のあゆみ』．
福永成明・境野美津子［1991］『アパレル業界』教育社新書．
富士経済ファッション事業部［1970］『ファッション調査シリーズNo.1　ファッション・コンビナート戦略』．
本間良雄「流通・消費革命-7- ファッション革命の旗手」毎日新聞社『エコノミスト』1982年3月16日，110-117頁．
水野俊朗［1973］「35才こそ本命」日本化学繊維協会『化繊月報』1973年11月号，63-66頁．
水野俊朗［1976］「『アセンブリー産業』アパレル」日本化学繊維協会『化繊月報』1976年3月号，31-38頁．
三越［1990］『株式会社三越85年の記録』．
目羅正彦［1986］「ダーバンのヤング戦略」石川弘義総監修『ヤングマーケット白書』701～711頁．
八木勤［1978］『ワコールとレナウン：差をつける経営の秘密』東京経済．
矢野経済研究所『ヤノ・ニュース』．
矢野経済研究所『繊維白書』．

矢野経済研究所［1979］『アパレル 80 年代戦略の徹底研究』。
矢野経済研究所［1979］『79 東京婦人服メーカーの徹底分析』。
矢野経済研究所［1982a］『82 東京婦人服メーカーの徹底分析』。
矢野経済研究所［1982b］『82 首都圏レディスショップの実態 No.3（東京都編）（東部）』『同（西部）』。
矢野経済研究所［1983］『首都圏有力デパート婦人服売場の徹底分析』。
山川康治［1983］『ワールド急成長の軌跡：畑崎広敏の人と経営』商業界。
山崎勝永［1978］『レナウンの経営』プレジデント社。
山下剛［1983］『「レナウン」を創った愉快な男たち：素晴らしき奔馬たちの記録』こう書房
洋服業界記者クラブ「日本洋服史刊行委員会」［1977］『日本洋服史：一世紀の歩みと未来展望』。
レナウン［1983］『れなうん物語』。

〈インタビュー〉
㈱伊勢丹・佐久間美成代表取締役専務取締役（当時）へのインタビュー，1996 年 6 月 11 日。
樫山株式会社マーケティング部部長・古田三郎氏，課長・松村亨氏へのインタビュー，1988 年 7 月 13 日。
㈱オンワード樫山・マーケティング部部長（当時）・古田三郎氏，㈱オンワードクリエイティブセンター営業推進室室長（当時）・福岡真一氏へのインタビュー，1996 年 6 月 12 日。
樫山㈱元取締役副社長・角本章氏へのインタビュー，1996 年 6 月 10 日，7 月 31 日。
㈱三陽商会マーケティング部情報開発室長・長谷川功氏へのインタビュー，1988 年 7 月 14 日。
㈱三陽商会情報開発室・園田茂雄氏へのインタビュー，1991 年 6 月 11 日。
㈱三陽商会婦人企画部次長・市川正人氏へのインタビュー，1996 年 1 月 17 日，2001 年 7 月 11 日。
㈱ジャヴァ経営統括部課長・宮田辰夫氏へのインタビュー，1994 年 6 月 22 日。
㈱レナウン元専務取締役，今井和也氏へのインタビュー，1996 年 6 月 14 日。
㈱レナウン元代表取締役社長，豊田圭二氏へのインタビュー，2004 年 10 月 1 日。
㈱ワールド営業企画部取締役部長（当時）・坂口順一氏へのインタビュー，1994 年 6 月 13 日。
イトキン株式会社専務取締役（当時）・橘高新平氏，秘書室部長（当時）・西口力氏，宣伝販促部（当時）・木嶋久野氏へのインタビュー，2001 年 7 月 9 日。
タキヒヨー株式会社執行役員兼 IR 室長（当時）・中村匡氏，総務部長（当時）笈川雅人総務部長へのインタビュー，2008 年 3 月 5 日。

329

事項索引

〔あ行〕

アパレル産業 …………………… 3, 25
　──の成立 …………………… 27, 29
アパレルメーカー ……………… 3, 27, 29, 33
　──の株式上場 ………………………… 33

イージーオーダー ……………………… 69
委託取引 ……… 7, 57, 72, 74, 97, 135, 306, 312
委託販売 …………………………………… 287
イノベーション …………………………… 77
衣服既製化 ………………………………… 4
衣服産業 …………………………………… 4
衣服の洋装化 ……………………………… 7

売上仕入 …………………………………… 312
売場創造 …………………………………… 41

エキスポートバザー …………………… 143
MDマップ ………………………………… 290

卸売営業と小売営業の分化 …………… 199
卸形態の多様性 …………………………… 26
オンリーショップ …………… 224, 232, 240

〔か行〕

海外技術提携 ………………………… 48, 80
海外提携ブランド … 118, 156, 185, 188, 193, 207
買取契約 …………………………………… 307
買取取引 …………………………………… 72
　返品条件付き── …………………… 306
価格プレミアム ………………………… 315

基幹ブランド ……………… 161, 202, 236, 303
企業ブランド ……………… 81, 115, 187, 234
既製服 ………………………… 31, 35, 42, 69
既製服化 ……………………………… 7, 32, 42
QR（クイック・レスポンス） ……… 9, 66, 73

クラスター ………………………………… 94
グレーディング・システム ……………… 53

グレーディング・マシーン …………… 50, 52

系列小売店 ……………………………… 224
現金決済 ………………………………… 221
原糸・紡績製造業者 ……………………… 39

合成繊維 …………………………………… 39
合繊メーカー ……………………………… 39
小売概念 ………………………………… 315
小売価格 …………………………………… 75
小売機能の包摂 ………… 4, 97, 135, 178, 294
小売事業ブランド ………………………… 10
小売店に対する販売支援 ……………… 244
小売ブランド ……………………… 101, 215
　──の製品開発機能の吸収 ………… 316
コーディネイト商品 …………………… 238
コーディネイト販売 ……………… 44, 179, 241
コーディネイト・ブランド …… 16, 87, 188, 193,
　　196, 201, 207, 214, 223, 227, 231, 260, 267, 300
コーナー売場 ……………… 96, 125, 131, 249
コーナー展開 …………………………… 168
コミュニケーション ……………… 145, 184
コモディティ ………………………… 11, 69
コンセプト ……………………… 20, 123, 272

〔さ行〕

サイズ企画 ……………………………… 43
産業革命 …………………………………… 5
産業資本 ………………………………… 69
産業組織論 ………………………………… 3

事業部制 ………………………………… 149
市場細分化 ………………… 11, 15, 27, 63, 85
市場統一 ……………………… 11, 27, 63
市場分断 ………………………………… 11, 27
JIS衣料サイズ ………………………… 37
JIS企画 ………………………………… 35
下請工場 ………………………………… 51
「実践」と「認識」 ……………………… 20
品揃え ………………………… 8, 9, 17, 44, 76, 280
資本主義的生産様式 …………………… 4

需要創造 …………………………………… 11
消化取引 ………………………… 97, 265, 312
消化率 …………………………………… 74
商業資本 ………………………………… 5, 8, 69
消費者嗜好の多様化・流動化・曖昧化 ……… 8
商標登録 ………………………………… 297
商品企画：
　——における分業制 ………………… 199
　販売企画主導の—— ………………… 131
　販種別—— …………………………… 267
　ブランド別—— ……… 20, 267, 282, 288, 311
商品企画プロセス ……………………… 289
商品企画力 ……………………………… 47
商品コンセプト ………… 257, 270, 276, 279, 292
職能別組織 ……………………………… 149
ショップ ………………………………… 96, 264
ショップ・イン・ショップ … 131, 164, 168, 187
ショップ展開 …………………………… 294
ショップ・ブランド ……… 13, 17, 136, 301, 311
シンクロシステム ……………………… 107

数量プレミアム ………………………… 315

生産体制の構築 ………………………… 49
製造卸 …………………………………… 5, 26, 33
製品カテゴリー ………… 131, 163, 178, 206, 248, 282
製品・小売ブランド ‥ 18, 95, 102, 119, 134, 159,
　　　　　　　　　173, 208, 216, 238, 248, 251, 254, 300, 312
製品差別化 ……………………………… 11
製品多角化 …………………………… 150, 165
製品ブランド ………… 4, 10, 83, 101, 215
　——の小売機能包摂 …… 10, 16, 264, 300, 312
接客サービス …………………………… 76
設計・生産管理 ………………………… 285
設計・製造技術 ………………………… 48
全国市場 ………………………………… 27, 55
全国的な企画・生産・販売体制 ………… 86
全国的なサイズ統一 …………………… 35
全国的な販売網の構築 ………………… 55
戦略的なブランド開発 ………………… 20
総合アパレルメーカー ……… 147, 159, 228
総合婦人服メーカー …………………… 189

〔た行〕

ターゲット ………………… 20, 272, 276, 277

対象生活者像 …………………………… 272
大量生産 ………………………… 4, 14, 25, 49, 144
大量販売 ………………………… 5, 14, 25, 298
大量販売による利益獲得戦略 ………… 15
多製品ブランド ………… 16, 87, 147, 158,
　　　　　　　　　　　　173, 207, 248, 300
ダブル・チョップ ……………………… 71, 77
単品ブランド ………… 15, 140, 158, 162,
　　　　　　　　　　　173, 207, 236, 248, 303
チャネル別ブランド …………………… 185
注文仕立て ……………………………… 31
直営工場 ………………………………… 51
賃貸借 …………………………………… 314

DC アパレル …………………………… 229
DC ブランド …………………………… 8, 265
デザイナー ……………………… 199, 260
デザイン ………………………………… 47
テレビCM ……………………… 113, 125
展示会 …………………… 200, 241, 252, 291
店頭商品管理 …………………………… 76

取扱商品：
　——の総合化 ………………………… 78
　——の総合性 ………………………… 22
　——の歴史性 ………………………… 305
取引様式 ………………………… 305, 311

〔な行〕

仲間卸 …………………………………… 220
ナショナル・ブランド …………… 10, 13, 123

〔は行〕

派遣販売 ………………………………… 7
派遣販売員 ……………………………… 75
パターン ………………………………… 47
パターン・メイキング ………………… 53
パタンナー ……………………………… 199
販売会社 ………………………… 104, 110
販売概念 ………………………………… 315
販売企画主導の商品企画 ……………… 131
販売計画 ………………………………… 290
販売リスク ……………………… 73, 254
販路開拓 ………………………………… 109
販路別売上高 ………………………… 138, 139

販路別構成比 …………………………… 61, 62

非価格競争 ………………………………………… 11
ビジュアル・プレゼンテーション ………… 265
百貨店 ……………………………………… 41, 72
百貨店納入業者 ………………………………… 72
百貨店の暖簾 …………………………………… 71

ファッション情報源 …………………………… 260
服種別売場 ………………………… 17, 96, 264, 301
服種別商品企画 ………………………………… 267
普遍的市場 ………………………………………… 4
プライベート・ブランド ………………… 10, 13
フラノ旋風 ……………………………………… 69
ブランド ……………………………………… 6, 58
　――のスクラップ・アンド・ビルド ……… 19
　――の選択 …………………………………… 18
　――の歴史的生成 ………………………… 9, 308
ブランド・アイデンティティ 98, 177, 217, 229,
　　　　　　　　　　　　　 248, 251, 308, 315
ブランド・イメージ …………………………… 309
ブランド・エクイティ ………………………… 308
ブランド概念 …………………………………… 206
　――の拡張 ……………………………… 193, 250
ブランド開発 ……………………………… 257, 303
　戦略的な―― ………………………………… 20
ブランド拡張 …………………………………… 19
ブランド間競合 ………………………………… 243
ブランド管理 …………………………………… 10
ブランド構築 ……………… 3, 14, 217, 219, 297, 308
ブランド・コンセプト …………………… 86, 94
ブランド体系 ………………… 18, 190, 201, 209,
　　　　　　　　　　　　　 235, 261, 301, 310
ブランドチャート ……………………………… 263
ブランド内競合 ………………………………… 243
ブランド認知 …………………………………… 309
ブランド別売場 ………………………………… 309
ブランド別商品企画 ……… 20, 267, 282, 288, 311
ブランド・ポートフォリオ・マネジメント
　　　　　　　　　　　　……… 19, 211, 262

ブランド・ポジショニング・マップ ……… 262
ブランド・ロイヤルティ ……………………… 12
プレタポルテ …………………………………… 79

返品条件付き買取取引 ………………………… 306

包装商品 ………………………………………… 5
ポジショニング ………………… 20, 93, 257, 310
ホフマンプレス ……………………………… 50, 69

〔ま行〕

マーケティング戦略 …………………………… 258
マーチャンダイザー …………… 260, 267, 284, 292
マインド ………………………………………… 94
マス・コミュニケーション …………………… 112
マス・マーケット …………………………… 11, 55
　――の創造 …………………………………… 298
マス・マーケティング ……………………… 11, 14
マネキン ………………………………………… 70
マルチ・ブランド ……………… 19, 78, 85, 150,
　　　　　　　　　　　　　 207, 214, 225, 235

ミッシー・カジュアル ……… 45, 89, 147, 154, 169

メリヤス製品 …………………………………… 116

〔や行〕

洋服問屋 ………………………………………… 72

〔ら行〕

ライフスタイル ………………… 94, 271, 281

理念型 …………………………………………… 293
量販店 …………………………………… 111, 198

ルートセールス ………………………………… 182

〔わ行〕

和服から洋服への転換 ………………………… 7

会社名・ブランド名索引

〔あ行〕

アーノルドパーマー 120, 126
アイレマ 203
アデンダ 120, 127
イヴ・サンローラン 78, 152
イエイエ 114, 115, 117, 119
イクシーズ 120, 277
伊勢丹 42, 43, 44, 45
イトキン 34, 61, 62, 175, 183
イトキンブラウス 179, 180
インターメッツォ 120
オンワード 58, 61, 65, 71, 78
オンワード樫山 65
オンワードホールディングス 65

〔か行〕

樫山 8, 33, 47, 48, 50, 57, 62, 65, 269
暮しの肌着 110
クリスチャン・オジャール 190, 194, 205
クリスチャン・ディオール 42
コルディア 231, 233
コレット 120, 127

〔さ行〕

三陽商会 33, 47, 49, 53, 57, 62, 137, 262
サンヨー 146
サンヨーコート 140
サンヨーソーイング 54
サンヨーレインコート 59, 141, 142, 145, 150
J・プレス 94
ジェーンモア 90
ジャン・キャシャレル 120, 130
JUN 58, 61
ジョルジュ・レッシュ 194, 205
ジョンメーヤー 57, 89
シンプルライフ 120, 128
スウィヴィー 269
スコッチハウス 165, 171
鈴屋 61
西武 43

〔た行〕

ダーバン 61, 105, 121, 277
大丸 42
高島屋 42, 43, 164, 313
タケオ・キクチ 229, 230, 231
帝人 41
東京スタイル 33, 61
東レ 40, 78

〔は行〕

バーバリー 13, 16, 59, 61, 156, 166
バーバリー社 49, 54
パルタン 59, 152, 154, 158
VAN 58
バンベール 59, 152, 169
ピエール・カルダン 42, 58, 61
ファインセブン 183, 187
フクスケ 61
フライング・クロス 82, 87
ボーシャル 226
ボワール 163

〔ま行〕

マイドル 45
マッケンジー 61, 89
ミカレディ 61
ミスオンワード 61
ミスター・サンヨー 152, 163
三井物産 157
三越 142, 313
メルシェ 45, 119

〔ら行〕

ラ・ロンド 45
リザ 228, 246
ルイ・ヴィトン 13
ルイ・シャンタン 228, 231, 233
ルイ・ジョーネ 203
ルノン 111, 112
レナウン 33, 62, 101, 106

レナウン・チェーンストア	110
レナウンニシキ	121
レナウン娘	114
レナウンルック	61, 104, 105
レリアン	112

〔わ行〕

ワールド	34, 62, 213
ワールド・コーディネイト	232
ワコール	33
ワンサカ娘	114

人名索引〔ABC順配列〕

Aaker,D.A.	12, 19, 175, 310
アラン・ドロン	125
Bain,J.S.	3
Braverman,H.	4
Chandler,A.D.	14
崔容熏	66
江尻宏	306
原田将	258, 316
畑崎広敏	219
今井和也	114
石井淳蔵	13, 16, 86, 176
石井晋	7, 8, 69
角本章	50, 71, 76, 313
鍜島康子	4, 7, 47
Kapferer,J.N.	175, 310
樫山純三	51, 68, 69, 73, 75
片平秀貴	20, 176
川上勉	218
Keller,K.L.	12, 175
木口衛	219
菊池武夫	229
橘川武郎	7
小林亜星	114
小林哲	21
桑原哲也	219
近藤文男	11
康賢淑	9
中込省三	4, 6, 25
岡野純司	312
佐々木八十八	103
陶山計介	66
高岡美佳	7, 72, 73
田村正紀	10, 315
Tedlow,R.S.	11, 15, 27, 62
辻村金五	177, 180
梅本春夫	66
吉原信之	140
若林靖永	11, 15, 16

〈著者紹介〉

木下　明浩（きのした　あきひろ）

1962年　大阪府に生まれる。
1987年　京都大学法学部卒業。
1992年　京都大学大学院経済学研究科博士後期課程単位取得退学。
　　　　立命館大学経営学部助教授。
2002年　立命館大学経営学部教授、現在に至る。

《主要著作》
『日米の流通イノベーション』（共著・中央経済社、1997年）。
『日本流通産業史―日本的マーケティングの展開』（共著・同文舘出版、2001年）。
『マス・マーケティングの発展・革新』（共著・同文舘出版、2001年）。
『21世紀のマーケティング戦略』（共著・ミネルヴァ書房、2001年）。
『日本の流通100年』（共著・有斐閣、2004年）。
『流通チャネルの再編』（共著・中央経済社、2009年）。
『日本企業のマーケティング』（共著・同文舘出版、2010年）。

平成23年3月15日　初版発行	《検印省略》 略称：アパレルマーケ

アパレル産業のマーケティング史
――ブランド構築と小売機能の包摂――

　　　著　者　　木　下　明　浩
　　　発行者　　中　島　治　久

発行所　同文舘出版株式会社
東京都千代田区神田神保町1-41　〒101-0051
電話　営業（03）3294-1801　編集（03）3294-1803
振替 00100-8-42935　http://www.dobunkan.co.jp

©A. KINOSHITA　　　　　　　　印刷・製本：萩原印刷
Printed in Japan 2011

ISBN 978-4-495-64391-1